LED 조명공학

강형식 · 강희원 공저

머 리 말

LED란 양과 음의 전기적 성질을 가진 두 화합물을 접합하여 전기가 흐르면 빛이 발생하는 반도체의 일종이다. LED는 작고, 가볍고, 내구성이 크며, 전력소모가 작고, 긴 수명으로 친 환경적이며 점광원 및 컬러연출이 가능하여 디자인 자유도가 높기 때문에 일상생활에서 접하는 기초광원을 대체될 것으로 전망된다.

LED는 초창기에 낮은 휘도와 색깔의 한계성을 가지고 있으므로 색감 표현이 부족하고 눈부심 현상, 방열 문제로 인한 밝기 부족 등의 기술적인 문제점 때문에 일반조명으로 사용이 어려웠으나 재료와 진보된 생산 기술로 백색을 포함한 가시광선 영역의 여러 가지 색깔의 고휘도, 고효율의 LED를 생산하여 컴팩트한 제작이 가능하므로 기존 조명으로는 접근이 어려운 장소에 광범위한 형태로 설치할 수 있으며, 유지보수가 용이하여 응용성이 증가함에 따라서 기존의 경관, 대형 전광판, 신호등, 음악분수, 비상구, 차량, 핸드폰 등에서 주택 조명 등에까지 광범위하게 응용되고 있으므로 LED조명은 독창적인 기능과 효과로 각 분야에서 조명의 트랜드라고 할 수 있는 새로운 개념으로 적용되고 있다.

따라서, 본 교재 내용의 전개는 제1편은 조명공학의 개요와 제2편은 제1장 기초 반도체 이론, 제2장 광전 소자, 제3장 LED 특성, 제4장 LED 조명 설계, 제5장 LED 모듈제어로 수록하여 기본적으로 알아야 할 내용과 마이크로프로세서를 이용하여 각 모듈을 제어할 수 있도록 편성함으로서 LED 조명에 대하여 관심을 가지고 공부하는 학생이나 조명제어 분야에 종사하는 기술자들에게 길잡이가 되도록 하였다.

본 교재를 통하여 기초 반도체 이론과 LED의 개요와 응용 및 모듈제어에 대하여 많은 도움이 되기를 바라며, 더 좋은 내용의 교재가 될 수 있도록 많은 지도 편달을 부탁드립니다.

저자 씀

차 례

제 1 편 조명공학의 개요

제1장 조명공학의 개요

제 2 편 LED 조명기술

제1장 기초 반도체 이론

제2장 광전 소자

제 3 장 LED 특성

제4장 LED 조명 설계

제5장 LED 모듈제어

제 1 편

조명공학의 개요

조명공학의 개요

1.1 조명의 기초

1.1.1 빛과 방사

에너지가 전자파의 형태로 공간에 방출되는 현상을 방사(radiation)라고 한다.

그림 1-1은 각종 전자파의 종류와 그 파장영역을 나타낸 것이다.

단위시간에 어떤 면을 통과하는 방사에너지를 **방사속**(radiant flux)이라 하고 단위로는 [J/s] 즉, [W]를 사용한다.

전자파는 통신 · 방송 등에 이용되며, 전자파로는 장파 · 중파 · 단파 · 마이크로파 · 밀리파가 있고, 또한 적외선 · 자외선 · X선 및 γ선 등이 있는데 다방면에 걸쳐 응용되고 있다.

방사에너지가 사람의 눈에 들어옴으로써 **빛**(light)의 감각을 얻었을 때 그 방사를 가시방사(visible radiation)라고 한다. 전자파 중에서 파장이 380~760[nm] 범위에 있는 방사는 그림 1-2와 같이 사람의 눈에 빛으로서 밝은 것을 느끼게 하는 가시광선(可視光線, visible light)의 파장이다. 가시광선의 파장범위 중 짧은 파장영역은 파랑색, 중간은 황록색, 긴 파장영역은 빨강색 등으로 나타나 사람의 눈은 파장의 변화를 색감의 변화로 느끼게 된다.

물리학에서 빛은 파동성과 입자성의 이중의 성질을 가지고 있는 것으로 이해하고 있다.

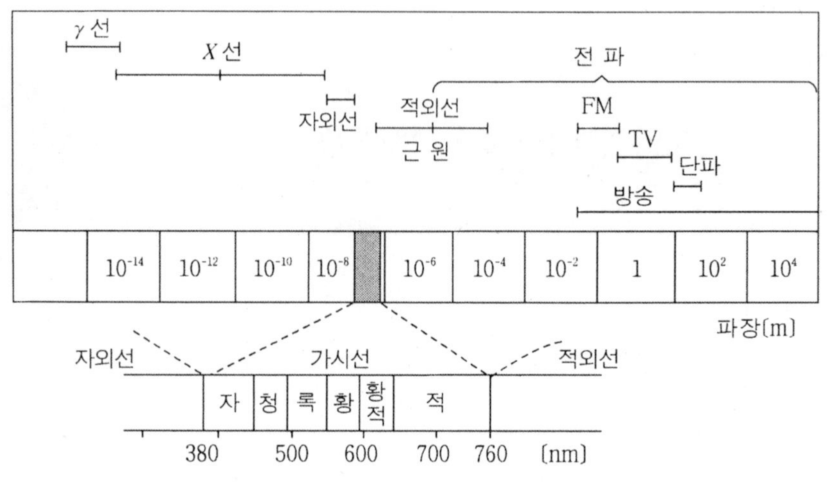

그림 1-1 방사 스펙트럼과 색

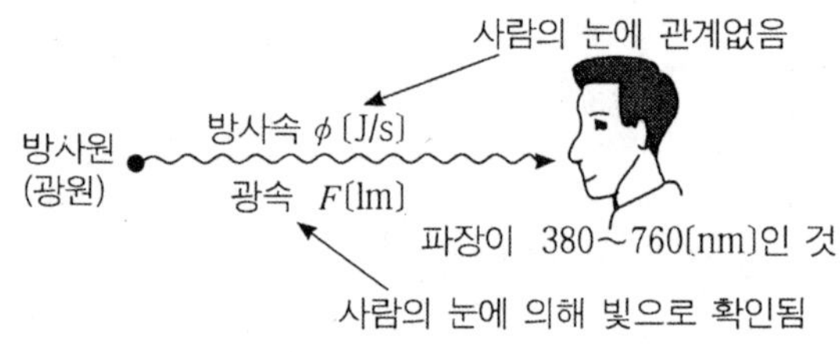

그림 1-2 빛과 방사

빛의 파동성 : 빛을 전자파로서 취급할 경우에는 다음과 같은 성질이 있다.

$$c = \lambda f \qquad (1\text{-}1)$$

(여기서, $c = 3 \times 10^8$[m/s], λ는 파장[m], f는 주파수[Hz])

빛이 매질 중을 통과할 때 주파수는 변하지 않으나 속도와 파장은 변화한다.

빛의 입자성 : 빛은 연속된 파가 아니라 불연속입자로 고려되며, 이 입자를 광자 또는 광량자라고 하며 주파수가 f[Hz]인 광자 1개가 갖는 에너지 E는

$$E = hf \qquad (1\text{-}2)$$

(여기서, h는 6.626×10^{-34}[J·s]이며, f는 주파수)

이와 같은 것을 정리하면 다음과 같다.

① 빛은 직진성을 갖는다.

② 밀도가 다른 물질에 닿으면 반사, 굴절, 회절 등이 일어난다.

③ 공기 중 또는 진공 중을 지나는 빛의 속도는 약 3×10^8[m/s]이다.

④ 빛 중에서 주파수가 높은 범위(자외선에 가까운 것)에서는 광전(光電)작용이 강하다.

1.1.2 측광량과 단위

(1) 광 속[lm]

방사속이 육안에 빛으로 느껴지는 정도를 광속(luminous flux)이라고 한다. 방사속은 사람의 눈과는 관계가 없으나 광속 F[lm]는 사람의 눈에 의해 비로소 빛으로서 확인되는 것이다.

광속의 단위로는 루멘(lumen)[lm]을 사용한다.

1[lm]의 광속은 그림 1-3과 같이 1[cd]의 점광원에서 입체각 1[sr]으로 방사되는 광속의 크기이다.

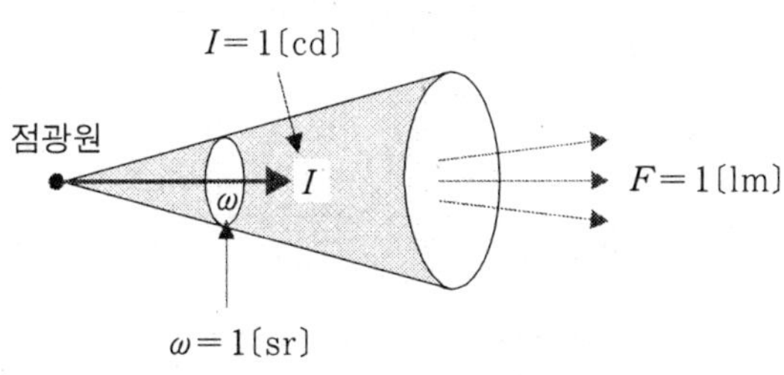

그림 1-3 1[lm]의 광속

(2) 시감도[lm/W]

(가) 시감도

눈에 밝음의 감각을 생기게 하는 범위의 방사를 인체는 빛이라고 느끼는데, 어느 파장의 빛이나 눈에 동일하게 느껴지는 것은 아니고 파장에 따라서 밝기가 다르다. 어떤 파장의 방사에너지가 어느 정도의 밝기로서 느껴지는가를 나타내는 정도를 시감도(spectral luminous efficacy, 視感度)라고 한다.

어떤 파장(λ)의 방사속을 ϕ_λ[W], 이 파장의 광속을 F_λ[lm]라 하면 시감도는 식 (1-3)과 같이 표현된다.

$$\text{시감도 } K_\lambda = \frac{F_\lambda}{\phi_\lambda} \text{[lm/W]} \tag{1-3}$$

시감도는 파장이 555[nm](주파수 540×10^{12}[Hz] 정도)에서 최대가 되므로 이 파장을 최대 시감도 파장이라고 한다. 최대 시감도 파장의 광속변환율은 680[lm/W]이다.

(나) 비시감도와 비시감도 곡선

육안에 느껴지는 밝기의 감각은 파장에 따라 달라진다. 최대 시감도 파장(555[nm])에 대한 다른 파장의 상대적인 시감도를 비시감도(V_λ)라고 하며 다음 식으로 표현된다.

$$V_\lambda = \frac{\text{어떤 파장의 시감도[lm/W]}}{\text{680[lm/W]}} \tag{1-4}$$

그림 1-4는 각각의 파장에 λ에 있어서의 비시감도를 나타낸 것이다.

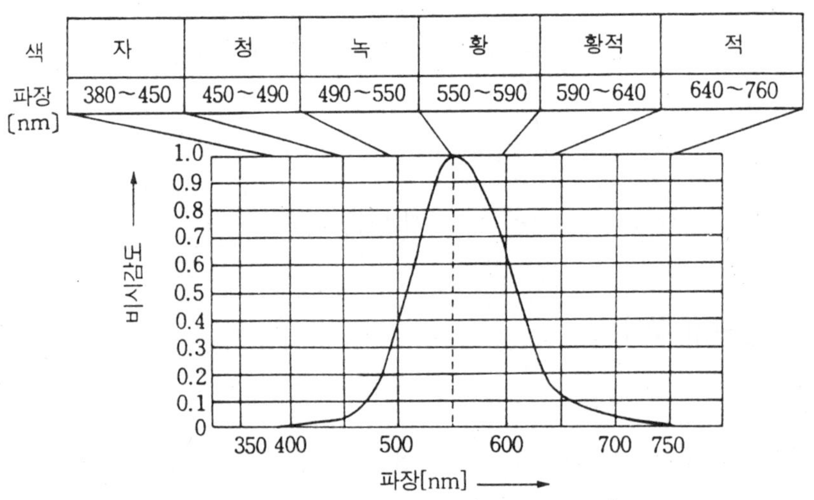

그림 1-4 표준 비시감도 곡선

(3) 광속발산도[rlx]

발광면이나 피조명면으로부터 발산되는 광속의 면적밀도를 광속발산도(lumino-us radiance)라고 한다.

그림 1-5에서 dS면의 광속발산도 M은 식 (1-5)와 같다.

$$M = \frac{dF'}{dS} \text{[lm/m}^2\text{]} \tag{1-5}$$

이 때, 면 S전체에 걸쳐 발산되는 광속밀도가 균일하다면, 광속발산도 M은 식 (1-6)과 같이 S면 전체에서 방사되는 광속 F'[lm]를 면적 A[m^2]로 나누면 **된다**.

$$M = \frac{\text{발산광속}(F')}{\text{면적}(A)} \text{[lm/m}^2\text{]} \tag{1-6}$$

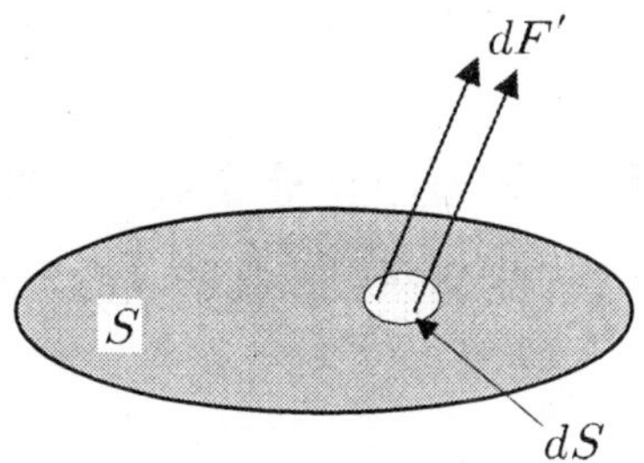

그림 1-5 광속 발산도

단위로는 래드럭스(radlux : rlx) 또는 Lambert를 사용한다.

$$1\text{[rlx]} = 1\text{[Lambert]} = 1\left[\frac{\text{lm}}{\text{m}^2}\right]$$

어떤 피조면이 입사광속의 일부는 반사하고 일부는 투과할 때 그 면의 반사율과 투과율에 의한 광속 발산도는 다음과 같이 구할 수 있다.

그림 1-6에서 피조면 S의 반사율(ρ)에 의한 광속 발산도는 식 (1-7)과 같다.

$$M = \frac{dF'}{dS} = \frac{\rho \times dF}{dS} = \rho \cdot E \text{[lm/m}^2\text{]} \tag{1-7}$$

한편, S면의 투과율(τ)에 의한 광속 발산도는 식 (1-8)과 같이 된다.

$$M=\frac{dF''}{dS}=\frac{\tau\times dF}{dS}=\tau\cdot E[\mathrm{lm/m^2}] \tag{1-8}$$

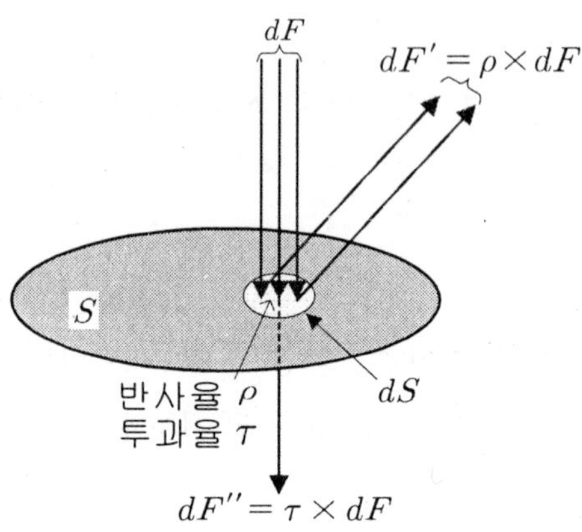

그림 1-6 반사율, 투과율에 의한 광속 발산도

(4) 광 도〔cd〕

빛과 같이 어느 일점에서 나와 공간에 방사상으로 확산되는 경우, 공간의 어느 정도를 점하는가를 나타내기 위해 **입체각**(solid angle) ω[steradians, sr]을 사용한다.

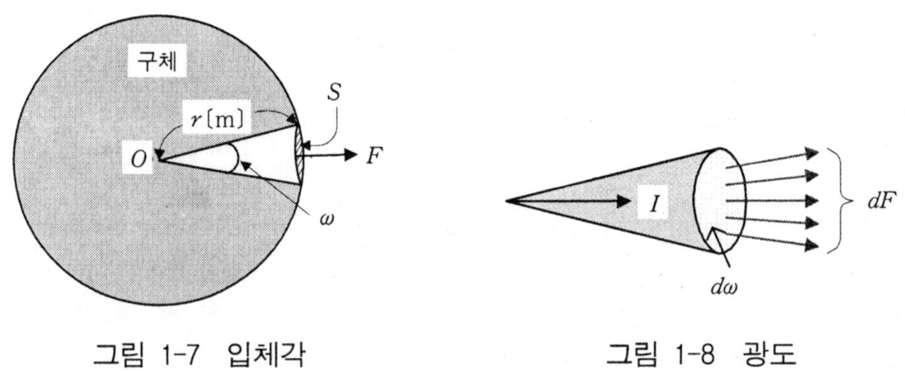

그림 1-7 입체각

그림 1-8 광도

그림 1-7에서 입체각 ω[sr]는 식 (1-9)와 같다.

$$\omega=\frac{S}{r^2}[\mathrm{sr}] \tag{1-9}$$

광원의 크기가 그것을 바라보고 있는 지점과의 거리에 비해서 매우 작을 때 그

광원을 **점광원**(point light source, 點光源)이라고 하는데, 통상 광원 크기의 10배 이상의 거리에서는 그 광원을 점광원으로 간주해도 된다.

그림 1-8과 같이 광원에서 나와 어떤 방향의 미소입체각 내를 지나는 광속을 그 미소입체각으로 나눈 것을 **광도**(luminous intensity)라고 한다. 즉, 단위입체각 당의 광속이 광도가 되는 것이다. 따라서 광도 I는 식 (1-10)과 같이 표현된다.

$$\left.\begin{aligned} &I = \frac{dF}{d\omega}[\mathrm{lm/sr}] \text{ 또는 } [\mathrm{cd}] \\ &dF = I \cdot d\omega[\mathrm{lm}] \end{aligned}\right\} \tag{1-10}$$

광도의 단위는 **칸델라**(candela, cd)인데, 1[cd]=1[lm/sr]이다.

광도는 광원이 얼마만큼 강한 빛을 내고 있는가를 나타내는 물리량인데, 광원에서 나오는 빛의 량은 방향에 따라 달라지므로 광도를 나타낼 때에는 어느 방향에 대해서 인가를 표시하여야 한다. 단, 점광원은 어느 방향으로나 광도가 동일하다.

총광속이 F[lm]인 점광원이 있을 때, 점광원을 감싸고 있는 반경 r[m]인 구(球)를 생각하면 그 구면 전체의 입체각은 4π[sr]이기 때문에 평균구면광도 I와 총 광속 F는 식 (1-11)과 같다.

$$\left.\begin{aligned} &\text{평균구면광도} \quad I = \frac{F}{4\pi}[\mathrm{cd}] \\ &\text{총광속} \quad F = 4\pi I[\mathrm{lm}] \end{aligned}\right\} \tag{1-11}$$

(5) 조 도[lx]

(가) 조도의 정의와 단위

어떤 피조면 $A[\mathrm{m}^2]$에 입사한 광속 F[lm]를 그 피조면의 면적 $S[\mathrm{m}^2]$로 나눈 것을 그 피조면의 **조도**(illuminance) E라고 하며, 조명을 받는 면이 어느 정도로 밝은가를 나타낸다.

그림 1-9와 같은 미소면적 dS 내의 조도는 식 (1-12)와 같이 정의된다.

$$E = \frac{dF}{dS}[\mathrm{lx}] \tag{1-12}$$

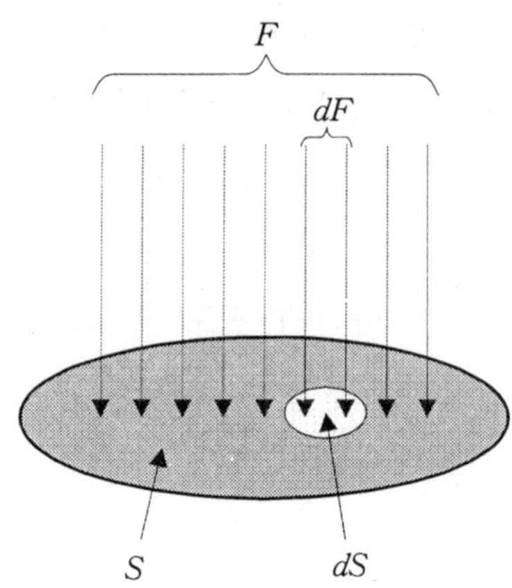

그림 1-9 S면의 조도 E

만약, 면적 S 전체에 걸쳐 광속밀도가 균일하다면 S면의 조도는 식 (1-13)과 같다.

$$E = \frac{광속}{면적} = \frac{F}{S}\,[\mathrm{lx}] \tag{1-13}$$

조도의 단위는 **룩스**(lux : lx)이며, 1[lx]=1[lm/m^2]이다.

또한 **포트**(phot : ph)라는 단위가 있는데, 1[ph]=1[lm/cm^2]=10^4[lx]이다.

(나) 점광원에 의한 조도

그림 1-10과 같이 광도 I[cd]인 점광원을 반경 r[m]인 구의 중심에 놓았을 때 구면 상 모든 위치의 조도 E는 식 (1-14)와 같다.

$$E = \frac{F}{S} = \frac{4\pi I}{4\pi r^2} = \frac{I}{r^2}\,[\mathrm{lx}] \tag{1-14}$$

따라서, 점광원의 어느 방향의 광도가 I[cd]일 때, r[m] 떨어진 빛의 방향과 수직인 면의 조도 E_n는 광원의 광도에 비례하고 거리의 제곱에 반비례한다.

$$E_n = \frac{I}{r^2}\,[\mathrm{lx}] \tag{1-15}$$

식 (1-15)를 조도에 관한 역자승(逆自乘)의 법칙(inverse square's law)이라 하

며, 조도에 관한 기본법칙의 하나로 광원이 점광원이 아니고 거리 r이 적은 경우에는 이 법칙은 적용되지 않는다.

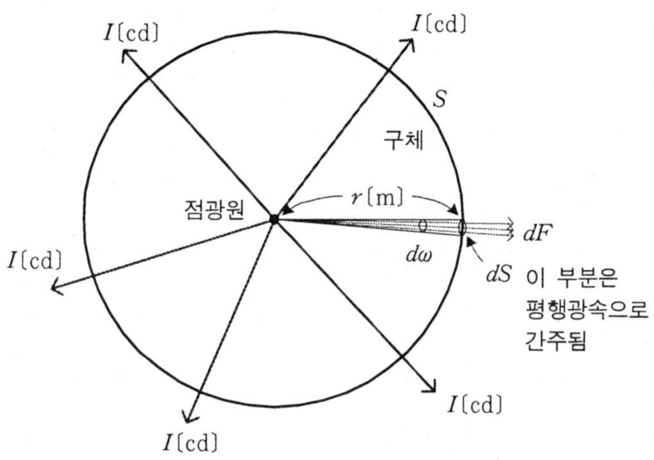

그림 1-10 구면상의 조도 E

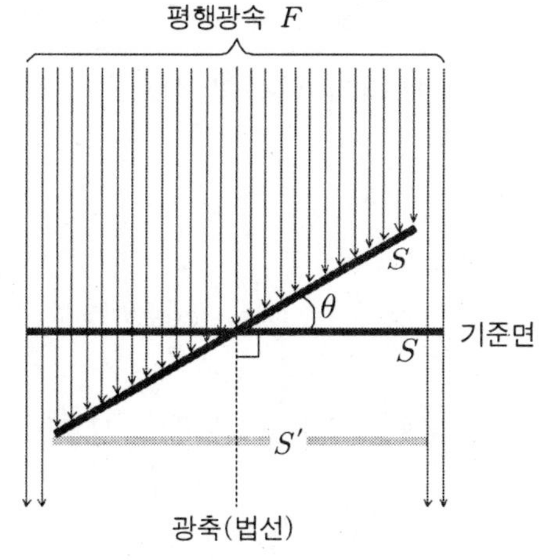

그림 1-11 경사면의 조도

그림 1-10에서 미소입체각 $d\omega$가 반경 r[m]인 구면상에 접하는 부분 dS내의 광속은 평행광속으로 간주할 수 있다. 그림 1-11과 같이 어느 평면 S가 광축에 직각 방향으로 위치(기준면)할 때 입사되는 광속을 F[lm]라고 하면, 기준면에 대해 θ만큼 경사졌을 때 입사하는 광속 F'[lm]는 식 (1-16)과 같다.

$$F' = F \times \frac{S'}{S} = F\cos\theta[\text{lm}] \tag{1-16}$$

여기서, S : 경사면의 실제면적[m^2], S' : 경사면의 수직투영면적[m^2]이다.

따라서 S면의 조도 E[lx]는 식 (1-18)과 같다.

$$E = \frac{F'}{S} = \frac{F\cos\theta}{S} = E_n \cdot \cos\theta[\text{lx}] \tag{1-17}$$

$$\therefore\ E = \frac{I}{r^2}\cos\theta[\text{lx}] \tag{1-18}$$

따라서 경사면의 조도는 법선조도 E_n에 기준면(광축과 직각인 면)과 이루는 각 θ의 코사인 값을 곱해주면 된다. 이것을 조도에 관한 입사각 코사인의 법칙(cosine law of incident angle)이라고도 한다.

점광원으로부터 r[m] 떨어진 피조면 상의 어떤 위치 P점의 조도는 그림 1-12와 같이 광축에 직각인 면의 조도(법선조도, E_n), P점을 통과하는 수평면 상의 조도(수평면 조도, E_h), P점을 통과하는 수직면 상의 조도(수직면 조도, E_v)의 3가지로 나누어 생각할 수 있으며, 각각 다음의 식으로 나타낼 수 있다.

법선조도 $$E_n = \frac{I}{r^2}[\text{lx}] \tag{1-19}$$

수평면조도 $$E_h = E_n \cdot \cos\delta = \frac{I}{r^2} \cdot \cos\theta[\text{lx}] \tag{1-20}$$

수직면조도 $$E_v = E_n \cdot \cos\delta = E_n \cdot \sin\theta = \frac{I}{r^2} \cdot \sin\theta[\text{lx}] \tag{1-21}$$

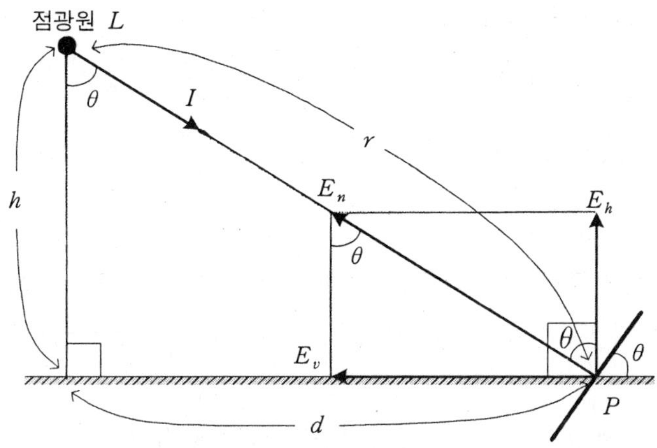

그림 1-12 법선조도, 수평면조도, 수직면조도

(6) 휘 도〔nt〕, 〔sb〕

광도가 큰 점광원을 보면 눈이 부시는 것을 느끼게 된다. 그러나 같은 광도일지라도 커다란 유백색인 유리 글로브(globe)로 덮은 광원은 눈부심(glare)을 느끼지 못한다. 이것은 서로 빛나는 정도가 매우 다르기 때문이다. 이와 같이 광원의 빛나는 정도를 **휘도**(luminance 또는 brightness)라고 한다. 휘도 B가 크면 눈부심을 강하게 느낀다.

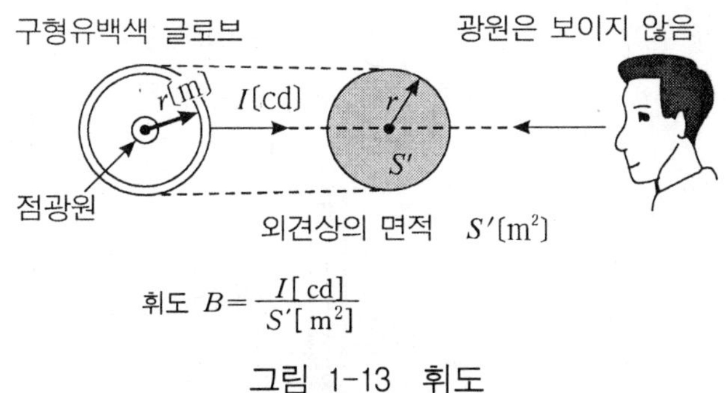

그림 1-13 휘도

휘도 B는 식 (1-22)와 같이 나타낼 수 있다. 단, S'는 외견상의 면적으로 **겉보기 면적**(투영면적)이라 한다.

$$B[\text{cd/m}^2] = \frac{I[\text{cd}]}{S'[\text{m}^2]} \tag{1-22}$$

휘도의 단위로는 **스틸브**(stilb : sb) 또는 **니트**(nit : nt)가 사용된다. [nt] 단위로는 실용광원에서는 수치가 너무 커지므로 [sb]를 사용하는 것이 편리하다.

$$1[\mathrm{sb}]=1[\mathrm{cd/cm^2}],\ 1[\mathrm{nt}]=1[\mathrm{cd/m^2}]$$

또한, $1[\mathrm{sb}]=10^4[\mathrm{nt}]$이다.

휘도는 눈에서 광원과의 거리에는 관계가 없으나, 우리가 물체를 인식하고 분별하는 것은 면의 휘도 차에 의한 것이고, 만약 휘도가 균일하면 모두가 평판으로 보인다.

어느 방향에서 보아도 휘도가 같은 면을 **완전 확산면**이라고 한다. 완전 확산면에서 광속발산도 R[rlx]와 휘도 B[nt] 간에는 다음과 같은 관계가 성립한다.

$$R=\pi B[\mathrm{nt}] \tag{1-23}$$

(7) 반사율, 투과율, 흡수율

어떤 피조면 $A[\mathrm{m^2}]$에 입사한 광속 F[lm]는 그림 1-14와 같이 그 면에서 일부는 반사되고 일부는 투과되며 나머지는 흡수된다.

입사광속에 대한 반사광속의 비를 그 면의 **반사율**(ρ),

입사광속에 대한 투과광속의 비를 그 면의 **투과율**(τ),

입사광속에 대한 흡수광속의 비를 그 면의 **흡수율**(α)이라고 한다.

이 때, 입사광속은 반사광속+투과광속+흡수광속의 합과 같게 된다.

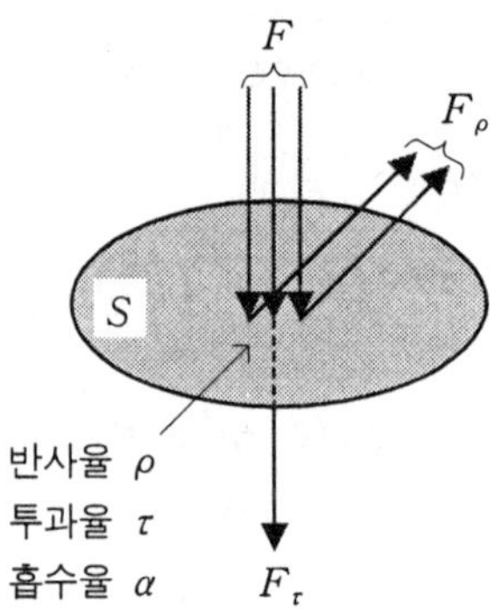

그림 1-14 반사율, 투과율, 흡수율

① 반사율(reflection factor ; ρ)

$$\rho = \frac{\text{반사광속}}{\text{입사광속}} = \frac{F_\rho}{F}, \quad F_\rho = \rho \cdot F[\text{lm}] \tag{1-24}$$

② 투과율(transmission factor ; τ)

$$\tau = \frac{\text{투과광속}}{\text{입사광속}} = \frac{F_\tau}{F}, \quad F_\tau = \tau \cdot F[\text{lm}] \tag{1-25}$$

③ 흡수율(absorption factor ; α)

$$\alpha = \frac{\text{흡수광속}}{\text{입사광속}} = \frac{F_\alpha}{F}, \quad F_\alpha = \alpha \cdot F[\text{lm}] \tag{1-26}$$

④ 반사율＋투과율＋흡수율＝1

반사광속＋투과광속＋흡수광속＝입사광속

$$\rho + \tau + \alpha = 1 \tag{1-27}$$

(8) 발광효율과 전등효율

광원으로부터 어떤 방향의 방사속 ϕ[W]가 발산하면 그 중에서 광속 F[lm]만이 육안에 빛으로 느껴진다. 이 방사속에 대한 광속의 비를 그 광원의 **발광효율**(luminous efficiency) ε이라고 한다.

$$\text{발광효율} \quad \varepsilon = \frac{F}{\phi}[\text{lm/W}]$$

실제의 광원에서는 발산되는 전방사속보다 더 많은 에너지를 가하여야 한다. 왜냐하면 전발산방사속 외에 전도, 대류 등에 의한 손실을 포함한 전 소비전력을 생각하여야 한다. 총 소비전력 P에 대한 전 발산광속 F의 비를 **전등효율**(lamp efficiency) η라고 한다.

$$\text{전등효율} \quad \eta = \frac{F}{P}[\text{lm/W}]$$

일반적으로 전등효율은 발광효율보다 낮은 값을 갖는다.

1.2 측 광

1.2.1 표준전구

실용적으로는 일반실험실이나 전구공장에서 사용하고 있는 표준전구는 색온도가 2,700[K] 정도의 텅스텐 백열전구이다. 측광(photometry)이나 동정을 안정하게 하기 위하여 재료, 구조, 제작에 특별히 주의한다.

측광특성을 일정하게 유지하기 위해서는 전구의 단자에서 직접 전압을 측정하고 지정된 일정한 전압으로 점등한다. 측광 표준전구로는 광도 측정용, 광속용, 온도 측정용 등의 3종류가 있고 이 중 광속용은 일반 조명용과 형상이 동일하다.

1.2.2 광속 측정

광원의 광속을 측정하는 것이 **광속계**(fluxmeter)이며, 주로 **구형**(球形)**광속계**(sphere photometer, integrating photometer)가 사용된다. 그림 1-15는 구형광속계의 측정원리이며, 발명자의 이름을 붙여서 **울브리히트의 구**(Ulbricht's globe)라고 한다.

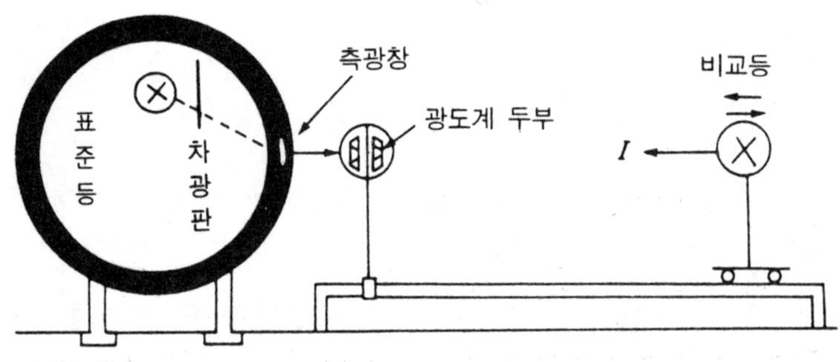

그림 1-15 울브리히트 구형광속계

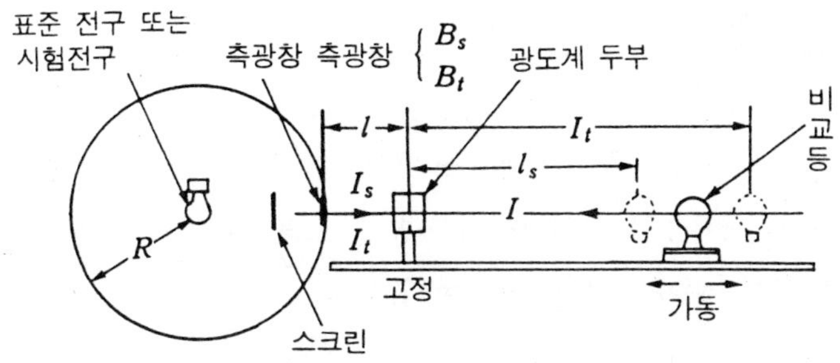

그림 1-16 광속계의 측정 방법

그림 1-16과 같이 구의 내면에 백색 확산도료(MgO, ZnO, $BaSO_4$ 등)를 도포하며, 구벽에는 측광용의 소형 창을 열고 우유색 유리를 넣는다. 구내에는 전구(표준전구 또는 시험전구)를 부착하며, 이 직사광이 측광 창에 입사하지 못하도록 중간에 백색도료를 칠한 스크린을 설치한다.

구의 반경을 R, 내벽의 반사율을 ρ, 그리고 광원의 전 광속을 F_0라 하면, 구 내벽에서의 상호반사에 의한 확산조도는 내면의 전체가 동일하게 되는데, 이것을 E_R이라고 하면,

$$E_R = \frac{1}{4\pi R^2}\frac{\rho}{1-\rho}F_0 \tag{1-28}$$

로 된다.

따라서, 측광창의 완전확산성 우유색 유리의 투과율을 τ라 하면, 측광창의 휘도 B는

$$B = \frac{\tau E_R}{\pi} = \frac{\tau}{4\pi^2 R^2}\frac{\rho}{1-\rho}F_0 = kF_0 \tag{1-29}$$

로 되며, $k = \tau\rho/\{4\pi^2 R^2(1-\rho)\}$는 광속계의 구조에 의해 결정되는 정수이다.

측광창의 휘도는 구내에 점등한 전구의 전 광속에 비례하므로 구내에 표준전구를 점등한 경우와 시험전구를 점등한 경우 측광창의 휘도를 비교하면 시험전구의 전 광속을 구할 수 있다. 구의 직경은 백열전구의 경우 0.3~1.5[m], 형광등은 2~5[m]이다.

1.2.3 광도 측정

광원의 광도 또는 시험전구의 광도는 광도를 이미 알고 있는 광도표준전구와 비교하여 측정한다. 구 광원의 광속 비교에는 보통 육안 또는 광전관, 광전자증배관, 광전지 등의 물리 수광소자를 사용한다.

(1) 장형 광도계

그림 1-17과 같이 길이 3~5[m]인 2개의 평행 수평봉으로 구성된 측광 벤치(bench) 위의 한쪽에 광원을 고정시키고 스크린이나 다른 광원을 이동하여 측광 평형을 취한 후 광도를 측정하는 장치를 **장형 광도계**(長形光度計, bar photo-meter)라고 한다.

장형 광도계에서 두 광원의 빛을 비교하여 평형을 잡는 스크린 부분을 **광도계 두부**(光度計 頭部, photometer head)라고 하는데, **루머-브로둔**(Lummer-Bro-dhun)형이 주로 사용되며, 여기에는 루머 브로둔 등휘형과 루머 브로둔 대비형이 있다.

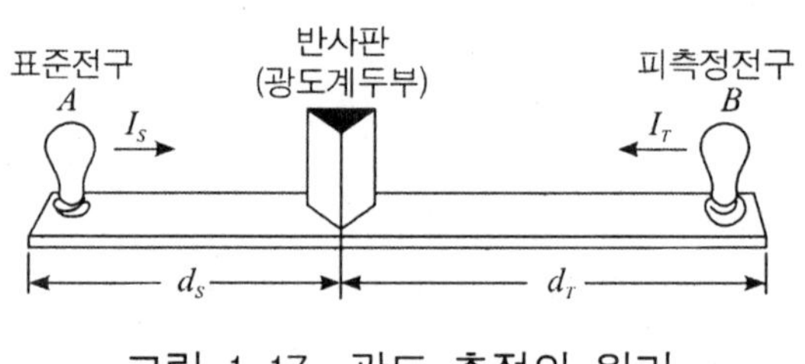

그림 1-17 광도 측정의 원리

(2) 직접법에 의한 광도 측정

그림 1-17과 같이 양 측면에 반사율이 같은 반사판(screen)을 표준전구 A와 피측정전구 B로 비추어 휘도가 같아지면 양면의 조도도 같아진다. 여기서, 광도 표준전구의 광도를 I_s, 스크린과의 거리를 d_s, 피측정전구의 광도 I_T, 피측정전구까지의 거리를 d_T라고 하면 조도는 각각 다음 식과 같다.

$$E_s = \frac{I_s}{{d_s}^2}, \quad E_T = \frac{I_T}{{d_T}^2} \text{[lx]} \tag{1-30}$$

또, 양면의 조도와 반사율이 같다면

$$\frac{I_s}{{d_s}^2} = \frac{I_T}{{d_T}^2}$$

$$\therefore\ I_s = I_T\left(\frac{d_s}{d_T}\right)^2, \quad I_T = I_s\left(\frac{d_T}{d_s}\right)^2 [\mathrm{cd}] \tag{1-31}$$

(3) 치환법에 의한 광도 측정

백열전구의 광도를 측정하는 실제적인 방법으로는 **치환법**을 사용하는데 이는 표준전구를 측정용 전구의 위치에 놓고 **비교전구**(comparison lamp)와 비교 측정하는 것을 말한다. 즉, 광도계 양측면의 조도가 동일하게 되었을 경우 표준 전구 L_s와 비교 전구 L_c로부터 광도계까지의 거리를 각각 d_s, d_c, 광도를 I_s, I_c라 하면

$$I_c = I_s\left(\frac{d_c}{d_s}\right)^2 \tag{1-32}$$

가 된다. 다음에 비교 전구 L_c를 원래 위치에 놓고 측정 전구 L을 표준 전구 L_s의 위치와 교환하고 동일한 측정을 하여 각 전구로부터 광도계까지의 거리를 d_T, d_c라 하고 I_T를 구하면 다음과 같다.

$$I_T = I_c\left(\frac{d_T}{d_c}\right)^2 \tag{1-33}$$

위의 두 식으로부터 I_c를 소거하면 다음과 같은 식을 구할 수 있다.

$$I_T = \left(\frac{d_T}{d_c}\right)^2\left(\frac{d_c}{d_s}\right)^2 \cdot I_s = \left(\frac{d_T}{d_s}\right)^2 I_s [\mathrm{cd}]$$

치환법은 측정하려는 전구와 표준 전구를 직접 비교하는 직접법에 비하여 절차가 복잡하지만 측정기의 오차 즉, 반사율이나 흡수율의 차이가 측정에 영향을 미치지 않고 표준 전구의 점등시간이 적어지는 장점을 가지고 있다.

1.2.4 조도 측정

조도를 측정하는 방법으로는 광도측정의 원리와 마찬가지로 이미 알고 있는 조도와 비교하여 미지의 조도를 측정하는 방법이 있는데, 일반적으로 조도계(illumination meter)를 사용한다. 조도계의 수광소자로서 광전지(photovoltaic cell)를 사용한 광전지 조도계와 광전관(photoelectric tube)을 사용한 광전관 조도계가 있는데 저조도 측정의 경우를 제외하고는 일반적으로 광전지 조도계를 사용하고 있다.

(1) 광전지 조도계

셀렌(Se)이나 아산화동(Cu_2O)에 빛을 쪼이면 기전력이 발생한다. 이와 같은 현상을 이용하여 빛을 전기로 변환하는 소자를 광전지라 한다. 광기전력의 감도는 셀렌광전지가 더 크며 이 기전력은 조도에 거의 비례한다.

광전지 조도계는 광전지면의 조도와 광전류 사이의 상호관계를 고려하여 미리 교정한 후 μA급 전류계로 직접 조도의 눈금을 읽도록 한 것이 많이 사용된다. 이것은 광전지를 측정면에 놓고 눈금을 읽으면 즉시 조도를 알 수 있다는 이점과 간편함이 있다. 정밀도는 다소 떨어지나 부피가 작고 가격이 저렴하며 휴대가 간편하여 실용 조도계로 많이 사용되고 있다.

조도의 측정범위는 300[lx]까지이고, 0.1[lx] 이하의 낮은 조도를 측정하는 것은 무리이다. 300[lx] 이상의 높은 조도를 측정하려면 광전지면에 회색 필터를 사용하여 10~100배 등의 측정범위 확대가 가능하다.

색광(色光)의 조도측정에는 수광소자의 파장별 감도가 인간의 눈과 다소 다르므로 시감도(視感度) 보정필터를 사용하지 않으면 오차가 커지게 된다.

(2) 광전관 조도계

광전관 조도계는 입사광에 의해 생긴 광전관의 광전류를 증폭한 후에 조도눈금이 매겨진 μA급 전류계로 조도를 측정한다. 동작전원이 필요하고 광전지 조도계에 비해 취급도 불편하지만 정밀도가 높고 감도전환에 의해 측정범위를 넓게 할 수 있고 낮은 조도에서 높은 조도까지 측정이 가능한 장점이 있다.

1.3 배광곡선과 루소선도

1.3.1 배광곡선

(1) 배광곡선

발광체가 놓인 공간에서 광도분포와 상태, 즉 광원의 중심을 지나는 평면상의 광도분포를 극좌표로 나타낸 것을 **배광곡선**(distribution curve of light)이라 하고, 수평면상의 것을 **수평배광곡선**, 수직면상의 것을 **수직배광곡선**이라고 한다. 일반적으로 배광곡선이라 하면 수직배광곡선을 말한다.

그림 1-18 (a)는 가스주입 백열전구의 수직배광곡선, (b)는 배광 입체도를 표시한 것이며, 그림 1-19는 각종 조명기구의 배광곡선을 나타낸 것이다.

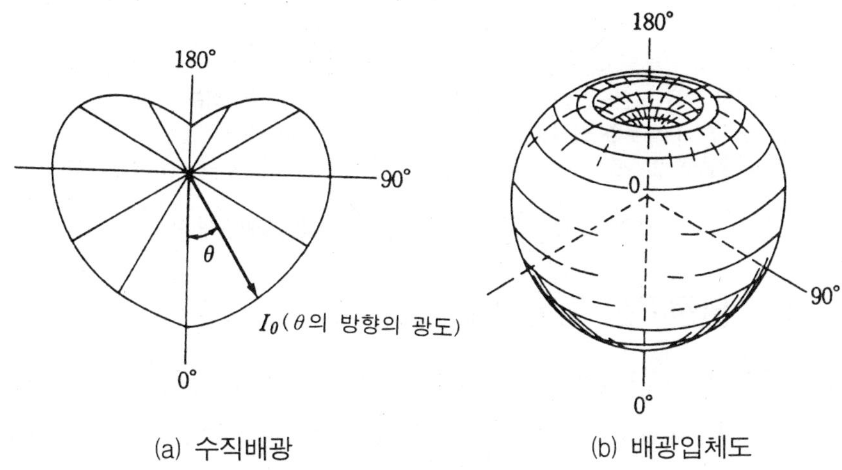

(a) 수직배광 (b) 배광입체도

그림 1-18 배광곡선

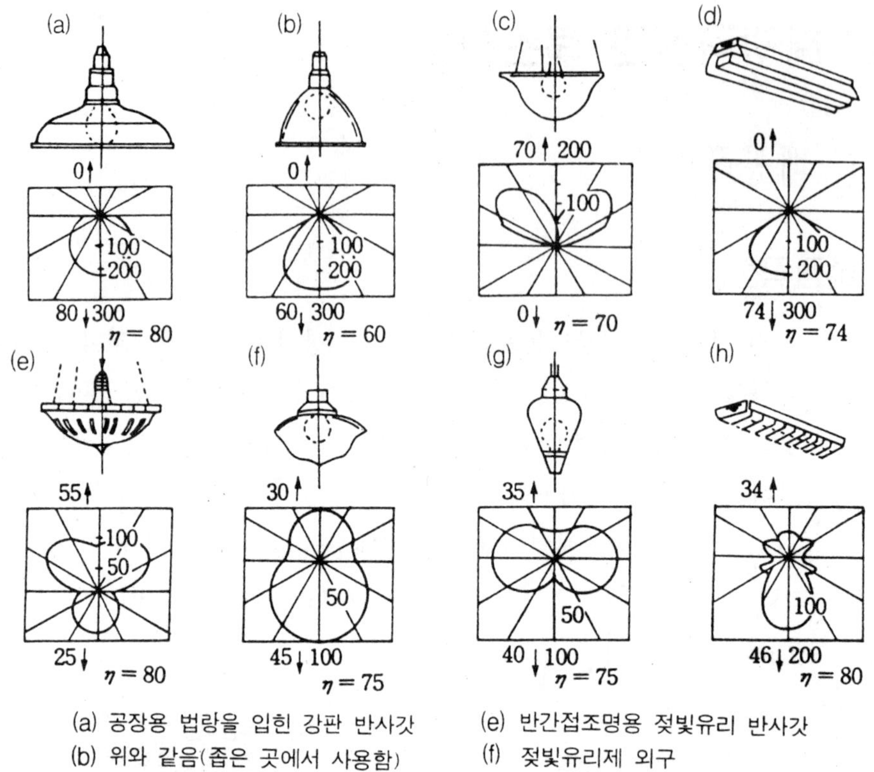

(a) 공장용 법랑을 입힌 강판 반사갓
(b) 위와 같음(좁은 곳에서 사용함)
(c) 간접조명 불투명 반사갓
(d) 형광등용 반사갓
(e) 반간접조명용 젖빛유리 반사갓
(f) 젖빛유리제 외구
(g) 도로용 외구
(h) 형광등용 루우버가 붙은 기구

그림 1-19 각종 조명기구의 종류와 배광

(2) 축대칭 완전확산 광원의 배광

어느 광원의 임의의 방향에 대한 광도는 그 방향에서 광원을 바라보았을 때의 투영면적에 휘도를 곱한 값이 된다. 그러므로 완전 확산광원인 경우에는 어느 방향에서 보아도 휘도가 같으므로 이 경우에는 광원의 투영면적만 구하면 간단하게 배광곡선을 구할 수 있다.

(가) 평원판 광원

그림 1-20 (a)와 같이 휘도 B, 면적 S인 평원판 광원에서 그 법선방향의 광도는 $I_n = BS$ 이고, 이것과 θ각을 이루는 방향의 투영면적은 $S\cos\theta$이므로 그 방향의 광도 I_θ는

$$I_\theta = B \cdot S\cos\theta = I_n \cos\theta \tag{1-34}$$

이다. 그러므로 법선방향을 수직축으로 한 수직배광곡선은 그림 (b)와 같이 광원에 접하는 원이 된다.

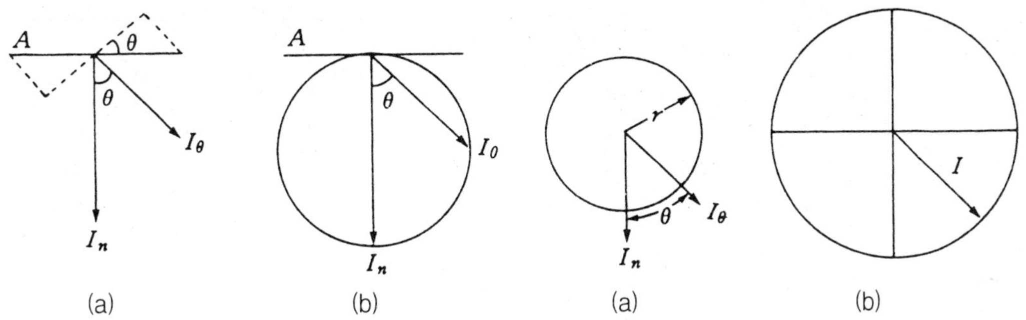

그림 1-20 평원판 광원의 배광 그림 1-21 구면 광원의 배광

(나) 구면 광원

그림 1-21 (a)와 같이 반지름 r인 구면 광원의 휘도를 B라고 하면, 어느 방향에서의 투영면적도 πr^2이므로 광도 I는

$$I = \pi r^2 \cdot B \tag{1-35}$$

가 되고, 수직배광곡선은 그림 (b)와 같이 광원의 중심을 중심으로 하는 원이 된다.

(다) 반구면 광원

그림 1-22 (a)와 같이 반지름 r, 휘도 B의 반구(半球)에서는 $\theta = 0°$의 방향에서는 $I_0 = \pi r^2 B$, $\theta = 90°$의 방향에서는 $I_{90} = \frac{1}{2}\pi r^2 B$가 된다. 임의의 θ방향의 정투영면적은 그림 (a)의 S'와 같이 반원과 반타원의 합성이고, 반타원의 면적은 $\frac{1}{2}\pi r^2 \cos\theta$가 된다. 따라서 θ방향의 광도 I_θ는

$$I_\theta = \left(\frac{1}{2}\pi r^2 + \frac{1}{2}\pi r^2 \cos\theta\right) B = \frac{1}{2} I_n (1 + \cos\theta) \tag{1-36}$$

가 되고, 이 수직배광곡선은 그림 (b)와 같다.

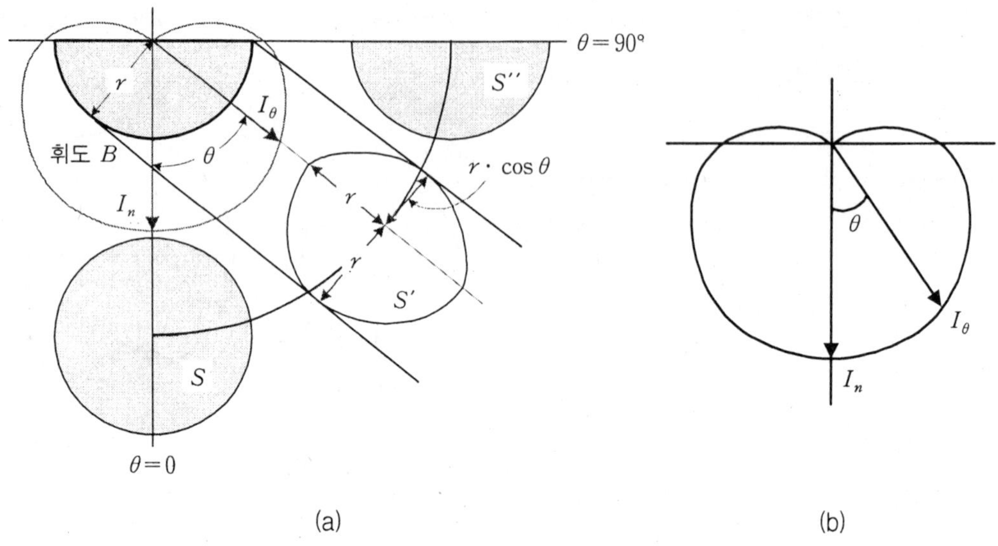

그림 1-22 반구면 광원의 배광

(라) 원통 광원

그림 1-23 (a)와 같이 반지름 r, 높이 h의 수직원통의 외면이 휘도 B를 가질 때, 수평방향의 정투영면적은 폭 $2r$, 높이 h인 직사각형이므로 수평광도는 $I_n = 2rhB$가 된다.

따라서 광도 I_θ는

$$I_\theta = 2hr\sin\theta \cdot B = I_n \sin\theta \qquad (1\text{-}37)$$

가 되고, 수직 배광곡선은 그림 (b)와 같이 수평광도 I_n을 지름으로 하는 원이 된다.

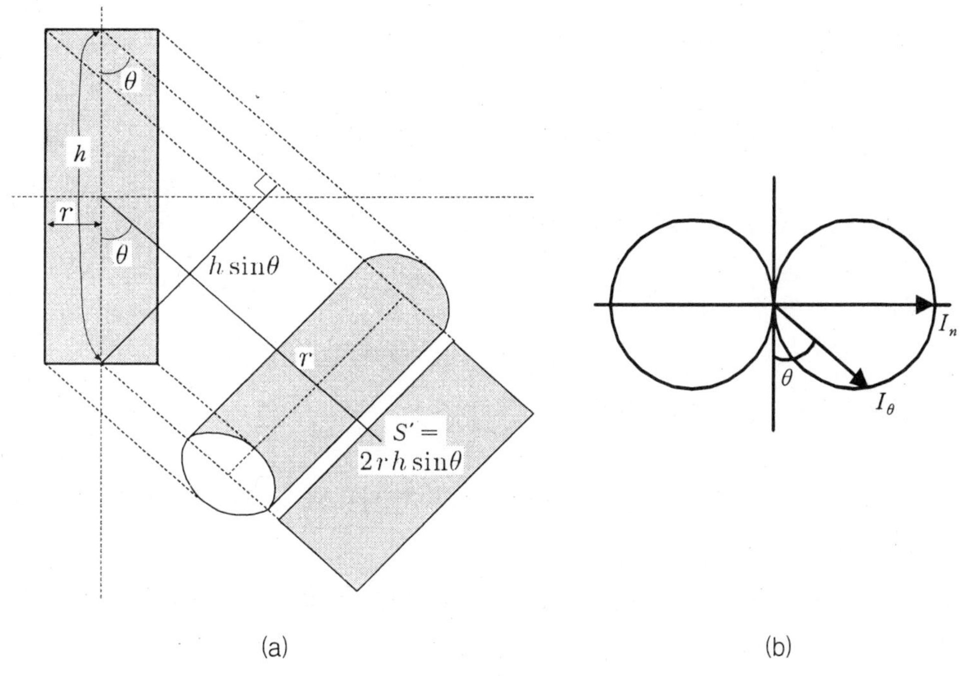

(a) (b)

그림 1-23 원통 광원의 배광

1.3.2 루소선도

(1) 루소선도의 작도

방향에 따라 광도가 다른 점광원의 전 광속을 구하려면, 루소선도(Rousseau diagram)를 사용하는 것이 좋다. 대부분의 인공광도는 각 방향의 광속분포가 축대칭을 갖는 경우가 많고, 또 광원의 축을 중심으로 적당히 회전시키면 위와 같은 상태로 할 수 있다. 이와 같이 대칭축을 가진 점광원의 배광곡선을 얻었다고 가정하고, 그림 1-24에서 광원 O를 중심으로 반경 R[m]의 구면을 그리면, 각 θ와 $\theta + d\theta$ 사이의 구면대의 면적 dS는

$$dS = 2\pi R^2 \sin\theta \, d\theta \, [\mathrm{m}^2]$$

이고, 이 중심에서 구면대의 양단을 향한 입체각 $d\omega$는 다음 식과 같이 표시된다.

$$d\omega = \frac{dS}{R^2} = 2\pi \sin\theta\, d\theta$$

θ방향의 광원의 광도를 I_θ[cd]라 하면, $d\omega$내의 광속 dF는

$$dF = I_\theta d\omega = 2\pi I_\theta \sin\theta\, d\theta\,[\mathrm{lm}]$$

이다. 따라서 전광속 F는

$$F = 2\pi \int_0^\pi I_\theta \sin\theta\, d\theta\,[\mathrm{lm}] \qquad (1\text{-}38)$$

이 된다. 이와 같이 배광곡선의 적분을 도표로 나타낸 것이 **루소선도**(Rousseau diagram)이다.

루소선도의 면적은 다음과 같이 광속에 비례하므로 면적을 측정하여 광속을 구하고, 이것으로 평균광도를 구할 수 있다.

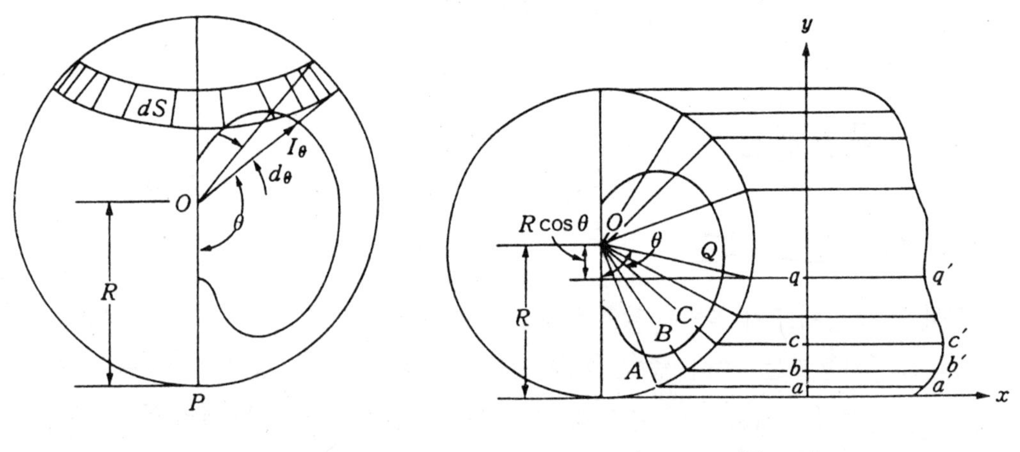

그림 1-24 배광곡선　　　　그림 1-25 루소선도

그림 1-25의 광원 O를 중심으로 반경 R[m]의 원을 그리고 직경 OA, OB, OC ……의 연장선이 원주와 만나는 점에서 x축에 평행선을 그어 y축으로부터 $aa' = OA = I_\theta$, $bb' = OB$, $cc' = OC$라고 한다. 즉, aa'는 OA 방향의 광도 I_θ와 같게 취한 것이 된다. 따라서 점 q'의 x, y좌표는

$$x = I_\theta, \quad y = -R\cos\theta$$

이므로, 곡선 $a'\ b'\ c'\ q'$와 y축으로 이루어지는 부분의 면적을 S라고 하면, 식 (1-39)와 같다.

$$S=\int_0^{2R} xdy = R\int_0^{\pi} I_\theta \sin\theta d\theta [\mathrm{m}^2] \qquad (1\text{-}39)$$

식 (1-38)과 식 (1-39)를 비교해 보면 루소선도가 나타내는 면적 S는 광원의 전 광속 F는 식 (1-40)과 같은 관계가 성립된다.

$$F=\frac{2\pi}{R}\cdot S[\mathrm{lm}] \qquad (1\text{-}40)$$

따라서 루소선도의 면적을 측정하면 전 광속을 구할 수 있으며, 간단한 광원의 루소선도에 의한 광속 계산의 예는 다음과 같다.

(2) 구형 광원

균등한 광도를 I_A라 하면, $x=I_\theta=I_A$이므로, 루소선도의 기선으로부터 I_A만큼 떨어져서 평행인 그림 1-26의 A와 같은 직선으로 되며, 루소선도의 면적 S는 $S=2RI_A$로 표시된다.

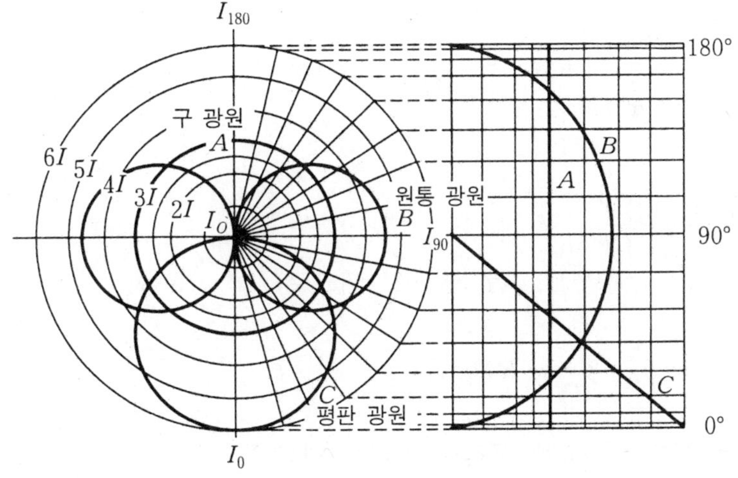

그림 1-26 간단한 광원의 배광곡선과 루소선도

따라서

$$
\begin{aligned}
\text{총 광속} &= \frac{2\pi}{R} \times (\text{루소선도의 면적}) \\
&= \frac{2\pi}{R} \times 2RI_A = 4\pi I_A \qquad (1\text{-}41)
\end{aligned}
$$

(3) 원통 광원

최대광도를 I_B라 하면 $I_\theta = I_B \sin\theta$로 된다. 그러므로

$$x = I_B \sin\theta, \quad y = -R\cos\theta$$

이 두 식으로부터 θ를 소거하기 위하여 $\sin^2\theta + \cos^2\theta = 1$을 사용하면,

$$\frac{x^2}{{I_B}^2} + \frac{y^2}{R^2} = 1$$

이 되고, 이것은 횡축이 I_B, 종축이 R인 타원이 되므로 그림 1-26의 B곡선과 같이 표시할 수 있다. 따라서 총 광속은 식 (1-42)와 같다.

$$
\begin{aligned}
\text{총 광속} &= \frac{2\pi}{R} \times (\text{루소선도의 면적}) \\
&= \frac{2\pi}{R} \times \frac{\pi R I_B}{2} = \pi^2 I_B \qquad (1\text{-}42)
\end{aligned}
$$

(4) 평원판 광원

최대광도를 I_c라 하면, $I_\theta = I_c \cos\theta$로 되므로,

$$x = I_c \cos\theta, \quad y = -R\cos\theta$$

x의 식으로부터 $\cos\theta$를 구하여, y의 식에 대입하면,

$$y = -R\frac{x}{I_c} = -\frac{R}{I_c}x$$

이 되고, 이것은 원점을 통과하여 횡축과 $\tan\dfrac{R}{I_c}$을 이루는 그림 1-26의 C와 같은 직선이 된다. 따라서

$$\text{총 광속} = \frac{2\pi}{R} \times (\text{높이 } R,\ \text{밑변이 } I_c\text{인 직각삼각형의 면적})$$

$$= \frac{2\pi}{R} \times \frac{RI_c}{2} = \pi I_c \tag{1-43}$$

표 1-1 기하학적 광원의 배광곡선

광원 / 성질	직 선	원 판	평면판	원 통	구 면	반구면
전등축	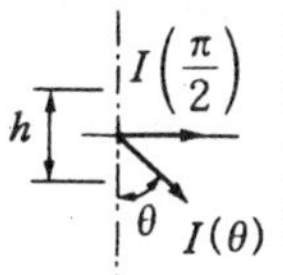	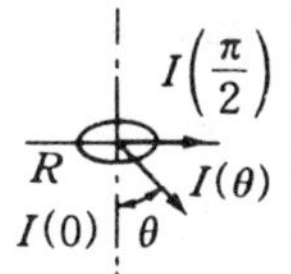	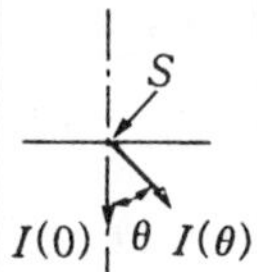	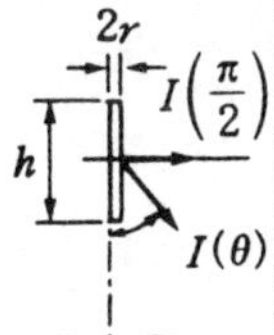	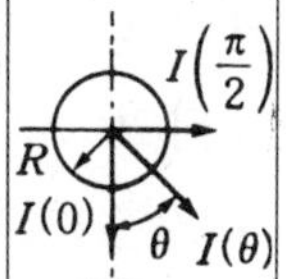	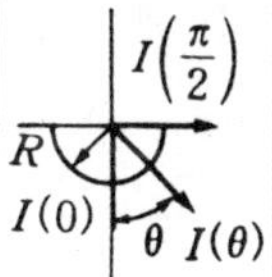
수직배광곡선	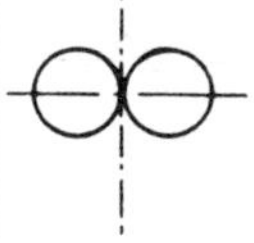	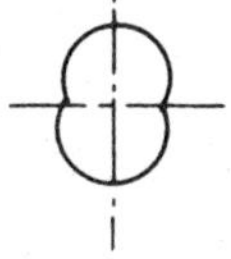	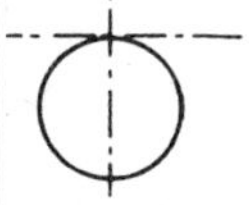	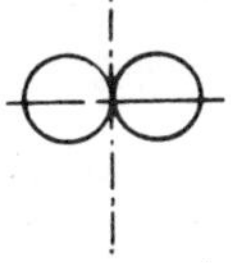	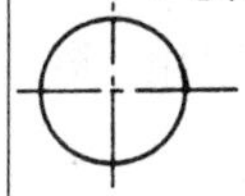	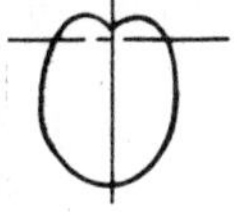
루소선도	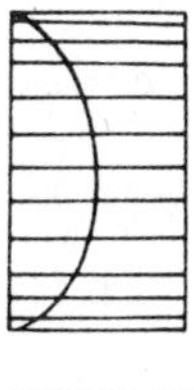	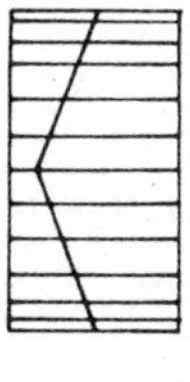	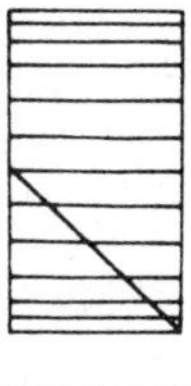	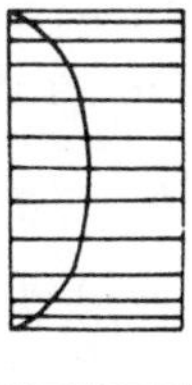	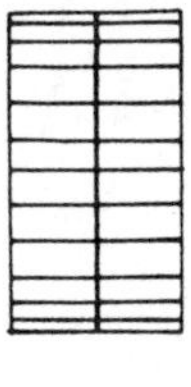	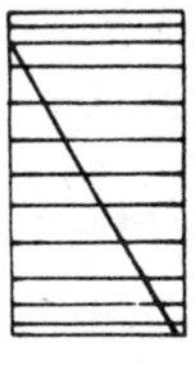
$I(\theta)$	$I(\pi/2)\sin\theta$	$I(\pi/2)E(h)^{\circ}$	$I(0)\cos\theta$	$I(\pi/2)\sin\theta$	$I(\pi/2)I(0)$	$I(\pi/2)$ $(1+\cos\theta)$
$I(\pi/2)$	hL	$4RL$	0	$2rhL$	πR^2L	$\pi R^2L/2$
$I(0)$	0	$2\pi RL$	SL	0	πR^2L	πR^2L
전광속 F_0	$\pi^2I(\pi/2)$	$\pi^2I(0)$	$\pi I(0)$	$\pi^2I(\pi/2)$	$4\pi I(0)$	$2\pi I(0)$
하반구광속	$F_0/2$	$F_0/2$	F_0	$F_0/2$	$F_0/2$	$3F_0/4$
상반구광속	$F_0/2$	$F_0/2$	0	$F_0/2$	$F_0/2$	$F_0/4$

1.4 광원의 개요

1.4.1 광원의 발전과정과 종류

광원의 종류에는 자연광원(태양, 달, 별, 뢰광 등)과 인공광원(횃불, 초, 석유램프, 가스등, 전등 등)이 있는데 이 절에서는 현재 사용하고 있는 인공광원에 대해 기술한다.

광원은 각각의 발광원리에 따라 상이한 특성을 가지며, 그 종류와 용도가 다르다.

고대로 부터 사람은 주간에 태양, 야간에 물체의 연소에 의한 불로 생활하였다.

18세기 말까지 조명에는 횃불, 화톳불이나 기름, 양초 등 여러 가지 조명기구가 고안되어 사용되었으나 그 조명환경은 옥내, 옥외 모두 국부적인 것이며 얻어진 조도도 낮고 색온도도 낮았다. 1802년 Davy가 탄소에 전류를 흘리면 빛이 발생하는 것을 발견하여, 파리의 콩코드 광장에 2,000개의 전지로 탄소아크 가로등을 점등한 것이 전등의 역사적 출현이었다. 1879년 Edison이 면사를 탄화시켜 만든 진공전구는 100[V]에서 12~16[cd]의 광도를 내고, 효율이 1.7[lm/W]이며, 44시간 점등되는 등 실용화의 단서를 찾게 되었다.

뒤이어, 수은증기 중의 방전에 의한 발광을 이용한 수은등이 출현되고, 계속하여 나트륨증기 중의 방전에 의한 발광을 이용한 나트륨등이 개발되었다.

이어서, 고압수은등의 개량형인 메탈라이드등이 개발되어 전 세계적으로 널리 쓰이게 되었으며, 연색성이 다소 개선된 고압나트륨등, 수명이 길고 일정 광도가 수명시간 중 유지되는 전구인 할로겐전구 등이 속속 출현되어, 연색성과 효율이 우수한 전등이 개발되고 있다. 이렇게 해서 조명환경은 사람의 생리 · 심리면도 고려하여 인간의 기본생활인 의식주는 물론, 정치, 경제, 문화 등 모든 사회활동에 대응할 수 있는 상태가 되었다. 그러나 자원 · 에너지의 한계를 생각하면 보다 고효율 · 고출력 · 고연색 · 장수명이면서도 취급이 용이한 광원이나 그 관련 시스템의 개량 · 개발에 의한 조명 환경개선에 대한 노력이 있어야 할 것이다. 광원을 발광원리에 따라 분류해 보면 표 1-2와 같다.

표 1-2 발광원리에 따른 전등의 분류

발 광 원 리	광 원	종 류	특 징
온도방사	텅스텐 필라멘트 전구	· 백열전구 · 특수전구 · 할로겐전구	
방전 발광 (Luminescence)	저압방전등	· 형광등(저압수은등) · 저압나트륨등 · 네온관등	
	고압방전등	· 고압수은등 -형광고압수은등 -메탈라이드등 · 고압나트륨등	고휘도 고효율 장수명
	초고압방전등		고휘도
전계 발광 (Luminescence)	· EL등 · LED		면광원 고체발광
레이저 발광 (Luminescence)	레이저		
플라즈마 발광 (Luminescence)	무전극등		장수명 고효율

1.4.2 온도방사

모든 물체는 온도를 높이면 방사가 된다. 이것을 **온도방사**(thermal radiation)라고 한다. 방사스펙트럼은 연속이며 스펙트럼 에너지 분포의 모양은 온도에 따라 결정된다.

온도방사체는 이것을 **흑체**와 **회색체**로 나눌 수 있다. 흑체라고 하는 것은 이것에 투사되는 외부의 방사에너지를 전부 흡수하고 반사도 투과도 하지 않는다고 가정하는 가상적 물체이며 방사이론에서 기준이 되는 것이다. 이것은 또한 모든 파장에서 최대의 온도방사를 하는 것으로서 이 방사를 **흑체방사**(black body radiation)라 한다. 백금흑(platinum black)이나 탄소와 같은 것이 흑체에 가깝다.

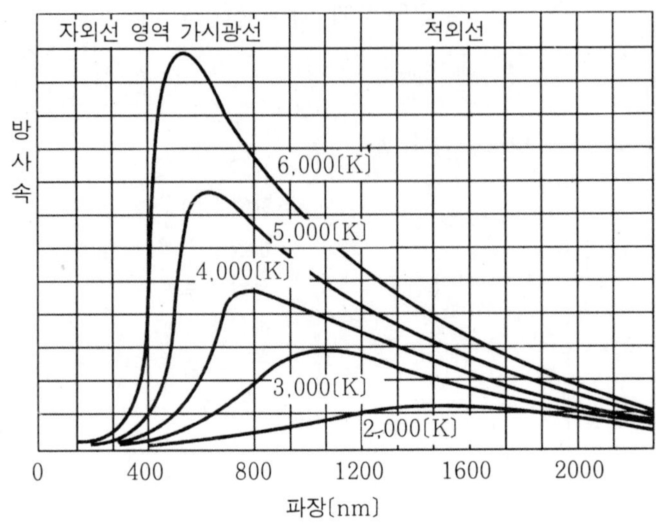

그림 1-27 흑체의 분광방사곡선

그림 1-27은 흑체의 분광방사곡선을 나타낸 것이다. 실제로 열방사를 행하는 어느 물체의 방사는 동일한 온도인 흑체의 방사보다는 적다. 그 중에서 탄소처럼 각 파장의 방사발산도가 동일 온도의 흑체방사의 값과 비례하는 것을 **회색체**(grey body)라고 하며, 텅스텐처럼 어떤 파장 영역에서는 흑체 방사와 비례하지 않고 동일 온도의 회색체로 부터 벗어나는 것을 **선택방사체**(selective radiator)라고 한다.

이상적인 온도방사를 행하는 흑체에 있어서 다음과 같은 온도방사의 법칙들이 성립한다.

(1) 스테판-볼츠만의 법칙

온도 T[K]인 흑체의 단위표면적으로부터 단위시간에 방사되는 전체방사 에너지 S는 그 절대온도 T의 4제곱에 비례한다.

이것을 **스테판-볼츠만의 법칙**(Stefan-Boltzmann's law)이라 한다.

$$S = \sigma T^4 \, [\mathrm{W/m^2}] \qquad (1\text{-}44)$$

여기서, $\sigma = 5.683 \times 10^{-8} [\mathrm{W/m^2 \cdot K^4}]$로 스테판-볼츠만의 정수이다.

(2) 원의 변위칙

흑체에서 최대분광방사가 일어나는 파장 λ_m은 온도에 반비례한다.

즉 온도가 높아질수록 최대분광방사의 파장 λ_m은 짧아진다.

$$\lambda_m = \frac{b}{T} [\text{nm}] \quad (1\text{-}45)$$

여기서, $b = 2,896,000[\text{nm}\cdot\text{K}]$이며, Wien의 상수이다.

이것이 원의 변위칙(Wien's displacement law)이다.

(3) 플랑크의 법칙

이 법칙은 흑체의 온도방사에서 그 분광방사가 온도와 더불어 변화함을 나타낸 것이다.

파장 λ의 분광방사속의 발산도 S_λ는 온도 $T[\text{K}]$에서

$$S_\lambda = \frac{c_1}{\lambda^5} \cdot \frac{1}{e^{c_2/\lambda T} - 1} [\text{W/m}^3] \quad (1\text{-}46)$$

여기서, $c_1 = 3.714 \times 1016[\text{W/m}^2]$, $c_2 = 1.438 \times 10^{-2}[\text{m}\cdot\text{K}]$이다.

이것을 플랑크의 방사법칙(Plank's radiation law)이라고 한다.

1.4.3 루미네슨스

루미네슨스(Luminescence)는 온도방사 이외의 발광이며, 이 현상을 이용한 광원이 방전등이고, 아크등은 온도방사와 루미네슨스의 양쪽을 이용한 것이다. 루미네슨스는 발광의 계속시간에 따라 형광과 인광이 있으며, 10^{-8}를 경계로 하여 이 시간보다 짧은 것을 형광, 긴 것을 인광이라고 한다. 루미네슨스는 어떠한 자극이 필요하며 자극의 종류에 따라 여러 가지 루미네슨스가 있다.

(1) 루미네슨스의 종류

(가) 전기 루미네슨스(electric luminescence)

기체 또는 금속증기 등을 통한 방전에 따르는 발광현상을 말하며, 대전입자 상호간 또는 원자, 분자 등과의 충돌에 기인한다. 예로서, 네온관, 수은등 등이다.

(나) 전계 루미네슨스(electro luminescence)

전계의 작용에 의한 고체의 발광현상으로, 예로서 EL램프, 발광 다이오드 등이다.

(다) 방사 루미네슨스(photo luminescence)

어떤 종류의 화합물의 원자 또는 분자가 적당한 에너지의 광양자인 광선, 자외선 및 X선 등을 흡수하여 흡수된 광양자의 파장보다 긴 파장의 것을 발광하는 현상을 말하며, 형광등, 형광수은등이 이의 응용 예이다. 야광도료, 라듐 도료도 이의 응용이다.

방사 루미네슨스는 보통 스토크의 법칙(Stoke's law)에 따른다. 즉, 발기된 형광의 파장 λ'는 항상 자극방사선의 파장 λ보다 크다는 것이다.

(라) 음극선 루미네슨스(cathode ray luminescence)

음극선(전자류)이 물체를 충격할 때 발생하는 발광을 말하며 브라운관, 음극선 오실로그래프 등의 형광판에 응용한다.

(마) 생물 루미네슨스(bio luminescence)

개똥벌레, 발광어류, 야광충 등의 발광이며, 반딧불은 루시페린이란 발광물질이 산화될 때 발광한다.

1.4.4 색온도

우리가 일상에 접하는 빛이라도 눈은 그 근소한 색감의 차이를 감지할 수 있어서 이들 빛의 색을 어떤 방법으로든 구별해서 나타내는 것이 필요하다. 그러기 위해 현재 실시하고 있는 것이 빛의 색을 색온도로 나타내는 방법이다. 일반적으로 온도가 낮은 물체에서 방사하는 빛은 붉고, 온도가 높아질수록 흰색을 띠고, 더욱

온도가 높아질수록 푸른색을 띠게 된다. 백열전구의 빛은 붉은 빛을 띠고 있으며, 수은램프의 광색은 청백하게 보인다.

각 광원의 광색을 나타내는데 **색온도**(color temperature)를 사용하고 그의 단위는 K(켈빈)이다. 이상적인 방사체인 흑체는 고온으로 가열하면 발산하는 빛의 광색은 적색, 황색, 청록색을 거쳐 백열상태로 변한다.

흑체의 어느 온도에서의 광색과 어떤 광원의 광색이 동일할 때 그 흑체의 온도를 가지고 그 광원의 광색을 나타내고 있으며, 이를 **색온도**라 한다. 색온도는 절대온도로 표시하고 있으며 ℃+273°가 된다.

그림 1-28은 색온도 6,500[K]의 주광색 형광등의 분광분포와 자연 주광의 분광분포를 비교한 것이다. 육안에는 같은 색감으로 보이지만 분광분포는 상당히 다른 것을 알 수 있다.

형광등과 같이 그다지 열을 내지 않는 광원의 빛이라도 그 빛과 같은 색을 냈을 때의 흑체의 온도로 색온도를 표시할 수 있다. 표 1-3은 대표적인 광원의 색온도를 나타낸 것이다.

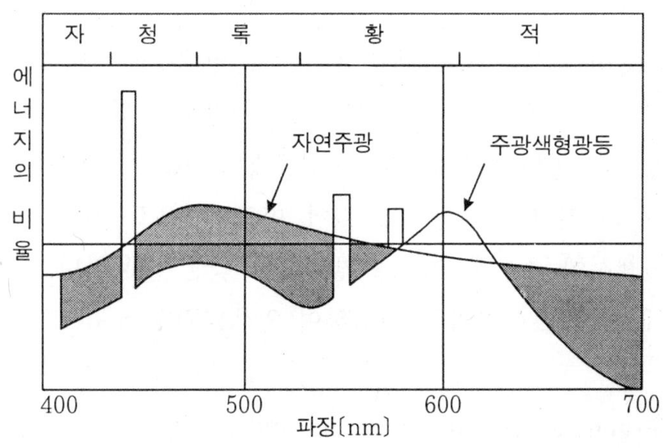

그림 1-28 자연 주광과 형광등 분광분포와의 비교

표 1-3 대표적인 광원의 색온도

광 원	색온도[K]	광 원	색온도[K]
태 양	5,450	할로겐전구(500[W])	3,000
푸른 하늘(오전 9시)	12,000	백열전구(60[W])	2,850
구름낀 하늘	6,500	촛불	2,000
주광색 형광램프	6,500	형광수은램프	4,600
백색 형광램프	4,500	고압수은램프	5,600

1.4.5 연색성

어떤 광원으로 물체색을 조명했을 때 어떤 색으로 보일 것인가 하는 것은 그 광원에 따라서 달라진다. 동일한 색을 가진 것이라도 조명하는 빛에 따라 색이 다르게 보이는데 이 물체의 색을 달리 보이게 하는 광원의 성질을 **연색성**(color rendering properties)이라 한다. 연색성은 광원의 중요한 성질의 하나로서 그 광원의 분광분포에 따라서 결정된다.

국제조명위원회(CIE)에서는 1965년에 처음으로 연색성을 수치로 표현하는 연색평가방법을 정했으며, 한국에서도 이를 KS에서 규정하고 있다.

「광원의 연색성 평가방법」이라는 한국산업규격(KSA0075)이 있는데 평가하려는 광원을 **시험광원**이라 하고 연색평가에 있어 비교기준으로 사용하는 광원을 **기준광원**이라 하며 연색성이 충분히 좋다고 생각되는 것을 사용한다. 그 두 광원 하에서의 색이 어떻게 달리 보이는가를 시험하여 **연색평가수**(colour rendering index)를 구한다.

평균연색평가수(general colour rendering index ; R_a) : 일반 연색평가용으로서 8종의 시험색 분광분포가 규정되어 있다. 이색에 대해 시험광원과 이것과 색온도가 극히 가까운 기준광원으로 각각 보았을 때의 분광계산을 하고, 상호간의 색차 ΔE를 8색에 대해 구하여 평균하여 $\overline{\Delta E_a}$를 구하고 다음 식으로 **평균연색평가수**(R_a)를 구한다.

$$R_a = 100 - 4.6\,\overline{\Delta E_a} \quad (1\text{-}47)$$

기준광원과 분광분포가 일치하는 시료광원의 R_a는 100이다. 따라서 백열전구의 R_a는 완전방사체를 기준으로 하면 100이 된다. 그 밖에 비교적 색온도가 낮은 3,000[K] 온백색형광램프의 R_a는 50이며, 백색형광램프의 보통형은 69, 연색개선형은 80~91이다.

1.5 조도 계산

1.5.1 점광원에 의한 직사조도

광원에서 방사된 광속이 천장이나 벽 등의 반사를 거치지 않고 직접 피조면에 도달하여 조명되는 경우의 조도를 **직사조도**(直射照度)라고 하며, 천장이나 벽 등에서 반사에 반사를 거듭하면서 확산될 때 이 확산광속에 의한 조도를 **확산조도**(擴散照度)라고 한다.

직사조도는 피조면 조명환경이 조도증가에 영향을 미치는 반사면이 거의 없는 도로나 운동장 등의 조명계산에 쉽게 적용할 수 있다. 점광원에 의한 직사조도는 거리의 **역자승의 법칙**과 **입사각 코사인의 법칙**의 식을 기본으로 적용한다. 또 필요한 경우 법선조도 E_n, 수직면조도 E_v, 수평면조도 E_h 중 어느 것에 해당하는가를 확인해서 계산식을 선택하고 계산한다. 또, 배광곡선에서 조사면(照射面) 각 점의 직접조도를 계산할 때에도 이와 같다.

광원이 여러개인 경우에는 광원 L_1에 의한 조도를 E_1, 광원 L_2에 의한 조도를 E_2, 광원 L_3에 의한 조도를 E_3, 광원 L_4에 의한 조도를 E_4라고 할 때, P점의 조도는 각 조도의 합계 즉, $E_1+E_2+E_3+E_4$로 된다.

1.5.2 선광원에 의한 직사조도

그림 1-29와 같이 선광원이 **균등확산성**의 원통형이고, 그 단위길이당의 수직방향광도를 I_0(직각인 방향의 광도)라고 하면 P점의 조도는 다음 식에 의한다.

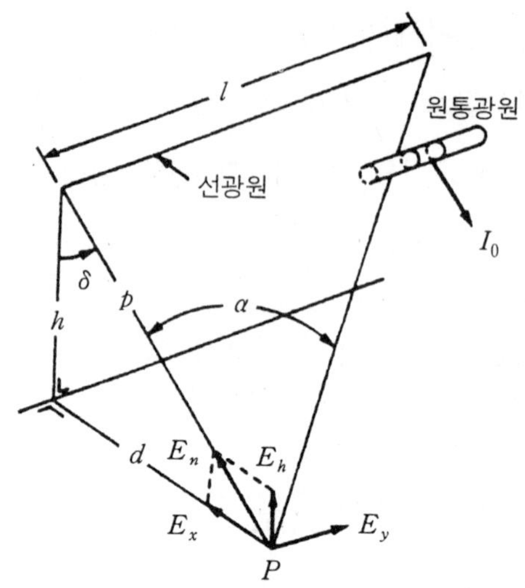

그림 1-29 선광원에 의한 조도

먼저, P점의 법선조도와 수평면조도는 식 (1-48, 49)와 같다.

$$\text{법선조도 : } E_n = \frac{I_0}{2p}\left\{\tan^{-1}\frac{l}{p} + \frac{l/p}{1+(l/p)^2}\right\} \tag{1-48}$$

$$\text{수평면조도 : } E_h = E_n \cos\delta = E_n \frac{h}{\sqrt{h^2+d^2}} \tag{1-49}$$

한편, P점을 통과하는 평면 중에서 선광원에 대해 직각이면서 동시에 바닥 수평면에 대해서는 수직인 면을 선직면이라고 한다. 선광원에 의한 이 선직면의 조도는 다음과 같이 된다. 한편, 이 식은 어떤 평면(그림 1-29에서 선직면)에 형광등을 수직으로 점등했을 때는 수평면조도를 구하는 경우에 해당한다.

$$\text{선직면조도 : } E_y = \frac{I_0}{2p}\sin^2\alpha = \frac{I_0}{2p}\cdot\frac{l^2}{p^2+l^2} \tag{1-50}$$

P점을 통과하는 평면 중 선광원에 대해 평행하면서 동시에 바닥 수평면에 대해서는 수직인 면이 수직면이다. 선광원에 의한 이 수직면의 조도는 식 (1-51)과 같다.

$$\text{수직면조도 : } E_x = E_n \sin\delta = E_n \frac{d}{\sqrt{h^2+d^2}} \tag{1-51}$$

1.5.3 면광원에 의한 직사조도

(1) 입체각 투사법

그림 1-30에서 휘도가 B[nt]인 완전확산면광원 ⓐ, ⓑ 또는 ⓒ의 어느 하나에 의해서 광원 아래 수평면 상 임의의 점 P에 생기는 수평면조도 E_h는 식 (1-52)와 같다.

$$E_h = \frac{B \cdot S'}{p^2} \text{[lx]} \tag{1-52}$$

여기서, B : 완전확산면광원의 휘도[nt]로서 일정한 값이며,

S_0 : P점을 정점으로 하여 광원과 형성하는 추체의 반구면상 표면적[m²],

S' : S_0를 수평면에 수직으로 투사한 면적[m²]이다.

이와 같이 광원의 입체각 ω를 피조면에 투사한 면적을 이용하여 완전확산면광원의 조도를 구하는 이 계산법을 입체각 투사법이라고 한다.

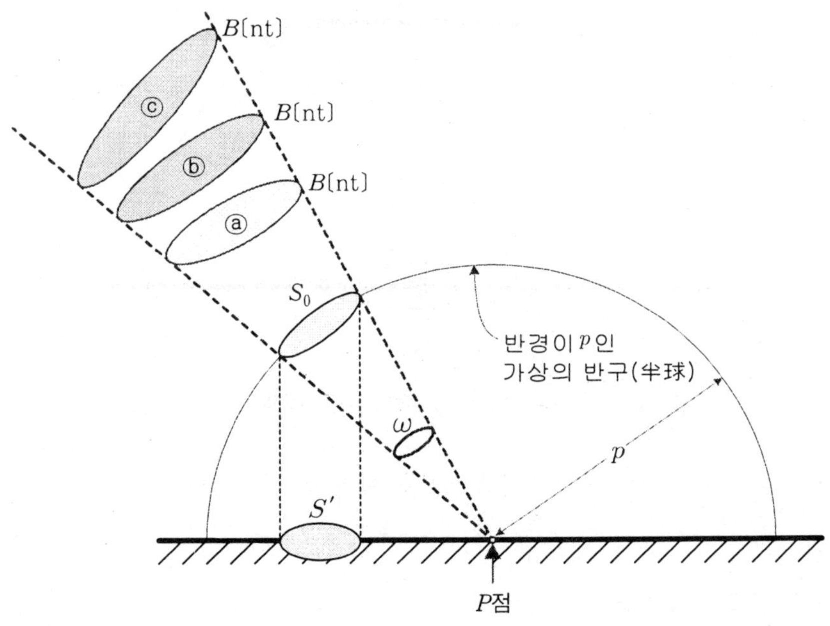

그림 1-30 완전확산면광원에 의한 조도(입체각 투사법)

식 (1-52)의 입체각 투사법에 의하면 그림 1-30의 완전확산면광원 ⓐ에 의한 P점의 수평면조도나 광원 ⓑ에 의한 수평면조도나 광원 ⓒ에 의한 수평면조도는 서로 같다는 것을 알 수 있다. 단, 이 경우 광원 ⓐ, ⓑ, ⓒ의 휘도는 모두 B[nt]로서 서로 동일하며, P점을 추체의 꼭짓점으로 하는 각 광원의 입체각도 서로 동일하다는 것을 전제로 한다.

이처럼 임의의 완전확산면광원들이 그 크기가 서로 다르고 거리가 서로 다르더라도 피조면과 이루는 입체각이 동일하고, 휘도가 같으면 각 광원에 의한 조도는 서로 같다.

(2) 평원판광원에 의한 직접조도

휘도 B[nt], 반경 r[m]인 완전확산성 평원판광원이 어떤 수평면 위 h[m] 높이에서 빛나고 있을 때, 광원 중심에서 직하점 P의 수평면조도 E_h는 입체각 투사법을 적용하면 쉽게 구할 수 있다.

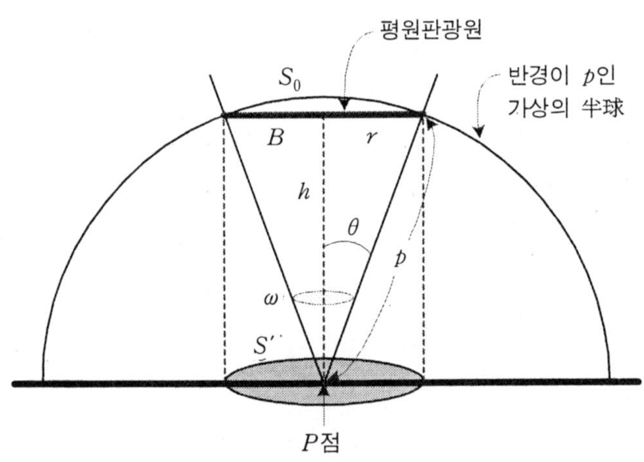

그림 1-31 완전확산성 평원판광원에 의한 조도

이 경우, 광원과 P점이 이루는 삼각형의 빗변을 가상반구의 반경 p로 하여 그림 1-31과 같이 작도하면 수평면 상의 투영면적은 $S' = \pi r^2[\mathrm{m}^2]$이 된다. 따라서 P점의 수평면조도 E_h는

$$E_h = \frac{B \cdot S'}{p^2} = \frac{B \cdot \pi r^2}{p^2} = \pi \cdot B \cdot \frac{r^2}{p^2} \text{[lx]}$$

$$\therefore \ E_h = \pi B \sin^2\theta \text{[lx]} \tag{1-53}$$

또는 $E_h = \dfrac{\pi B r^2}{h^2 + r^2}$ [lx]로 된다.

(3) 구형광원에 의한 직접조도

휘도 B[nt], 반경 r[m]인 완전확산성 구형광원이 수평면 위 h[m] 높이에서 빛나고 있을 때, 그 광원 중심에서 직하점 P의 수평면조도 E_h를 구하기 위해서는 역시 입체각 투사법을 적용한다.

이 경우 가상반구의 반경을 그림 1-32와 같이 작도하면 수평면 상의 투영면적은 $S' = \pi r^2 \cos^2\theta$[m^2]이 된다. 따라서 P점의 수평면조도 E_h는

$$E_h = \frac{B \cdot S'}{p^2} = \frac{B \cdot \pi r^2}{p^2}\cos^2\theta = \frac{B \cdot \pi r^2}{p^2} \cdot \frac{p^2}{h^2} \text{[lx]}$$

$$\therefore \ E_h = \pi B \frac{r^2}{h^2} \text{[lx]} \tag{1-54}$$

또는 $E_h = \pi B \sin^2\theta$[lx]이 된다.

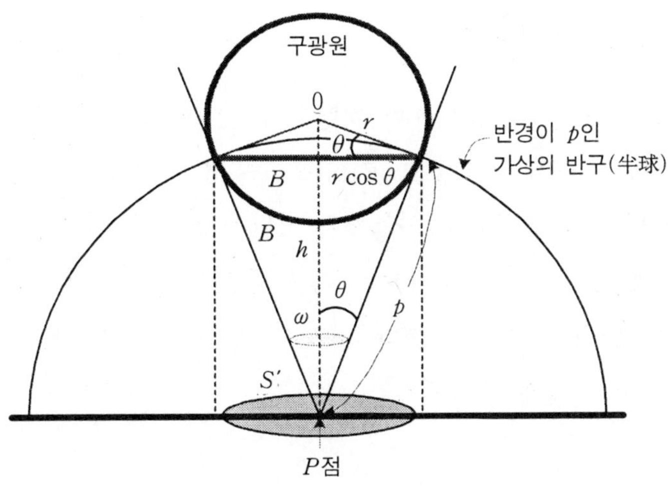

그림 1-32 완전확산성 구형광원에 의한 조도

1.5.4 전반조명에 의한 작업면 상의 조도계산

전반조명방식에 의한 작업면 상의 평균조도 E[lx]를 구하는데는 피조면 내의 총광속과 피조면의 면적을 이용하여 평균조도를 구하는 방법을 일반적으로 사용한다. 이 경우 평균조도는 식 (1-55)와 같다.

$$E = \frac{F \cdot N \cdot U}{A \cdot D} \text{[lx]} \tag{1-55}$$

여기서, F : 등기구 1개당의 초기광속[lm], N : 등기구의 갯수, U : 조명율,
A : 실의 면적[m^2], D : 감광보상율이다.

1.5.5 확산조도의 계산

도로나 운동장 등과는 달리 실내조명에서는 광원으로부터의 직사광속 외에도 천장, 벽, 바닥, 가구, 기기 및 기구 등으로부터의 반사광속이 있으며, 실내 어느 지점의 조도는 광원으로부터의 직사조도 이외에 이 반사에 의한 확산조도가 추가된다.

천장, 벽, 바닥 등의 면 사이에 반사가 반복되는 것을 **상호반사**(interreflection)라고 한다. 상호반사의 결과로서 직사조도 만의 경우보다 조도가 증가한다.

(1) 평행평면의 상호반사

그림 1-33에서 천장 C와 바닥 F가 평행하며 무한이 넓고 양 쪽 모두 완전확산면이라고 가정한다. 바닥에 직사조도 E[lx]를 줄 경우 바닥과 천장의 상호반사에 의하여 바닥의 최종적인 조도는 직사조도와는 다른 값으로 된다.

바닥의 반사율을 ρ_f, 천장의 반사율을 ρ_c라고 하면 직사조도 E[lx]에 의한 바닥의 광속 발산도는 $E\rho_f$[rlx]가 된다. 바닥도 천장도 무한이므로 바닥으로부터 반사된 광속은 전부 천장에 입사한다.

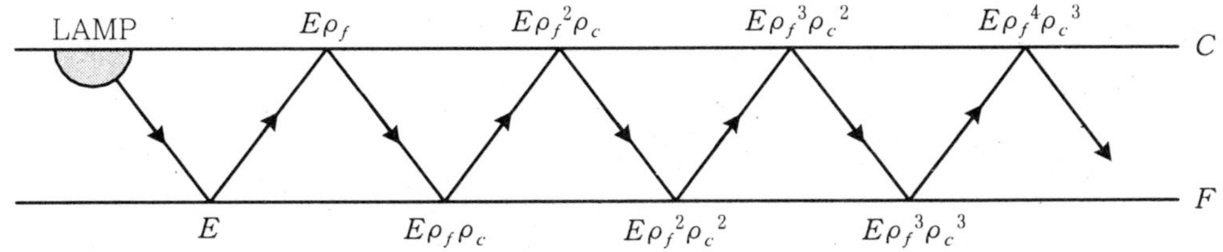

그림 1-33 무한히 넓은 천장과 바닥의 상호반사

따라서 이번에는 천장의 광속발산도가 $E\rho_f\rho_c$[rlx]로 되고 바닥에 $E\rho_f\rho_c$[lx]의 조도가 생긴다. 천장과 바닥 사이에 이와 같은 상호반사가 무한히 반복된 결과로서 생기는 최종조도는 다음과 같다.

$$\text{바닥의 조도 } E_f = E + E\rho_f\rho_c + E\rho_f^2\rho_c^2 + E\rho_f^3\rho_c^3 + \cdots\cdots$$

$$= E\{1 + (\rho_f\rho_c) + (\rho_f\rho_c)^2 + (\rho_f\rho_c)^3 + (\rho_f\rho_c)^4 \cdots\cdots\}$$

$$\therefore\ E_f = \frac{E}{1-\rho_f\rho_c}\,[\text{lx}] \qquad (1\text{-}56)$$

$$\text{천장의 조도 } E_c = E\rho_f + E\rho_f^2\rho_c + E\rho_f^3\rho_c^2 + \cdots\cdots$$

$$= E\rho_f\{1 + (\rho_f\rho_c) + (\rho_f\rho_c)^2 + (\rho_f\rho_c)^3 + (\rho_f\rho_c)^4 \cdots\cdots\}$$

$$\therefore\ E_c = \frac{E\rho_f}{1-\rho_f\rho_c}\,[\text{lx}] \qquad (1\text{-}57)$$

(2) 구면 내의 상호반사

그림 1-34와 같이 내면이 완전확산반사면인 구 내부에 광속이 F[lm]인 전등을 점등한 경우 내면의 반사율을 ρ, 구의 직경을 D[m]라고 가정한다.

구 내면의 직사광속은 F[lm]이지만 이것이 ρF만큼 반사되고 그것이 다시 구의 내면에 조사된다. 그것이 다시 $\rho^2 F$만큼 반사되고 그렇게 해서 무한히 반사를 반복하게 된다. 결국 구 내면이 받는 총광속 F_0[lm]는

$$F_0 = F + \rho F + \rho^2 F + \rho^3 F + \rho^4 F + \cdots\cdots$$

$$= F(1 + \rho + \rho^2 + \rho^3 + \rho^4 + \cdots\cdots)$$

$$F_0 = \frac{F}{1-\rho} \text{ [lm]} \tag{1-58}$$

가 된다. 따라서 구 내면의 평균조도 E는

$$E = \frac{F}{(1-\rho)\pi D^2} \text{ [lx]} \tag{1-59}$$

가 된다.

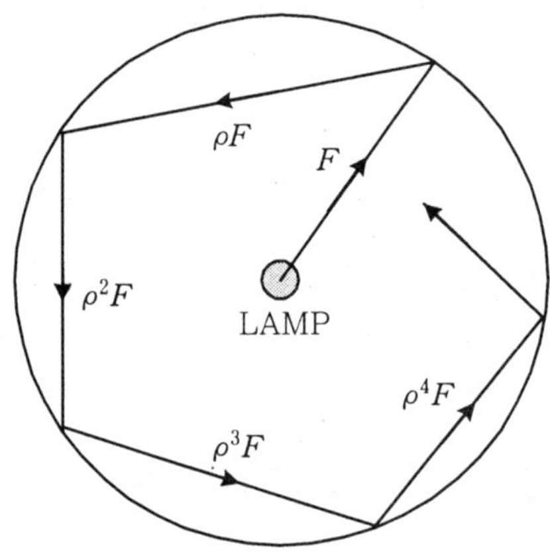

그림 1-34 구 내의 상호반사

1.6 조명설계의 개요

1.6.1 좋은 조명의 요건

적절하게 조명된 환경이 피로를 적게 하며, 시각을 좋게 하기 위해서는 여러 가지 필요한 조건을 만족시켜야 한다. 따라서 조명설계에 있어 고려해야 할 사항은 다음과 같다.

(1) 조 도(illumination)

조명 목적에 적합하도록 충분한 조도를 주어야 한다. 조도의 크기에는 한계가 없지만 조명량이나 경제성에 의하여 제한을 받는다. KSA-3011의 조도 기준은 조도값 기준을 활동 유형별로 분류하고 있으며 그것을 표 1-4에 나타내었으며, KSA-3011에서 정하고 있는 각 시설별 소요조도는 표 1-5에 나타내었다.

표 1-4 조도값 분류(KSA-3011)

활 동 유 형	분류	조 도 범 위[lx]	작업면조명방법
어두운 분위기 중의 시식별 작업	A	3-4-6	
어두운 분위기의 이용이 빈번하지 않은 장소	B	6-10-15	공간의 전반조명
어두운 분위기의 공공장소	C	15-20-30	
잠시 동안의 단순 작업장	D	30-40-60	
시작업이 빈번하지 않은 작업장	E	60-100-150	
고휘도 혹은 큰 물체 대상의 시작업 수행장	F	150-200-300	작업면의 조명
일반휘도 대비 혹은 작은 물체 대상의 시작업 수행	G	300-400-600	
저휘도 대비 혹은 매우 작은 물체 대상의 시작업 수행	H	600-1,000-1,500	
비교적 장시간 동안 저휘도 대비 혹은 매우 작은 물체 대상의 시작업 수행	I	1,500-2,000-3,000	전반조명과 국부조명을 병행한 작업면의 조명
장시간 힘드는 시작업 수행	J	3,000-4,000-6,000	
휘도 대비가 거의 안 되며 작은 물체의 매우 특별한 시작업 수행	K	6,000-10,000-15,000	

비고 : 조도 범위에서 왼쪽은 최저, 중간은 표준, 오른쪽은 최고 조도이다.

표 1-5 조도기준(KSA-3011에서 발췌)

구분	학 교	사 무 실	주 택	공 장
H	도서열람(국부조명가능) 정밀실험실, 정밀연구실, 정밀제도, 컴퓨터실, 판독작업	그래픽설계(색상선택, 설계와 예술품 제작), 해도와 지도그리기 제도(암갈색물감인쇄, 저명도대비소재)	바느질, 수예, 재봉, 공부방, 독서, 서재	가구제작, 보통검사, 담배제조(등급분류), 봉제품표식, 설탕정제(색상검사), 프레싱, 정밀시험, 유리제조(검사, 에칭), 제지(검사), 판금(선긋기)

구분	학 교	사 무 실	주 택	공 장
G	계단, 복도, 승강구, 공임실, 교실(칠판), 실험실습실, 일반제도 컴퓨실, 일반작업	그래픽설계(그래프, 사진, 세밀한 일), 법정(활동영역), 사무실(우편물분류, 키보드식별), 은행(금전출납창구), 제도(고명도대비소재, 청사진)	가사공작, 화장대, 주방(식탁)	건축철강조립, 단순검사, 기계공장의 보통작업, 목공마무리작업, 드라이크리닝, 유리정밀가공, 인쇄교정, 자동차수리소, 권선작업, 제분소(압분), 철공소
F	강당, 집회실, 교직원실, 사무실, 수위실, 회의실, 급식실, 식당, 주방, 도서열람실 전반, 방송실, 보건실, 실내체육관, 휴게실	시청각실, 옵셀인쇄, 복사실, 은행(탁상), 회의실	공동주택(세탁장, 엘리베이터) 세탁, 거실, 싱크대, 응접실, 신발장	부화기내부, 고기포장, 낙농장(거친작업), 도금, 목공(거친작업), 비누제조, 일반시험, 일반용접, 유리가공, 크림제조
E	세면장, 화장실, 숙직실, 탈의실	법정(좌석), 사무실(로비, 응접실, 휴게실), 서비스공간(계단, 복도, 화장실, 세면장, 엘리베이터)	공동주택(계단, 복도), 주방전반, 화장실, 정원주방전반, 현관	사료창고, 서비스 공간(세면장, 화장실)
D	비상계단, 창고, 차고		공동주택(차고, 창고), 객실, 계단, 복도, 벽장, 테라스, 차고전반, 초인종	사료처리구역, 축사, 서비스공간(계단, 복도)
C	서비스 공간(계단, 복도, 엘리베이터)		침실	곡물저장통, 건초더미
B	실외 구내통로		현관(통로)	
A			심야의 계단, 복도, 침실	

(2) 광속발산도 분포(distribution of luminous radiance)

시야 내에 광속발산도 분포가 고르지 않으면 대상물을 보기가 어려운데 이것은 광원을 직접 보는 경우에만 국한되지 않고, 보는 대상물과 그 주위와의 휘도대비가 커도 이런 일이 발생한다. 따라서 휘도대비는 눈부심과 명시에 관계가 있으므로 조명 요건에 중요한 요소이다.

(3) 눈부심(현휘 : glare)

시야 내의 광원으로 인한 눈부심을 방지하는 것은 물론이지만 작업 대상물에 광택이 존재하거나, 광택이 없더라도 빛이 비스듬히 입사하면 정반사가 일어나 광원의 상이 보이게 되어 눈부심이 일어난다. 이 정반사는 광원, 물체 및 눈의 상태 위치를 가감하면 방지할 수 있다.

(4) 그늘

물체의 가장 밝은 곳과 가장 어두운 곳의 광속발산도의 비가 2 : 1~7 : 1의 범위 사이에 있는 것이 좋으며, 이것보다 비율이 낮으면 평면적인 감각을 주고 크면 너무 뚜렷하게 보인다. 가장 입체적으로 보일 때는 3 : 1의 경우이며, 손이나 머리에 의하여 진한 그늘이 생기면 안 된다. 그늘이 없는 단조로운 조명은 자극이 없으므로 장시간 있으면 권태감을 주어 작업 능률이 저하하는 경향이 있다.

(5) 광색

일반적으로 사무실 등에는 형광등이 천연광과 마찬가지로 물체의 색을 잘 식별할 수 있기 때문에 많이 사용되지만, 주택조명에서는 백열전구의 광색이 따뜻한 감을 주므로 휴식 장소 등에 사용하면 좋다. 상점조명에서는 각종 상품, 식품류, 의류, 문구류, 장난감, 포목점 및 화장품 등은 색채의 구분의 중요하기 때문에 광원의 연색성이 중요한 요소가 된다.(실제 조명 경우에는 100[W]의 백열등에 형광등 36[W]×2등의 비율로 조명하면 훌륭한 연색성과 상품에 활기를 주는 효과가 얻어진다.)

또, 주요 교통로의 가로조명과 같이 물체의 식별이 중요한 장소에서는 고압수은등, 메탈라이드등 및 고압나트륨등(단색광) 등이 조명 기능적인 측면에서 좋기 때문에 많이 사용되고 있다.

(6) 심리적 효과

조명에 의하여 조성되는 분위기도 중요하다. 실내조명에서 천장, 벽을 밝게 하고 부드러운 불빛 밑에 있는 것이 기분이 좋고 간접조명에서 천장이 밝고, 벽이 어두우면 기분이 나쁘고 침착성이 떨어진다. 벽도 밝게 하면 밝은 감각의 방이 되고, 여기에 직사일광에 해당하는 다운라이트(down light)를 사용하면 훨씬 좋아진다. 이것은 천연광인 태양이 비치고 있는 맑은 날의 옥외 자연환경과 비슷한 조명이기 때문이다.

(7) 미적 효과

조명기구의 미적효과(design)는 건축 양식과 조화되어야 한다. 조명기구의 모양은 간소하고 미적 효과에 불필요한 장치는 없는 것이 좋고, 또, 그 배치도 기하학적으로 간단한 모양이 좋다. 실내의 색은 실내면 전반에서 조화를 이루어야 하는은 가장 안전한 방법은 색의 종류를 일률적으로 하고 반사율만 바꾸는 것이 적당하다.

(8) 경제성

조명기구는 효율이 좋고 보수, 관리가 쉽고 경제적인 것을 선택해야 한다. 일반적으로 비용은 조명설계에서 가장 중요한 것이며, 전체 계획에서 우위를 차지하고 있으며 때로는 중요한 영향을 주게 된다. 효율이 나쁜 등기구를 사용하면 빛의 낭비가 크다.

1.6.2 조명기구와 조명방식

(1) 조명기구

조명기구는 전기적 부분, 광학적 부분, 기계적 부분 및 장식 부분으로 구성되며, 안정성에 관해서는 KSC 등에 규정되어 있다. 광학적 부분은 광을 제어하는 부분이고 반사면, 투과면에 어떤 재료를 사용하는가는 조명의 목적에 맞는 배광과 눈부심에 의해 선택한다.

(가) 조명기구의 종류

조명기구를 사용하는 목적은 전등에서 방사되는 광속의 손실을 가능한 줄이고 피조면에 집중시키며 광원의 휘도를 감소시켜 눈부심을 줄이고 광원으로부터 발산되는 빛을 필요한 방향으로 집중시켜 이상적인 배광을 형성하며 실내공간과 조화를 이루어 미적 효과도 이루게 하는 것이다.

① 글로브(globe) : 이것은 광원의 전 부분을 둘러싼 조명기구이다. 사무실에서

사용하는 것은 우유빛 유리제이며, 이와 같은 것은 확산성이 좋으므로 광도는 정반사영 면적에 비례한다. 외구 내면에서는 일종의 상호반사가 있으므로 효율은 재료의 투과율 이외에 이 반사율의 영향을 받는다. 투명 유리에 작은 프리즘을 넣어서 만든 것은 굴절에 의하여 배광이 조정될 수가 있으므로 가로조명에 사용되는 일이 있다.

② **반사갓**(reflector) : 직접조명에 사용되는 것으로, 우유빛 유리와 같은 불투명 재료를 사용한 것을 갓(shade), 철판과 같은 불투명 재료를 사용한 것을 반사갓이라 한다. 어느 것이나 깊은 것과 얕은 것이 있다.
주택, 기타의 옥외조명용으로는 유리갓이 많이 보급되어 있고, 공장조명용으로는 철판 또는 알루미늄의 금속 반사갓이 사용된다. 내면은 백색 에나멜 알루미늄 페인트를 칠하거나 전해연마(알루미늄판)를 한다.

③ **반사보울**(bowl) : 배광의 관점에서 보면 반사보울은 간접조명에 사용되는 반사갓을 반대로 한 것이고, 반간접조명용의 것은 갓을 반대로 한 것이라고 생각할 수 있다.

④ **루버**(louver) : 그림 1-35 (a)와 같이 백열전구용에서는 전구를 시선으로부터 차단하여 눈부심을 막고, 동시에 수평에 가까운 방향의 직사광을 반사갓에 의하여 아래로 향하게 하는 역할을 한다. 또, 그림 (b)에 표시한 형광등용의 것도 같은 역할을 하지만 특히 이와 같이 가늘고 긴 조명기구에서는 확산성 유리를 사용하기가 어려우므로 루버가 이것을 대신하는 일이 많다.

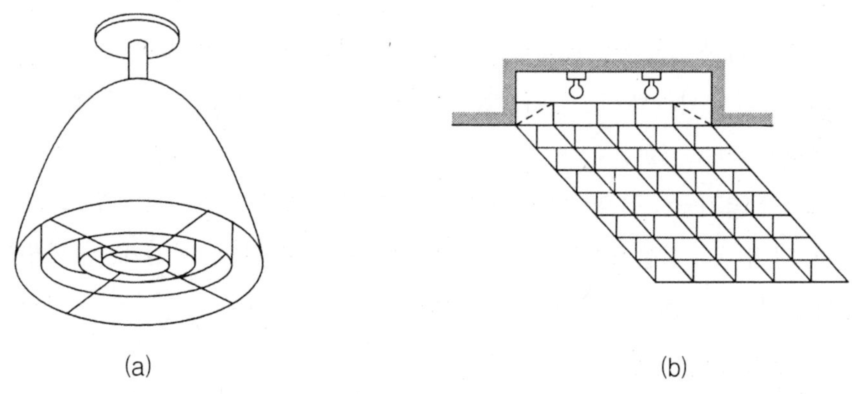

그림 1-35 루버(louver)

⑤ **투광기**(projector) : 좁은 범위에만 빛을 투과하는 조명기구를 말하며, 굴절에

의한 것과 반사에 의한 것이 있다. 반사에 의한 것은 주로 포물면경을 사용한다.

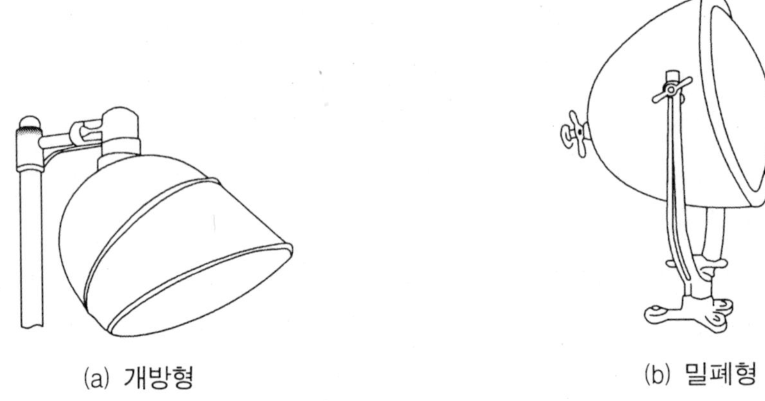

(a) 개방형 (b) 밀폐형

그림 1-36 투광기의 종류

회전포물면 반사경은 초점에 광원을 놓은 것이 보통이며 전면에 유리가 붙어 있는 것이 밀폐형이고 없는 것이 개방형이다. 굴절에 의한 것은 볼록 렌즈 또는 프리즘의 조합을 사용하고, 이용 광속을 증대시키기 위하여 구면경을 병용할 때도 있다. 소형은 전구, 대형은 아크등을 광원으로 한다.

투광기, 전조등(head light) 등은 반사를 이용한 것이며 스포트라이트는 굴절을 이용한 것이다.

(나) 용도에 의한 분류

① **일반 조명기구** : 옥내용으로서 벽부착형, 매다는 형, 매립형, 다운라이트, 탁상스탠드, 플로어스탠드 등이 있고, 형광등 기구, 백열등 기구에 관해서는 KSC에서 정하고 있다.

② **방수형 조명기구** : 옥외에서 사용되는 조명기구의 대부분인 도로등, 가로등, 투광기, 방범등, 정원등, 문등 등이 있고, 물과 습기의 침입에 대해서 기능의 보호정도에 의해 방수종별로 분류된다. 접지가 곤란한 것은 2중 절연 조명기구를 이용한다.

③ **방재형 조명기구** : 비상등과 유도등이 이것에 해당되고, 조명기구공업협회 규격에 기술 표준이 설정되어 있고, 사용법에 관해서는 소방법시행령과 건축기준법에 의해 보수관리가 정해져 있다.

④ **방폭 조명기구** : 폭발성 가스를 사용하는 공장 등에서 사용되는 기구로, 광원을 완전히 폭발시키는 충격에 대해서 보호 커버하고, 경우에 따라서는 인터럽트 개폐기를 설치하고, 기구의 전기적 접촉부분이 완전히 외기로부터 차단되는 구조로 되어 있다. 구조상 내압 방폭구조와 안전 방폭구조로 구분된다.

⑤ **공조 조명기구** : 공조 조명기구는 공조설비의 취출구 또는 흡입구와 형광등기구를 결합시킨 것으로, 조명기구를 직접 덕트에 접속시킨 턱트형과 조명기구의 상부를 개방하고 천장 안은 공기의 통로로서 이용하는 아레나므형이 있다.

⑥ **OA 전용 조명기구** : VDT 작업에 있어서 조명은 기구에 직사 눈부심이 없는 것, CRT 등의 디스플레이장치에 기구가 비치지 않는 것, 원고대와 키보드의 적정 조도로 광막반사 눈부심이 없는 것이어야 하고, 경면의 파라볼릭루버 기구가 사용되고 있다.

(2) 조명방식

(가) 배광에 의한 조명방식의 구분

조명방식을 배광에 의해 분류하면 직접조명, 반직접조명, 전반확산조명, 반간접조명, 간접조명으로 분류할 수 있으며 표 1-6과 같이 나타낼 수 있다.

표 1-6 배광에 의한 조명방식의 분류

	등기구의 형태	응용 방법의 예	배광[%]
직접 조명	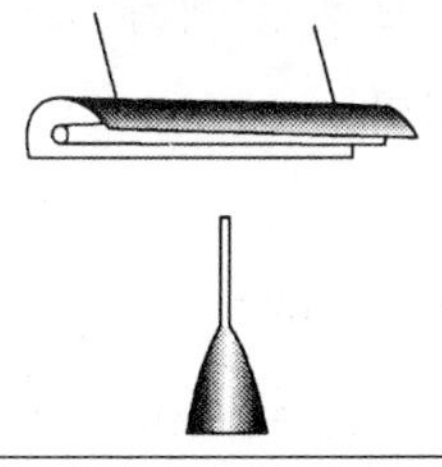	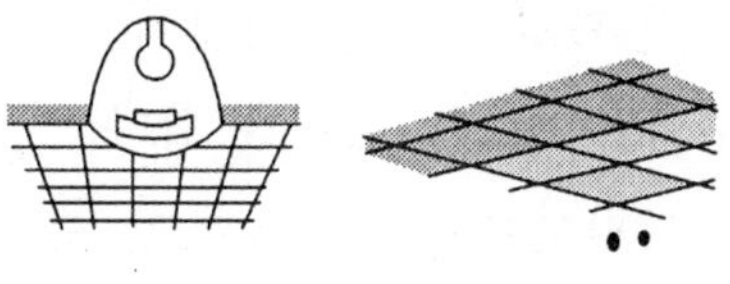	↑ 10~0 ↓ 90~100
반직접 조명	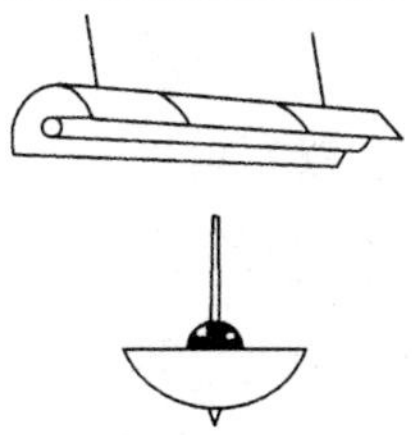	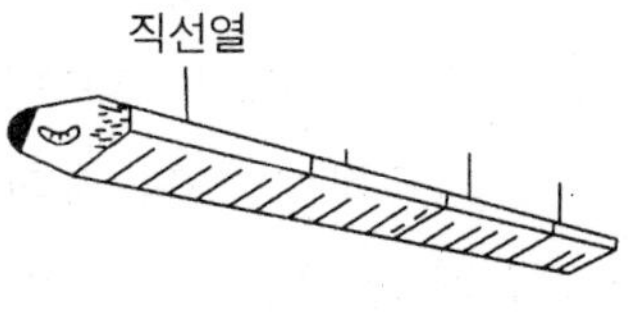 직선열	↑ 40~10 ↓ 60~90

	등기구의 형태	응용 방법의 예	배광[%]
전반 확산 조명	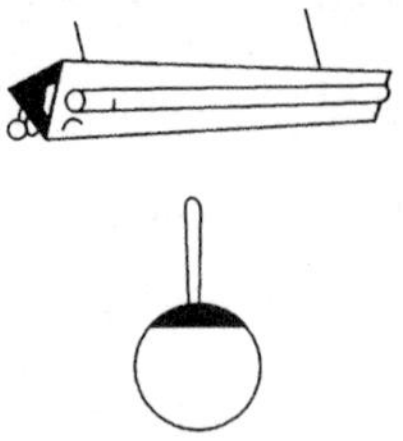	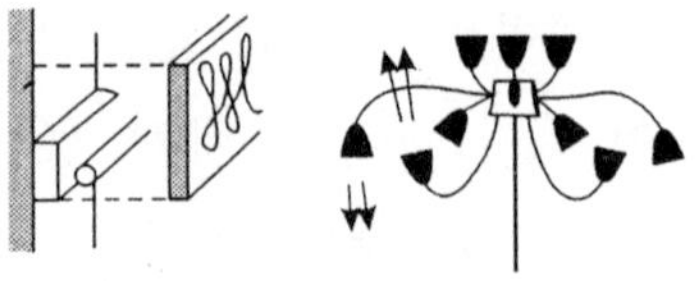	↑ 60~40 ↓ 40~60
반간접 조명	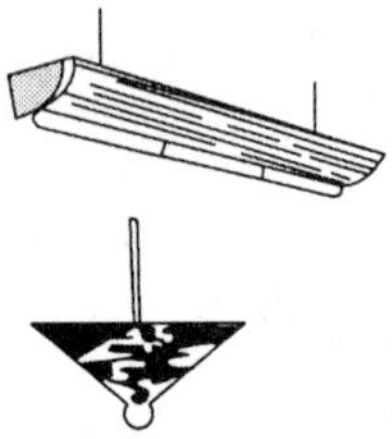		↑ 90~60 ↓ 10~40
간접 조명	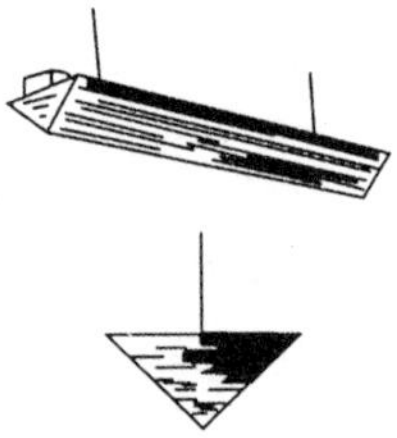	건축화조명 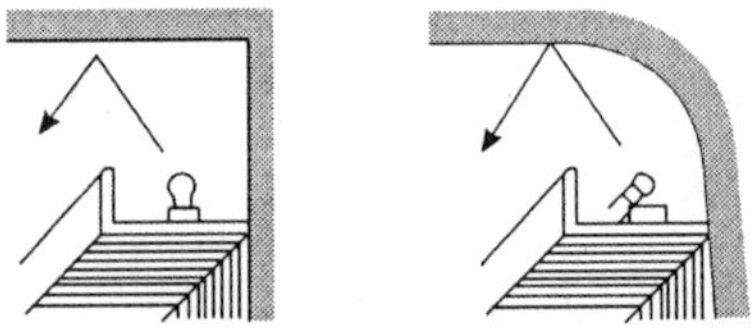	↑ 100~90 ↓ 0~10

① **직접조명** : 직사조도가 확산조도보다 높은 경우, 즉 90~100[%]의 광속을 작업면상으로 조사시키는 방식이다.

㉠ 조명율이 크므로, 소비전력이 간접조명의 1/2~1/3 정도이다.

㉡ 설비비가 저렴하다.

㉢ 천장이나 벽으로부터 반사의 영향이 적으므로 설계가 간단하다.

㉣ 그늘이 생기므로 물체의 식별이 입체적이다.

㉤ 조명기구의 점검 및 보수가 쉽다.

② **간접조명** : 직사조도가 거의 없고, 등기구에서 나오는 광속의 90~100[%]를 천장이나 벽에 투사시켜 여기서 반사, 확산된 광속을 이용하는 조명방식이다.

㉠ 눈부심이 적고, 바닥면의 조도가 균일하다.

㉡ 빛이 물체에 가려져도 심한 그늘이 생기지 않는다.

㉢ 등기구를 최소 사용하여 조명 효과를 낼 수 있다.

③ **반간접조명** : 위에서 설명한 두 가지 조명방식에는 각각 장, 단점이 있으므로 양자의 장점만을 살리고 단점을 제거한 조명방식이 반간접조명 또는 직 · 간

접겸용조명이라 한다.

(나) 조도분포에 의한 분류

① 전반조명 : 조명기구를 일정한 높이, 일정한 간격으로 배치하여 방 전체가 조도를 균일하게 조명하는 방식을 전반조명이라 한다. 옥내의 작업면의 전체에 걸쳐서, 거의 같은 수평면조도를 얻을 수 있도록 설계한 조명의 방식이다.

㉠ 시작업의 위치가 변하여도 등기구의 배치를 변경시킬 필요가 없다.

㉡ 조도의 불균일이 적다.

㉢ 그늘이 부드럽다.

㉣ 일반적으로 사무실이나 학교 등의 조명에 많이 사용되고 있다.

② 국부조명 : 작업상 필요한 장소, 한정된 장소 또는 극히 적은 면적만을 국부적으로 조명하는 방식이다.

㉠ 희망하는 곳에 희망하는 방향으로 충분한 조도를 줄 수 있다.

㉡ 불필요한 장소는 소등할 수 있다. 따라서 필요한 만큼의 조도를 가장 경제적으로 얻을 수 있다. 이 조명방법은 조도를 가장 경제적으로 얻을 수 있다.

③ 전반국부 겸용 조명 : 전반 조명상태에서 어느 한 곳을 강조하기 위해, 특히 높은 조도를 필요로 하는 장소에 국부조명을 한 조명방식이다.

㉠ 경제적으로 높은 조도를 얻을 수 있다.

㉡ 명암의 비교가 커서 시력에 무리가 올 수 있다.

1.6.3 광속법에 의한 옥내조명설계

피조면(被照面)의 조도를 산출하기 위해서는 **축점법**(逐點法, point by point me-thod)과 **광속법**(光束法, lumen method)이 이용되고 있다. 축점법은 피조면 임의의 점에서 거리 역제곱의 법칙에 따라 조도를 계산하고 각 점에서 조도를 비교하면서 설계하는 방법으로 국부조명에 주로 사용된다.

광속법은 설계하고자 하는 방의 형태, 등의 광속, 조명율 및 감광보상률 등을 고려하여 기준조도에 따라 사용 등수를 결정하는 방법으로 사무실, 학교 등 전반조명을 요구하는 장소에 주로 사용된다.

(1) 실지수

방의 크기와 모양은 빛의 이용에 많은 영향을 미치게 된다. 면적이 같은 2개의 방에 같은 수의 광원을 설치하여도 그림 1-37과 같이 방의 모양이 다른 경우에는 작업면 상의 조도는 다르게 된다.

넓고 천장이 얕은 방은 좁고 천장이 높은 방에 비하여 빛의 이용율이 좋다. 이것은 방바닥의 면적에 비례하여 빛을 흡수하는 벽의 면적이 적어지기 때문이다. 방의 크기가 빛의 이용에 미치는 영향의 척도로서 **실지수**(室指數, room index)가 사용된다.

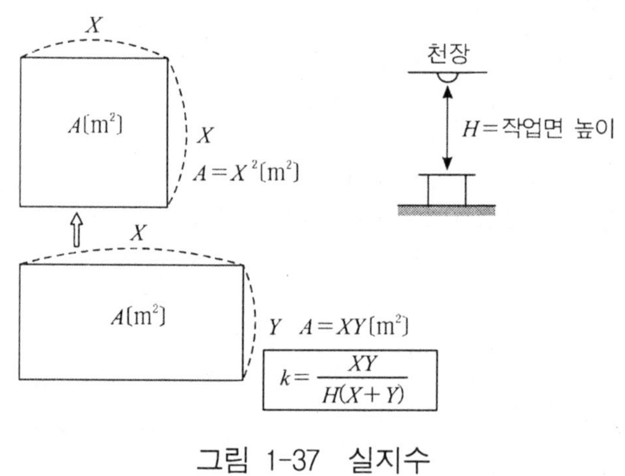

그림 1-37 실지수

실지수 k는 식 (1-60)과 같다.

$$k = \frac{XY}{H(X+Y)} \tag{1-60}$$

여기서, X : 방의 폭, Y : 방의 길이, H는 작업면에서 광원까지의 높이[m]이다.

또한, 실지수를 구하는데 도표를 사용할 수도 있다. 방의 가로 X, 방의 세로 Y, 광원에서 작업면까지의 높이를 H라 하면 X/H, Y/H의 값을 계산하여 그림 1-38의 실지수 도표에 적용하면 실지수를 구할 수 있다. 예를 들면 $X/H=8.8$이고, $Y/H=5.7$이면 실지수는 C가 된다.

표 1-7 실지수와 분류기호표

실지수	5.0	4.0	3.0	2.5	2.0	1.5	1.25	1.0	0.8	0.6
기 호	A	B	C	D	E	F	G	H	I	J

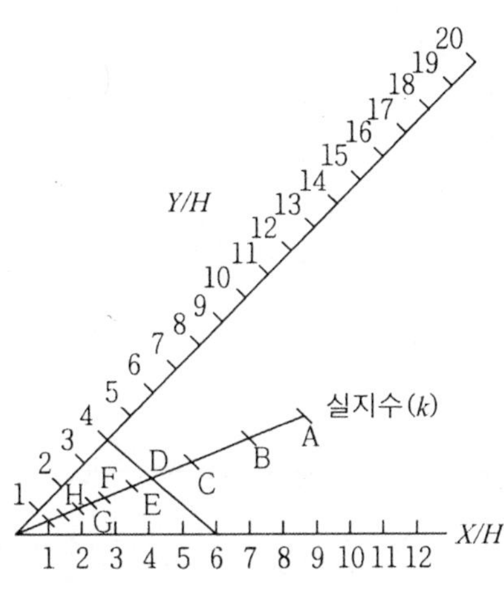

그림 1-38 실지수 도표

(2) 반사율

실내 건축에 사용된 각 재료의 반사율은 표 1-8과 같다. 천장의 반사율은 80[%] 이상, 벽의 반사율은 50~60[%], 바닥은 15~30[%]로 하는 것이 좋은 조명 환경을 만들 수 있다.

표 1-8 각종 재료의 반사율

재 료	반사율[%]	재료	반사율[%]
창호지	40~50	투명한 합성수지	5~10
흰 아트지	60~65	백색의 합성수지	20~85
캔트지	70~80	알루미늄(전해연마)	60~70
신문지	40~50	합판	25~55
흰 진회벽	60~80	목재	40~60
흰벽	60	콘크리트	25
진한색의 벽	10~30	백색 타일	60

재 료	반사율[%]	재료	반사율[%]
흰색 페인트, 에나멜, 법랑	80~85	목재(황색 니스칠)	30~50
엷은색 페인트	30~70	회색 텍스	40
진한색 페인트	15~40	백색 대리석	50~60
검은색 페인트	5	붉은 벽돌	25~35

(3) 조명율 U[%]

광원의 총광속에 대한 작업면 상에서 이용되는 광속의 비를 조명율(illumination efficiency of light)이라고 한다.

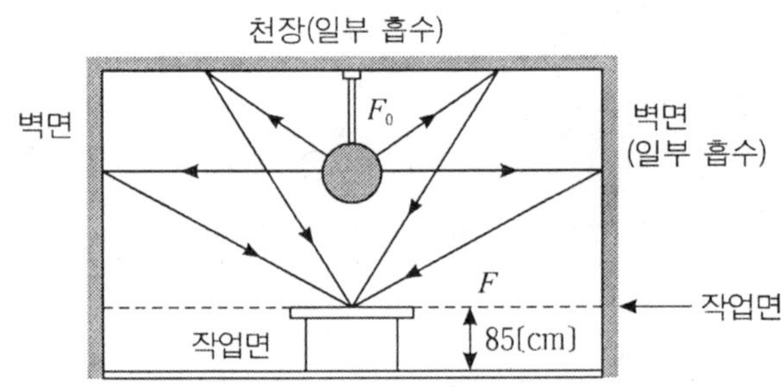

그림 1-39 조명율

그림 1-39와 같이 실내조명에서 광원으로부터 방사된 광속 F_0는 조명기구 자체의 손실과 천장, 벽면의 흡수 등 영향으로 전부는 작업면에 도달하지 않는다.

조명율 U는 방사광속을 F_0, 작업면의 입사광속을 F로 하면, 식 (1-61)과 같이 구할 수 있다.

$$U = \frac{F}{F_0} \times 100\,[\%] \tag{1-61}$$

표 1-9는 조명방식, 조명기구의 종류, 반사율, 실지수 등의 설계요소가 결정되었을 때 그것들을 이용하여 대표적인 각종 조명기구에 대한 조명율과 감광보상률 및 등의 설치간격을 나타낸 조명율표이다.

표 1-9 조명율, 감광보상율 및 등의 설치 간격

배광 / 가설 간격	등기의 예	감광보상률 [D] 보수상태			반사율 천정	0.75			0.50			0.30	
					벽	0.5	0.3	0.1	0.5	0.3	0.1	0.3	0.1
		상	중	하	실지수	조명률 U[%]							
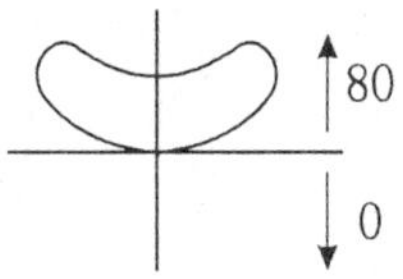 간접	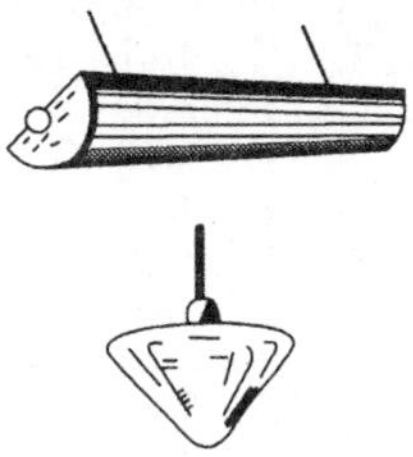	전 구			J	16	13	11	12	10	08	06	05
80					I	20	16	15	15	13	11	08	07
0					H	23	20	17	17	14	13	10	08
$S \leqq 1.2H$		1.5	1.8	2.0	G	28	23	20	20	17	15	11	10
					F	29	26	22	22	19	17	12	11
		형광등			E	32	29	26	25	21	19	13	12
					D	36	32	30	26	24	22	15	14
					C	38	35	32	28	25	24	16	15
		1.9	2.0	2.4	B	42	39	36	30	29	27	18	17
					A	44	41	39	33	30	29	19	18
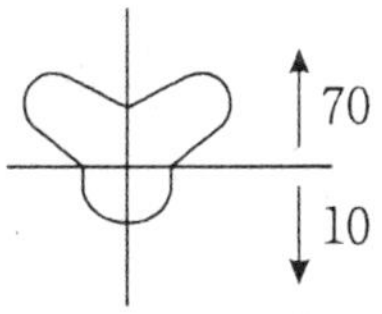 반간접	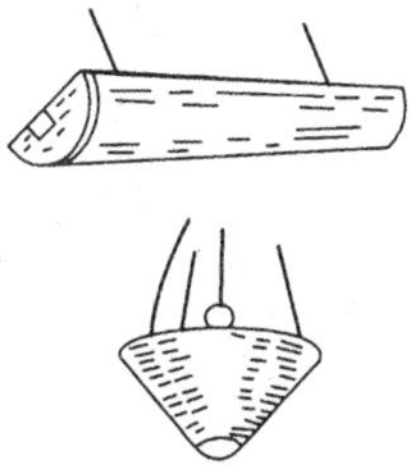	전 구			J	18	14	12	14	11	09	08	07
70					I	22	19	17	17	15	13	10	09
10					H	26	22	19	20	17	15	12	10
$S \leqq 1.2H$		1.4	1.5	1.8	G	29	25	22	22	19	17	14	21
					F	32	28	25	24	21	19	15	14
		형광등			E	35	32	29	27	24	21	17	15
					D	39	35	32	29	26	24	19	18
					C	42	38	35	31	28	27	20	19
		1.9	1.8	2.0	B	46	42	39	34	31	29	22	21
					A	48	44	42	36	33	31	23	22
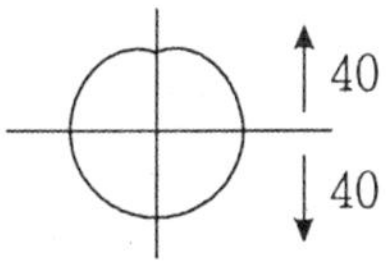 전반확산	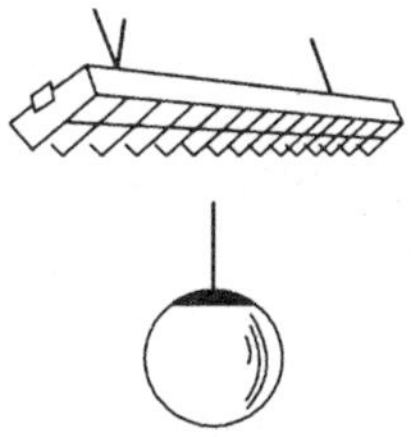	전 구			J	24	19	16	22	18	15	16	14
40					I	27	25	22	27	23	50	21	19
40					H	33	28	26	30	26	24	24	21
$S \leqq 1.2H$		1.4	1.5	1.7	G	37	32	26	33	29	26	26	24
					F	40	36	31	36	32	29	29	26
		형광등			E	45	40	36	40	36	33	32	29
					D	48	43	39	43	39	36	34	33
					C	51	46	42	41	41	38	37	34
		1.4	1.5	1.7	B	55	50	47	49	42	42	40	33
					A	57	53	49	51	47	44	41	40
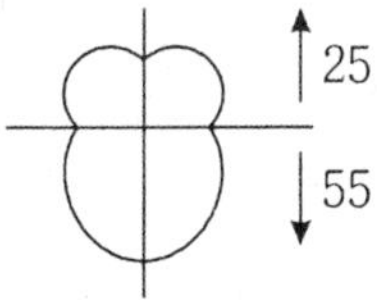 반직접		전 구			J	26	22	19	24	21	18	19	17
25					I	33	38	26	30	29	24	25	23
55					H	36	32	20	33	30	28	28	26
$S \leqq H$		1.5	1.6	1.7	G	40	36	33	36	33	30	30	29
					F	43	39	35	39	35	33	33	31
		형광등			E	47	44	40	43	39	36	36	34
					D	51	47	43	46	42	40	37	37
					C	54	49	45	48	44	42	42	38
		1.3	1.5	1.8	B	57	53	50	51	47	45	43	41
					A	59	55	52	53	49	47	47	43

배광 / 가설 간격	등기의 예	감광보상률 [D] 보수상태			반사율 천정 / 벽	0.75			0.50			0.30	
					벽	0.5	0.3	0.1	0.5	0.3	0.1	0.3	0.1
		상	중	하	실지수	조명률 U[%]							
직접		전구			J	34	29	26	32	29	26	29	26
↑0					I	43	38	35	46	37	35	37	34
↓75					H	47	43	40	49	43	40	42	40
		1.3	1.5	1.7	G	47	44	44	46	43	45	43	43
					F	52	50	47	51	49	46	48	46
		형광등			E	58	55	52	57	54	51	53	51
					D	62	58	56	60	59	56	57	56
					C	64	61	58	62	60	58	59	58
$S \leq 1.3H$		1.5	1.7	2.0	B	67	64	62	65	63	61	62	60
					A	68	66	64	66	64	66	64	63
직접		전구			J	32	29	27	32	29	27	29	27
↑0					I	39	37	35	39	36	35	36	34
↓60					H	42	40	39	41	40	38	40	38
		1.4	1.5	1.7	G	45	44	42	44	43	41	42	41
					F	48	46	44	46	44	43	44	43
		형광등			E	50	49	47	49	48	46	47	46
					D	54	51	50	52	51	49	50	49
					C	55	53	51	54	52	51	51	50
$S \leq 0.9H$		1.4	1.6	1.8	B	56	54	54	55	53	52	52	52
					A	58	55	54	56	54	53	54	52

(4) 감광보상율의 결정

조명 시설은 사용함에 따라 작업면의 조도가 점차적으로 감소되어 가는데, 그 주요 원인은 다음과 같다.

① 필라멘트 증발로 인한 광속의 감소, 유리구 내면의 흑화

② 등기구, 천장, 벽 및 바닥 등의 색상변화, 먼지부착, 등기구의 노화 등에 의한 흡수율의 증가

③ 전압변동에 따른 필라멘트의 열화 등을 들 수 있다.

따라서 조명 설계를 할 때는 점등중의 광속 감퇴를 고려하여 소요 광속에 여유를 두어야 한다. 그 정도를 **감광보상율**(depreciation factor)이라 한다.

백열전구를 사용할 때 보통 깨끗한 곳에서는 30[%], 특히 먼지가 많은 곳에서는 100[%]의 여유를 주며 감광보상률은 각각 1.3과 2.0으로 본다. 감광보상률 대신에 그 역수인 **유지율**을 사용하는 경우도 있다.

직접조명인 경우 감광보상율은 일반 장소에서는 1.3 그리고 먼지나 오물 등이 많은 장소에서는 1.5~2.0 정도로 본다. 또, 간접조명인 경우 감광보상률은 1.5~2.0

정도이다.

1.6.4 옥내조명설계 예

설계 과제 : 폭 12[m], 길이 18[m]인 사무실의 조명 설계를 하여라.
단, 천장 높이는 밑바닥으로부터 3.8[m], 그리고 6[m]마다 기둥이 서있고 그 사이에 30[cm]의 보가 있으며, 천장은 6[m]×6[m]의 6개로 나누어져 있다. 반사율은 천장 75[%], 벽 50[%], 바닥이 10[%]이다.

(1) 적절한 조도의 결정

조도기준(KSA3011)에서 일반사무실의 조도기준은 300, 400, 600[lx]로 되어 있다. 여기서는 점등전력비를 고려하여 일단 420[lx]로 결정한다.

(2) 조명 방식의 결정

사무실은 조명효율이 높고 천장이 어둡지 않은 분위기가 적합하므로 반직접조명, 전반확산조명 등이 적합하다. 여기서는 반직접조명방식으로 하고 조명기구를 천장에 직부(直付)하는 것으로 한다.

(3) 광원 및 조명기구의 선택

(가) 광원의 선택

일반 사무실로서 밝고 기분이 좋을 것이 요망되므로 광원으로서는 경제성, 눈부심 및 연색성 등을 고려하여 당연히 형광등으로 한다.

에너지 절감을 위해 <기존의 40[W] 형광등>을 사용하지 않고 <신형 T5 28[W] 고효율형 형광등>을 사용하기로 한다.

☞ 참 고

- 40[W] 32[mm] ϕ FL : 총광속 2,660[lm], 수명 8,000[시간]
- T5 28[W] 16[mm] ϕ 고효율형 FL : 총광속 2,750~2,900[lm], 수명 16,000[시간]

(나) 등기구 선정

형광등 등기구는 2연식을 사용하기로 한다. 등기구의 종류는 메이커의 catalog를 참조하여 반직접조명용 등기구 모델 중에서 선정한다.

(4) 실(室)의 특성 계산

(가) 실지수의 계산

작업면(작업면의 높이＝책상의 높이, 일반적으로 0.85[m])에서 광원까지의 높이 $H=3.8-0.85=2.95$[m]가 된다.

$$\text{실지수}=\frac{XY}{H(X+Y)}=\frac{12\times 18}{2.95(12+18)}=2.44 \tag{1-62}$$

(나) 반사율의 결정

① 천장 $\rho_c=75$[%]

② 벽 $\rho_w=50$[%]

③ 바닥 $\rho_f=10$[%]

(5) 조명율 및 감광보상률 구하기

(가) 조명율

표 1-9 조명율표에서 반직접조명, 천장의 반사율＝0.75, 벽의 반사율＝0.5, 실지수 D에 해당하는 조명율은 $U=51$[%]로 구해진다.

배 광	등기의 예	감광보상률 [D] 보수상태			반사율 천정	0.75			0.50			0.30	
가설 간격					벽	0.5	0.3	0.1	0.5	0.3	0.1	0.3	0.1
		상	중	하	실지수	조명률 U[%]							
반직접		전 구			J	26	22	19	24	21	18	19	17
					I	33	38	26	30	29	24	25	23
↑25					H	36	32	20	33	30	28	28	26
		1.5	1.6	1.7	G	40	36	33	36	33	30	30	29
					F	43	39	35	39	35	33	33	31
↓55		형광등			E	47	44	40	43	39	36	36	34
					D	51	47	43	46	42	40	37	37
					C	54	49	45	48	44	42	42	38
$S \leq H$		1.3	1.5	1.8	B	57	53	50	51	47	45	43	41
					A	59	55	52	53	49	47	47	43

(나) 감광보상율

감광보상율은 조명율표(표 1-9)에서 반직접조명, 형광등의 경우 보수상태를 <중(中)>으로 잡으면 1.5로 구해진다.

(6) 총광속 및 등기구 수의 계산

(가) 총광속 구하기

조도 $E=420$[lx], 실의 면적 $A=12\times18=216$[m^2], 조명율 $U=51$[%], 감광보상율 $D=1.5$이므로 소요총광속을 계산하면 다음과 같다.

$$F\cdot N=\frac{A\cdot E\cdot D}{U}=\frac{216\times420\times1.5}{0.51}=266{,}823[\mathrm{lm}] \tag{1-63}$$

(나) 등기구 수의 계산

사용하는 램프는 T5 28[W] 고효율형 주광색 형광등(광속은 2,750~2,900[lm])인데, 램프 한 개의 광속을 2,800[lm]으로 하면, 2연식을 사용하기로 했으므로 등기구 1개의 광속은 2,800×2=5,600[lm]이 된다.

$$\text{필요한 등기구의 수 } N=\frac{266{,}823}{5{,}600}=47.6[\text{개}] \tag{1-64}$$

47.6[개]는 균등하게 배열하기 어려운 수이므로 이에 가장 가까운 수로서 배열하기 쉬운 수를 취하여 $N=48$[개]로 결정한다.

(다) 실의 평균조도

등기구의 수를 48[개]로 조정한 경우 실(室)의 평균조도를 다시 계산해 보면

$$E=\frac{F\cdot N\cdot U}{A\cdot D}=\frac{5{,}600\times48\times0.51}{216\times1.5}=423[\mathrm{lx}] \tag{1-65}$$

가 된다.

(7) 등기구의 배치

조명율표에서 등기구의 취부간격 S는 $S\leqq H$임을 알 수 있다.

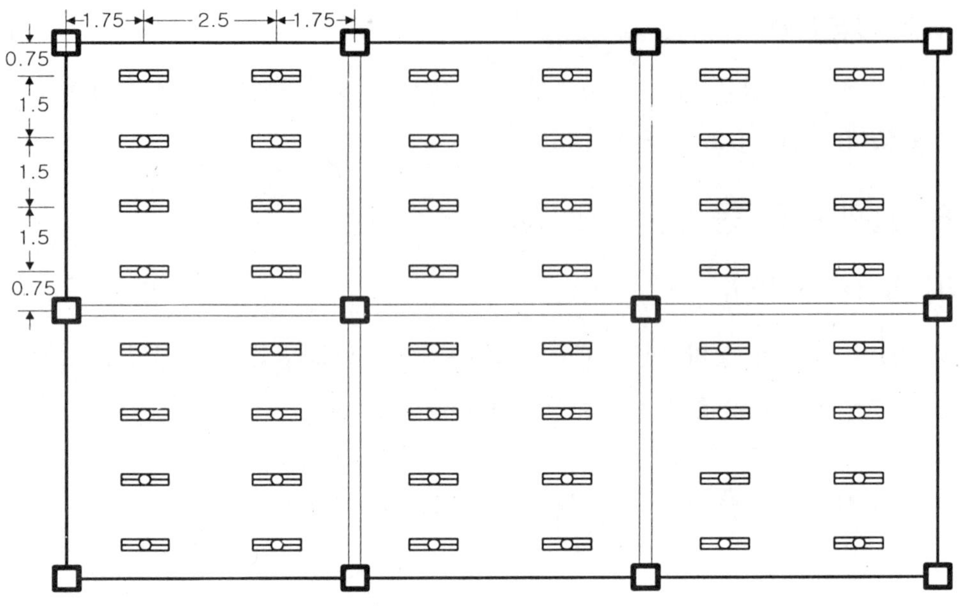

그림 1-40 등기구의 배치도

여기서 $H=3.8-0.85=2.95$[m]이므로 취부간격 S가 2.95[m] 이내이면 균제도(均齊度)는 만족스럽게 된다. 그림 1-40은 지금까지의 조명설계 결과에 따른 등기구의 배치도면을 나타낸 것이다.

1.6.5 옥외조명설계

(1) 도로조명

(가) 도로조명의 요건

도로조명은 야간의 교통안전을 최우선 목표로 하고 있다. 부가적으로 시가지나 상업지역에서는 사람들이 모이기 쉬운 환경을 만들기 위한 목적이 있고, 주택가에서는 범죄예방의 목적도 있다.

① **노면의 표준휘도** : 자동차 교통도로의 조명요건 가운데 가장 중요한 요소는 노면휘도이고, 표 1-10은 노면건조시의 표준휘도(평균노면휘도의 최저값)를 나타낸다.

표 1-10 표준휘도(단위 : cm/m^2)

도로 분류 \ 외부 조건		A	B	C
고속 자동차 국도 등		1.0 -	1.0 0.7	0.7 0.5
일반 국도 등	주요 간선도로	1.0 0.7	0.7 0.5	0.5 -
	간선(보조 간선도로)	0.7 0.5	0.5 -	0.5 -

<주> 1. 외부조건 A : 도로교통 영향 빛이 연속적으로 도로연선의 상태이다.
2. 외부조건 B : 도로교통 영향 빛이 단속적으로 도로연선의 상태이다.
3. 외부조건 C : 도로교통 영향 빛이 거의 없는 도로연선의 상태이다.

② 도로조명의 기준(KSA3701) : 표 1-11은 KSA 3701에 규정된 각종 도로 조명의 기준을 나타내었다. 야간에 물체가 잘 보이기 위해서는 노면에 균등하고 충분한 조도가 필요하고 눈부심이 없는 것 등의 조건이 필요하다. 광원으로서는 백열전구, 형광등, 고압수은등, 메탈라이드, 나트륨등이 사용된다.

표 1-11 도로조명기준(KSA 3701)

(a) 운전자에 대한 도로조명의 기준

도로의 종류	교통의 종류와 자동차 교통량	평균노면 휘도 L_r (1) [cd/m^2]	종합 균제도 U_o	차선축 균제도 U_l	눈부심 조절마크 $G^{(2)}$
상하선이 분리되고 교차부는 모두 입체교차로서, 출입이 완전히 제한되어 있는 도로	주로 야간의 자동차 교통량이 많은 고속 자동차 교통	2	0.4	0.7	6
자동차 교통전용의 중요한 도로, 대부분의 경우 속도가 느린 교통용으로 독립된 차선, 보행자용의 도로 등을 수반한다. 중요한 도시부 및 지방부의 일반도로		2	0.4	0.7	5
	주로 야간의 자동차 교통량이 많은 중속 자동차 교통 또는 자동차 교통량이 많은 중속의 혼합교통	2	0.4	0.5	5
시가지 혹은 상점가 내의 도로 또는 관청가로 통하는 도로, 여기서는 자동차 교통은 교통량이 많은 저속도로, 보행자 교통 등과 혼합되어 있다.	주로 야간의 교통량이 매우 많고 그 대부분이 저속교통 또는 보행자인 혼합교통	2	0.4	0.5	4

도로의 종류	교통의 종류와 자동차 교통량	평균노면 휘도 L_r (1) [cd/m²]	종합 균제도 U_o	차선축 균제도 U_l	눈부심 조절마크 G (2)
주택지역(주택도로)과 위의 도로를 연결하는 도로	비교적 느린 제한속도와 주로 야간, 중정도의 교통량이 있는 혼합 교통 (3)	1	0.4	0.5	4

(b) 보행자에 대한 도로조명의 기준

야간의 보행자 교통량	지면	조 도	
		수평면조도 (4)	연직면조도 (5)
교통량이 많은 도로	주택 지역	5	1
	상업 지역	20	4
교통량이 적은 도로	주택 지역	3	0.5
	상업 지역	10	2

<주> (1) 도로 주변의 조명환경이 어두운 경우에는 L_r의 값을 1/2로 하여도 좋다.

(2) 도로 주변의 조명환경이 어두운 경우에는 G의 값을 1증가시키는 것이 바람직하다.

(3) 교통량이 적은 어느 경우에는 L_r의 값을 1/2로 하여도 좋다. 다만 주 (1)의 규정에 관계없이 L_r의 값을 0.5[cd/m²] 미만으로는 할 수 없다.

(4) 수평면 도는 보도의 노면상 평균조도

(5) 연직면조도는 보도의 중심선 상에서 노면으로부터 1.5[m] 높이의 도로측의 직각인 연직면 상의 최소조도.

(나) 조명기구의 배치

① 직선도로 : 마주보기배열(대칭식), 지그재그(zigzag)배열, 중앙일렬배열, 한쪽배열(편측식) 등이 있으며, 분리대가 있을 경우에도 이에 준한다.

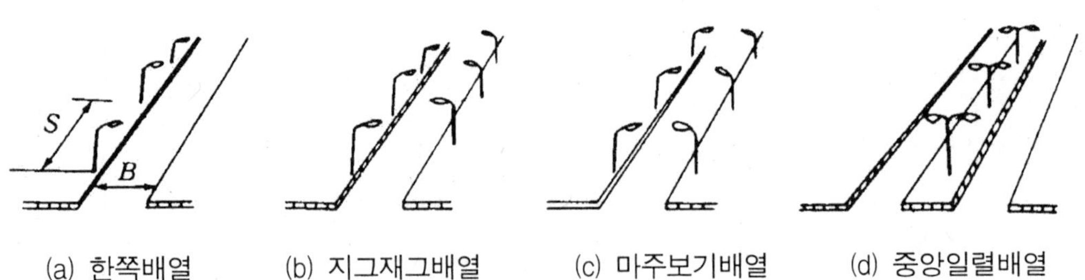

(a) 한쪽배열 (b) 지그재그배열 (c) 마주보기배열 (d) 중앙일렬배열

그림 1-41 조명기구의 배열

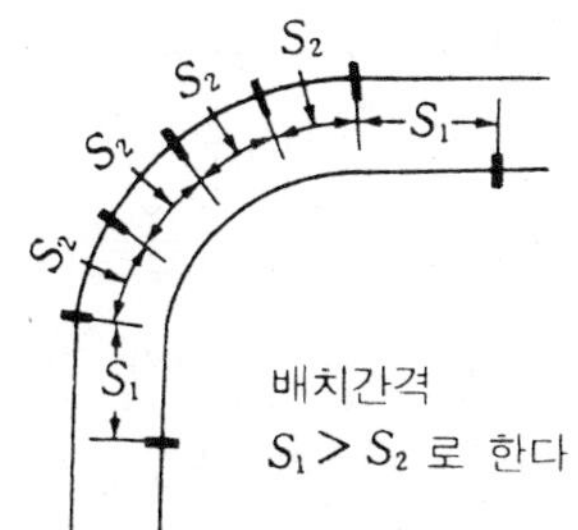

그림 1-42 곡선도로의 기구 배치법

② **곡선도로** : 멀리서도 도로의 커브 모양을 알 수 있도록 하기 위하여 양측배치의 경우는 대칭식으로 하고, 비대칭일 경우 곡선의 바깥쪽으로만 배치한다. 곡선의 곡률반경이 적을수록 조명기구의 간격을 짧게 한다.

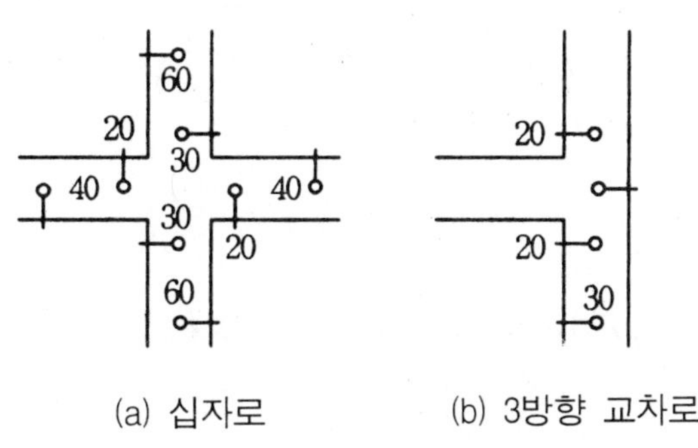

(a) 십자로 (b) 3방향 교차로

그림 1-43 교차점의 기구 배치

③ **교차점** : 교차점은 사고가 일어나기 쉬운 장소이므로 교차점을 구성하는 각각의 조도를 합계한 것보다 많은 조도를 필요로 하며 또한 횡단 보행자를 확인할 필요가 있으므로 십자로에서는 십자로를 끝낸 왼쪽에 배치한다.
3방향 교차로에서는 맞부딪치는 일이 있음을 명시하기 위하여 맞부딪치는 곳에 한 개의 등을 배치한다.

(다) 도로조명의 계산

도로조명 계산은 광속법에 의해 식 (1-66)과 같이 한다.

$$F = \frac{E \cdot B \cdot S \cdot D}{N \cdot U} \tag{1-66}$$

여기서, F : 광원 1개 당의 광속[lm], E : 도로의 평균 조도[lx], D : 감광보상률, B : 도로의 폭[m], S : 기구의 간격[m], N : 광원의 열수, U : 조명율이다.

조도 E가 결정되면 $B \cdot D \cdot U \cdot N$은 상수이므로 F와 S만 구하면 된다.

즉, 광원을 크게 하면 S도 커져서 기구의 수가 감소되어 건설비는 절약되나 조도의 균일도가 떨어지며, 광원을 작게 하면 조도는 균일하게 되나 기구수가 증가하여 건설비가 높아진다. $(E \cdot B \cdot D)/(N \cdot U) = K$라 하면 F는 식 (1-67)과 같이 된다.

$$F = S \times K[\text{lm}] \tag{1-67}$$

일반적으로 가설 높이는 5.5~7[m], 설치 간격은 40[m] 전후로 하는 것이 보통이다. 배광특성 때문에 S는 너무 크게 할 수 없으므로 S를 가정하여 식 (1-67)에 의하여 광원의 종류와 크기를 결정한다. 계산으로 구한 S를 도로의 전 길이로 나누면 기구수가 정해진다.

(2) 터널조명

입구부는 야외휘도, 설계속도에 대한 점등시 운전자의 눈의 순응에 대응하게 점멸하고 내부의 기본조명을 원활하게 한다.(표 1-12 참조)

표 1-12 터널 기본조명의 평균 노면휘도

설계속도[km/h]	평균 노면휘도[cd/m²]
100	9.0
80	4.5
60	2.3
40 이하	1.5

(3) 옥외 스포츠조명

조명을 필요로 하는 대상은 사람(경기자, 심판자), 구기에서는 공 등이고, 종목에 의한 세심한 주의가 필요하다. 조도는 KSC에 의한 것 외에 불쾌 눈부심, 아른거림, 연색성, 광색의 각 항에 관해서 검토한 뒤에 결정한다.

종목에 의해서 조명은 그림 1-44와 같이 4방식이 있다. 구기에서는 공의 최대높이를 포함하는 공간조명, 또 혼광조명의 지향성에 관해서 배려한다.

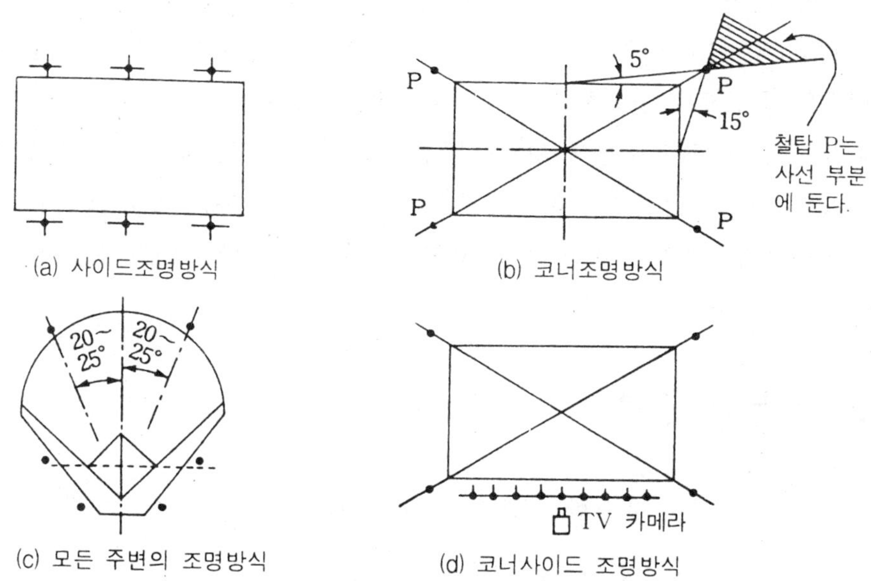

그림 1-44 조명용 철탑의 배치에 의한 분류

1.7 조명의 실제

1.7.1 주택 조명

주택은 작업의 장소 또는 휴식의 장소로 전혀 다른 두가지 목적이 있다. 작업 장소에 대한 조명의 목적은 물건을 보기 쉬운 조명 상태로 만드는 것이다. 휴식의 목적으로는 실내를 감각적으로 쾌적한 분위기를 만드는 것이며 이렇게 하기 위해서는 간접조명방식을 사용하거나 색채조절에도 유의해야 한다.

눈의 성장이 안정되어 있지 않은 20세 이전의 청소년이 공부와 같이 장시간 계속되는 작업을 하는 경우에는 작업면의 조도, 해로운 반사의 제거, 작업면 주변의 밝기 및 방 전체의 밝음까지지도 충분히 고려한 조명환경이 필요하다.

실내생활이 많은 장소는 전반조명으로 50~100[lx]의 조도를 갖도록 하고, 특별히 세밀한 작업을 하는 경우에는 500~1,000[lx]의 조도가 되도록 조명환경을 갖추어 주는 것이 좋다.

백열전구에 의한 경우에는 천장 램프 한 개로 30~50[lx] 정도의 조도를 얻을 수 있게 평당 10~15[W]를 표준으로 하고, 거실이나 서재에는 천장 램프 이외에 60[W] 정도의 스탠드로 필요한 장소에 국부조명을 사용하는 것이 좋다.

형광등인 경우 20[W] 주광색 형광등을 2평에 한개의 등으로 하고, 특히 밝음이 필요한 곳은 10~15[W] 등을 벽이나 또는 스탠드로 사용하는 것이 좋다.

부엌이나 목욕탕 램프는 천장 직부로 하거나 브래킷(벽등)으로 하는 경우가 많다.

1.7.2 사무실 조명

사무실 조명에서 특히 유의할 사항은 다음과 같다.

① 각 작업에 적당한 조도가 구비 되어야 한다.
② 책상과 주위와의 조도차가 적고, 속 그늘이 지지 않아야 한다.
③ 전등을 직시하거나 또는 책상의 반사에 의한 눈부심을 느끼지 않아야 한다.
④ 전등기구가 건물과 조화되고 전등을 갈아 끼우거나, 등기구 청소가 쉬워야 한다.
⑤ 주광과 인공조명이 서로 조화가 되어야 한다.
⑥ 천장, 벽, 작업면의 밝음, 반사율의 균형이 좋아야 한다.
⑦ 광원은 사무실에 적합한 광색 및 연색성을 지녀야 한다.
⑧ 목적에 따라 점멸 및 조광이 가능해야 한다.

사무실 조명은 전반조명의 좋은 예이며 천장이 2중인 경우에는 매입식으로 하고 아랫면을 유백색 유리판이나 플라스틱판 또는 루버로 한다.

1.7.3 상점 조명

상점 조명에서는 다음의 사항들이 조명설계의 기준이 되고 있다.

① 밝은 기분으로 상점에 들어가기 쉬워야 한다.
② 상점 내가 미화되어 상품들이 눈에 잘 보일 수 있어야 한다.

③ 상품이 보기 쉽고 선택하기 쉬워야 한다.

이러한 목적을 달성하기 위해서는 적당한 조도 외에도 직사광과 반사광의 문제, 색깔의 조화가 필요하며 조도분포나 수직면조도를 충분히 고려해야 하며, 광원의 연색성도 고려해야 한다.

또한 통행인의 시야로부터 광원전부를 차폐하여 쾌적한 상태로 상품을 들여다 볼 수 있어야 한다. 조명방식은 전반조명에 국부조명이 병용되고 있으며, 광원으로서는 주로 백열전구, 할로겐전구 및 형광등이 병용되고 있다.

1.7.4 공장 조명

공장 조명은 작업자의 재해 방지, 피로 감소, 환경의 쾌적화를 도모함과 동시에 시력을 보호하고, 동작이 활발하도록 하며, 안정감을 증가하여 작업 능률을 향상시켜 생산성을 증가시킬 목적으로 조명설계를 해야 한다.

공장의 일반적인 작업에서는 눈부심을 느끼지 않는 범위에서 조도가 높을수록 작업능률이 높아진다. 또한 공장조명에서는 작업자의 안전을 지키고 기계 및 설비를 안전하게 가동시킬 수 있는 조명환경이 되어야 한다. 공장 조명에서는 특히 조명효율이 높은 것이 필요하다.

높은 천장의 250~1,000[kW]의 HID 램프가 사용되며, 일반 천장의 전반조명에는 백열전구, 형광등 또는 고압형광수은램프 등이 사용되나, 연색성이 좋은 메탈헬라이드램프의 사용 비율이 증가하고 있다. 전반조명 등기구로는 눈부심 방지를 위한 확산반사갓을 주로 사용하며 국부조명에는 각각의 장소와 용도에 적당한 국부 조명기구를 이용한다.

연 습 문 제

1. 평균구면광도가 120[cd]인 전구로부터의 총 발산광속[lm]은 얼마인가?

2. 광도가 150[cd]인 점광원에서 5[m] 떨어진 거리에, 그 방향과 직각인 면과 60° 만큼 기울어진 면의 조도[lx]를 구하여라.

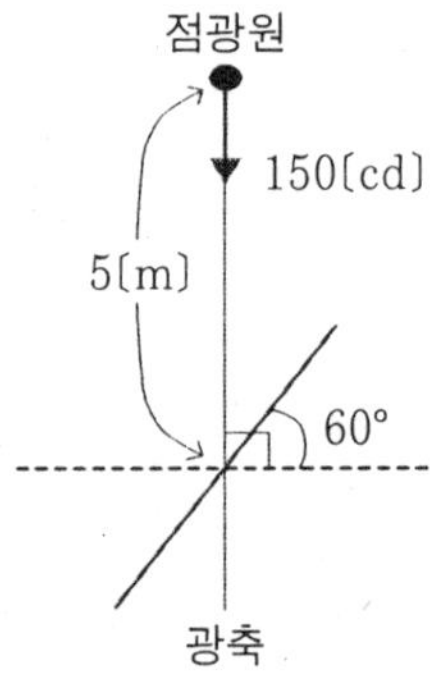

3. h[m]의 높이에 있는 점광원에 의한 직사조도에서 수평면 조도와 수직면 조도가 같게 되는 조건은?(단, 광원의 직하 점에서 구하는 조도점까지의 거리를 d[m]라 한다.)

4. 60[W] 전구를 책상 위 2[m]인 곳에서 점등하였을 때 전구의 바로 밑의 조도가 18[lx]가 되었다. 이 전구를 50[cm]만큼 책상 쪽으로 가까이 할 때의 조도[lx]는?

5. 완전확산면의 광속발산도가 2,000[rlx]일 때, 휘도는 약 몇 [cd/cm^2]인가?

6. 반사율 60[%], 투과율 30[%]인 어떤 면에 2,500[lm]의 빛이 입사하고 있을 때 흡수광속[lm]은 얼마인가?

7. 길이 2[m]인 장형 광도계로 20[cd]의 표준램프에서 90[cm]인 곳에 광도계두부

가 있을 때 측광 평형이 되었다면 피측정전구의 광도[cd]는?

8. 루소선도가 그림과 같이 표시되는 광원의 하반구광속은 약 얼마인가?

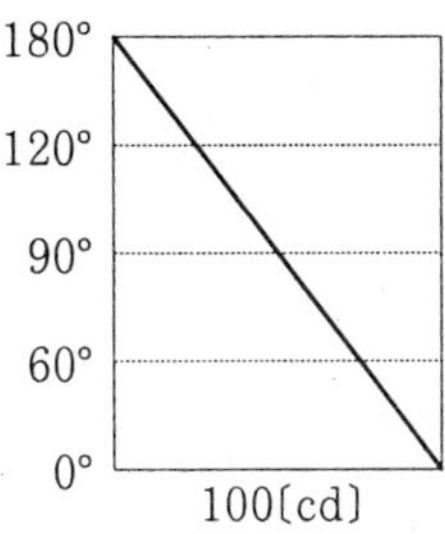

9. 3,300[K]에서 흑체의 최대방사에너지의 파장[nm]은?

10. 그림과 같은 반구형 광원이 있다. 그 반지름은 2[m], 휘도는 80[cd/m²]이고 균일하다. 이 때 4[m] 거리에 있는 바닥 중앙점의 조도[lx]를 구하여라.

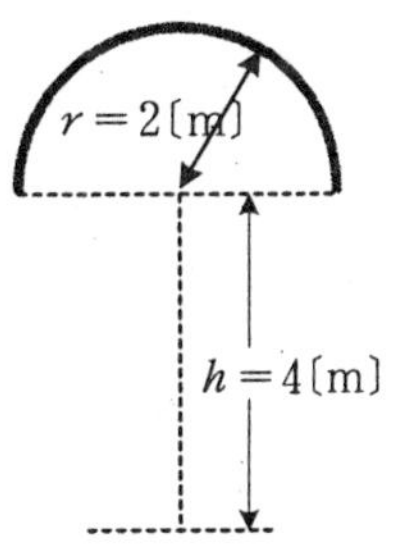

11. 폭 16[m]의 도로의 중앙에 8[m]의 높이에 간격 24[m]마다 200[W] 전구를 가설할 때 조명율 0.25, 감광보상률 1.3이라 하면, 도로면의 평균조도[lx]는 약 얼마인가?(단, 200[W] 전구의 전광속은 3450[m]이다.)

12. 폭 20[m]의 도로 중앙에 6[m]의 높이로 간격 24[m]마다 400[W]의 수은 전구를 가설할 때 조명율 0.25, 감광보상률을 1.3이라 하면 도로면의 평균 조도[lx]는 얼마인가?(단, 400[W] 수은 전구의 전광속은 23,000[lm]이다.)

제 2 편

LED 조명기술

기초 반도체 이론

1.1 반도체 소자의 개요

일상생활의 주위에 있는 텔레비전, 냉장고, 세탁기 등의 가전제품을 비롯하여 사무실의 컴퓨터나 복사기, FAX, 공장의 전기기기나 설비 등의 모든 분야에서 반도체 소자를 사용하고 있다. 따라서 전자공학의 주역을 담당하고 있는 반도체 소자는 반도체 재료로 만들어진다.

1.1.1 반도체란

반도체(semi-conductor)는 저항률이 도체와 절연체의 중간범위에 있는 물질을 말한다. 즉, 도체처럼 전류가 흐르기 쉽지도 않고 부도체처럼 전류가 흐르기 어려운 것도 아니다. 일반적으로 도체 즉, 금속은 온도가 상승하면 저항값은 증가하는데 반도체는 온도가 상승하면 그 저항값이 감소하는 성질이 있다. 또, 반도체 속에 극소량의 금속 원자나 불순물이 혼합되어 있으면 전기 저항에 큰 영향을 준다. 반도체는 열이나 빛 등을 받으면 전기 저항이 변하거나 전압을 가하면 발광하는 등 특유한 현상을 나타낸다.

1.1.2 반도체 재료

반도체 재료는 대부분의 경우 단결정이 사용된다. 단결정이라는 것은 결정 전체에 걸쳐서 원자가 규칙적으로 배열되어 있는 것을 말하고, 원자가 불규칙적으로 배열되어 있는 것을 비결정이라 한다. 반도체 재료는 규소(Si : 실리콘이라고도 한다.) 게르마늄(Ge), 셀렌(Se) 등과 같은 단원자 물질 이외에 몇 개의 원자의 조합으로 된 화합물이 있다. 반도체 재료의 종류는 많으나 반도체 소자에 사용되는 것으로는 전기적 특성, 가공성, 가격 등 여러 가지의 성질을 고려해서 결정된다.

원소형 반도체로 알려진 실리콘과 게르마늄은 각각 4개의 가전자를 가지고 있다. 게르마늄 원자는 실리콘 원자보다 하나의 궤도가 더 많으며 그 최외각의 궤도는 실리콘 원자보다 원자핵에서 훨씬 더 멀리 떨어져 있다.

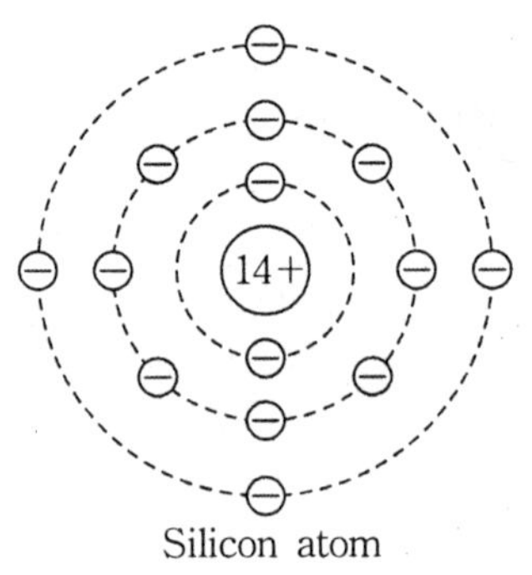

그림 1-1 실리콘 원자

그림 1-1은 실리콘 원자의 구조를 나타내고 있다. 실리콘 원자는 최외각 궤도에 4개의 전자를 가지고 있다. 실리콘 원자가 화학적으로 안정되기 위해서는 가전자 궤도에 8개의 가전자가 필요하다. 실리콘 원자가 가전자 궤도에 8개의 전자를 만들기 위해서는 다른 원자와 결합을 하여야 한다. 실리콘 결정은 격자 구조로 되어 있으며 각각의 원자는 4개의 가전자를 이웃 원자들과 공유하는데 이를 공유결합(convalent bonding)이라고 하며, 이를 통해서 각 원자들은 서로 묶여지게 된다.

실리콘 원자는 공유결합의 구조로 되어 있다. 가운데 실리콘 원자는 4개의 다른 실리콘 원자 사이에 둘러싸여 있고 인접한 원자들의 가전자를 하나씩 공유한다. 인접한 각 원자의 중심은 양 전하를 가지기 때문에 공유전자를 서로 끌어당겨 힘을 유지하게 된다. 그러나, 실리콘 결정의 최외각 전자들이 공유결합 구조로 강력하게 묶여 있다고 하나, 열이나 빛 같은 에너지를 외부에서 공급하면 결합이 깨지게 되며 구속되지 않는 자유전자들이 생성되게 된다. 이때, 생성된 자유전자들은 결정격자를 따라 자유롭게 움직이게 된다.

1.1.3 진성 반도체와 불순물 반도체

반도체를 결정 구조에 따라 분류하면 다음과 같은 종류가 있다.

- 반도체
  - 진성 반도체
  - 불순물 반도체
    - N형 반도체
    - P형 반도체

반도체는 열, 빛 등의 에너지를 외부에서 가해주면 저항률이 변화한다. 또한 반도체에 극히 적은 불순물을 첨가하면 저항률이 변화한다.

(1) 진성 반도체

실리콘의 결정의 순도는 99.9[%], 게르마늄은 99.9[%] 이상으로 순도가 아주 높다. 이와 같이 순도가 높은 반도체를 진성 반도체(intrinsic semiconductor)라고 한다.

대표적인 반도체인 실리콘은 원자번호가 14로써 4개의 최외각 전자를 이웃으로 공유하여 안정적인 구조를 갖게 된다. 결정 구조는 각 정점에 하나씩의 원자를 갖는 4면체 형태의 단위격자가 규칙적으로 3차원으로 반복하여 배열되어 있다.

실리콘 원자의 구조는 14개의 전자를 가지고 있으며 이중 4개는 가전자이므로 원자의 전자는 4개이다. 이웃 원자들 사이의 결합력은 실리콘 원자의 각 가전자가 4개의 최 인접 이웃과 공유한다는 사실로부터 나온다. 이 공유결합은 2차원 평면에서 각 이온 및 이와 이웃하는 각각의 이온을 연결하는 두 개의 선으로 표현된다. 가전자는 한 원자를 다음 원자와 결합하는 역할을 하며, 이들 전자가 원자핵에 강하게 결합되는 결과로 된다. 따라서, 4개의 가전자가 있음에도 실제 전도에 기여할 수 있는 전자는 없다.

(2) 불순물 반도체

순수한 반도체에서는 전기저항이 매우 크지만 특별한 불순물을 내부에 소량 첨가시키면 전기저항이 크게 낮아진다. 전기저항을 낮게 할 목적 즉, 전도성을 좋게 하기 위해 진성 반도체에 특정의 불순물을 첨가시키는 것을 도핑(Doping)이라 하며 불순물 도핑으로 인해 자유전자나 정공의 수가 크게 증가하게 된다.

여기에서 불순물이라고 하는 것은 더럽다는 의미가 아니라 순수한 반도체에 대해서 일컫는 것으로 자유 전자 발생의 발판이 되는 것을 지칭한다.

실리콘이나 게르마늄 같은 진성 반도체에 극히 적은 불순물로 다른 원자의 개수를 100만분의 1에서 1000만분의 1정도를 혼합한 반도체를 **불순물 반도체**라고 한다.

불순물 반도체는 불순물 원자의 가전자의 수에 따라 N형 반도체, P형 반도체로 분류한다. 일반적으로 도핑 레벨은 106 또는, 108개의 실리콘 원자에 대해 1개의 불순물을 갖는 정도이고, 물리적 화학적 성질은 진성 반도체의 성질을 띠며, 다만 전기적 성질이 크게 변한다.

(가) N형 반도체

전도대의 전자의 수를 증가시키기 위해서 순수한 게르마늄이나 실리콘 4가의 원자에 비소(As), 인(P), 안티몬(Sb) 등 5개의 가전자를 가진 5가의 원소를 불순물로서 1천만분의 1이하 정도 극히 적은 양을 첨가시키면 그림 1-2와 같이 5개의 최외각 전자 중에서 4개는 게르마늄이나 실리콘의 가전자와 공유 결합에 이용되고 있지만, 나머지 1개의 전자는 여분으로 가전자는 매우 약한 에너지로 비소 원자핵에 구속되어 있으므로 상온 정도의 열에너지로도 구속이 풀려 자유 전자가 된다.

이 자유 전자는 결정 내를 자유롭게 돌아다닐 수 있지만 나중에 정공을 남기지 않기 때문에 이와 같은 반도체에서는 자유 전자의 농도가 정공의 농도보다 매우 커서 전기 전도는 거의 전자로 이루어진다. 이와 같은 캐리어의 대부분이 전자(음극성의 캐리어)인 반도체를 N형 반도체(N-type semi conductor)라 부른다. N형 반도체를 만드는 5가 불순물은 전자를 외부에 공급한다고 하여 도너(donner) 불순물이라 부른다. 도너 불순물은 진성 반도체에 자유전자를 공급하면서 자기 자신은 이온화되며 이 이온은 격자 구조로 묶여 있게 된다. 또한, N형 반도체에서 음의 전자를 다수 캐리어(majority carrier)라 부르고 양의 정공을 소수 캐리어(minority carrier)라 부른다.

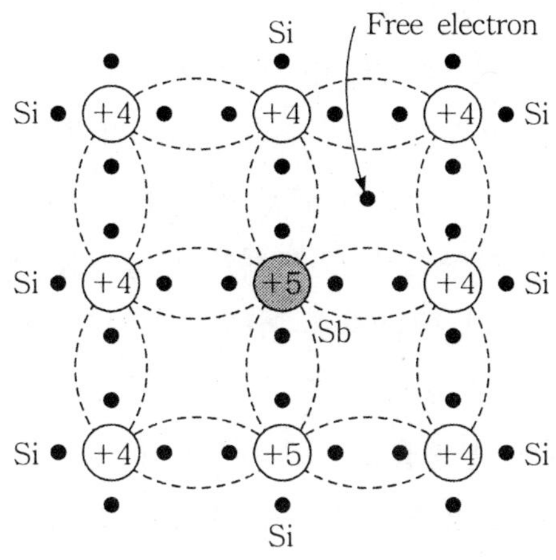

그림 1-2 N형 반도체의 구조

(나) P형 반도체

순수한 실리콘 결정 속에 가전자대의 정공의 수를 증가시키기 위하여 인듐(In), 칼륨(Ca), 붕소(B), 알루미늄(Al) 등 3가의 원소를 불순물로서 극히 적은 양을 첨가하면 그림 1-3과 같이 인듐 원자의 가전자 세 개 모두가 고유 결합을 형성하는데 사용되고 하나의 전자가 부족한 상태로 된다.

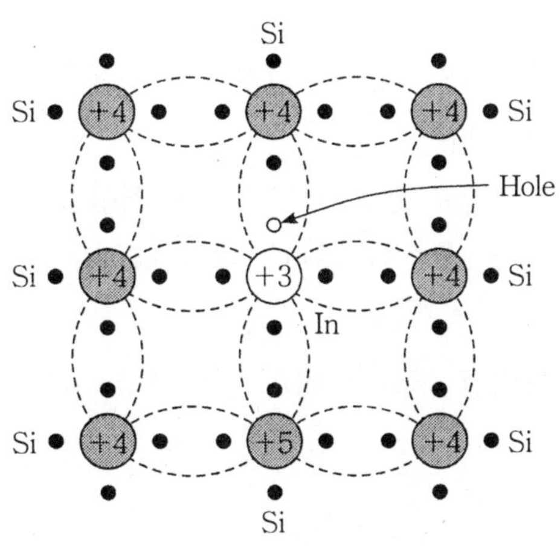

그림 1-3 P형 반도체의 구조

따라서, 하나의 전자를 받아들일 수 있는 정공이 형성된다. 정공의 수는 실리콘에 첨가되는 불순물 원자의 양에 따라 조절될 수 있다. 대부분의 전류 캐리어는 정공이고 정공은 양(+)전하로 생각할 수 있기 때문에 이러한 방법으로 도핑된 실리콘 결정체를 P형 반도체(P-type semi conductor)라 한다. P형 반도체를 만드는 3가 불순물은 완전한 최외각을 만드는데 필요로 한 전자 하나를 받아들일 수 있으므로 억셉터(acceptor)라 한다. P형 반도체에서 불순물에 의하여 만들어진 정공을 다수 캐리어라 하고 외부의 에너지에 의해서 생성된 미소량의 전자를 소수 캐리어라 부른다.

이와 같이 진성 반도체에 불순물로서 3가, 5가의 원소를 첨가하여 만들어진 N형, P형 반도체를 불순물 반도체라 하고, 도너와 억셉터를 불순물 원소라 한다.

1.1.4 반도체 소자

P형 반도체와 N형 반도체를 기본으로 하여 여러 가지 종류의 반도체 전자 부품소자를 제품화 할 수 있다. 반도체 소자를 구조에 따라 분류하면 다음과 같이 나눌 수 있다.

(1) 접 합

P형 또는 N형 반도체만으로 된 소자이며 대부분 저항체로서 이용되고 있다.

① 서미스터 : 온도가 상승하면 저항이 감소하는 반도체이며, 온도측정이나 회로의 온도보상 등에 사용된다.

② 정특성 서미스터(포지스터) : 온도가 상승하면 저항값이 커진다.

③ CdS(광 도전 셀) : 열을 받으면 저항값이 내려가는 소자로 광(光) 검출기로 이용한다.

④ 바리스터 : 소자에 가해진 전압이 변화하면 저항값이 변하는 성질을 갖는 소자이다.

(2) 단 접합(單接合, single junction)

P형 반도체와 N형 반도체를 접합시킨 것으로 정류(整流), 검파(檢波)용 다이오드, 정전압(定電壓) 특성의 제너 다이오드, 전계 효과 트랜지스터(FET) 등에 이용

한다.

(3) 2중 접합

PNP 또는 NPN의 구조로 된 것으로 트랜지스터에 이용된다.

(4) 다중(多重) 접합

PNPN의 4층 접합의 것으로 사이리스터, 트라이액, 포토트랜지스터 등에 이용된다.

1.1.5 PN접합

단순한 반도체 그것 자체가 전기 회로 구성에 융용한 특성을 지니지 못한다. 그러나, P형 반도체와 N형 반도체가 만나 PN접합(PN juction)을 형성하게 되면 많은 유용한 특성이 발생된다. PN접합은 회로 요소에 폭 넓게 사용되는 반도체 다이오드의 핵심이 된다. PN접합은 연속적으로 P층에서 N층으로 변해가는 구조를 이룬다.

게르마늄이나 실리콘의 결정을 만들 때 도너나 억셉터를 혼합함으로써 결정의 일부분을 P형과 N형 영역으로 할 수 있다. 이와 같이 P형과 N형의 영역이 접한 상태를 PN접합이라 한다.

그림 1-4는 이상화한 PN접합을 나타내고 있는데 P부분에는 양전하 운반자, 즉 정공이 지배적이고, N부분에는 자유 전자가 지배적이다.

PN접합이 되면 P형의 정공은 N형의 영역으로 흐르고 자유 전자는 N형에서 P형 영역으로 흐른다. 접합면의 P형 영역에서 정공이 유출하면, 정(+)전하가 흘러나간 것이 되므로, 이 P형 영역은 마이너스(−)로 전하가 바뀌게 되고, N형 영역은 자유 전자가 흘러 나가므로 플러스(+)로 바뀌게 된다.

따라서, P형과 N형의 접합 부문에서는 자유 전자와 정공이 결핍한(電界가 생긴다) 영역이 생긴다. 이 영역에서는 자유 전자와 정공이 이동을 저지하기 때문에 P형 영역과 N형 영역의 캐리어는 균형을 이룬 상태로 된다. 이 전계가 생긴 부문은 그림 1-4와 같이 캐리어를 잃었기 때문에 공핍층(空乏層) 또는 공핍영역(depletion region)이라 부르고, 이 영역의 크기는 P형과 N형의 농도에 따라 결정된다.

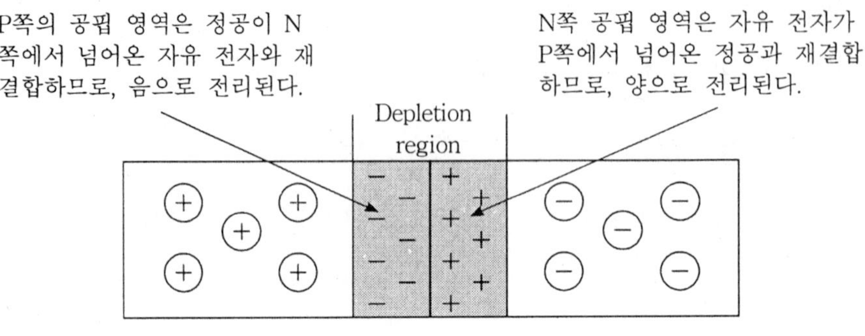

그림 1-4 PN접합

1.2 다이오드(Diode)

다이오드의 어원은 di-electrode의 의미에서 유래되었으며 일반적으로는 반도체 2단자 소자라 한다. 다이오드라 부르고 있는 것의 대표적인 것이 P형 반도체와 N형 반도체를 접합하여 만든 PN접합 다이오드다. 다이오드는 정류(整流)작용, 검파작용 등 여러 가지의 작용이 있다.

1.2.1 PN접합 다이오드

PN접합 다이오드는 실리콘 또는 게르마늄 단결정(單結晶) 속에서 결정을 성장시켜 P형 반도체 부문과 N형 반도체 부분이 접하도록 만든 것이다. 그림 1-5는 PN접합 다이오드의 구조와 기호이다.

다이오드는 전류가 순방향으로 흐르기 쉽고 역방향으로 흐르기 어려운 즉 정류작용이 있다. 정류 특성을 가진 소자로는 셀렌 정류기와 산화동 정류기가 있으며, 이것들은 셀렌(Se) 또는 이산화동(CuO)과 접촉시켜 정류 특성을 갖게 했다.

셀렌 정류기나 아산화동 정류기에 비하여 전류 밀도가 높고 역내전압(逆耐電壓, 역방향에 견디는 최대 전압)이 크다는 전기적 특성이 뛰어난 장점을 가지고 있다. 정류용으로 사용하는 것의 대부분은 PN접합 다이오드이다.

다이오드는 인가하는 전압의 전극에 따라 전류가 흐르거나 흐르지 않게 된다. 전류가 흐르는 상태를 ON이라 하고, 흐르지 않는 상태를 OFF라 한다. 즉, 인가하는 전압의 극성(極性)에 따라 다이오드는 ON, OFF의 작용을 한다.

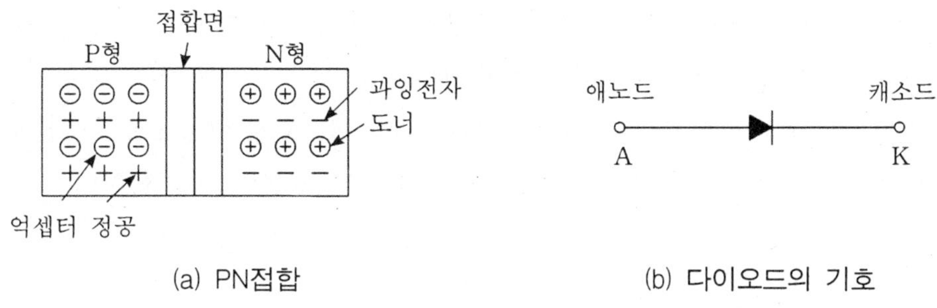

(a) PN접합 (b) 다이오드의 기호

그림 1-5 다이오드 구조와 기호

1.2.2 순방향 바이어스와 역방향 바이어스

(1) 순방향 바이어스

그림 1-6은 PN접합 다이오드의 기호를 표시하고 있다. P형쪽이 애노드이고 N형쪽이 캐소드이다. 다이오드에서의 화살표는 전류의 방향을 표시한다. 그러나, 전자의 흐름 방향은 화살표 방향과 반대이다.

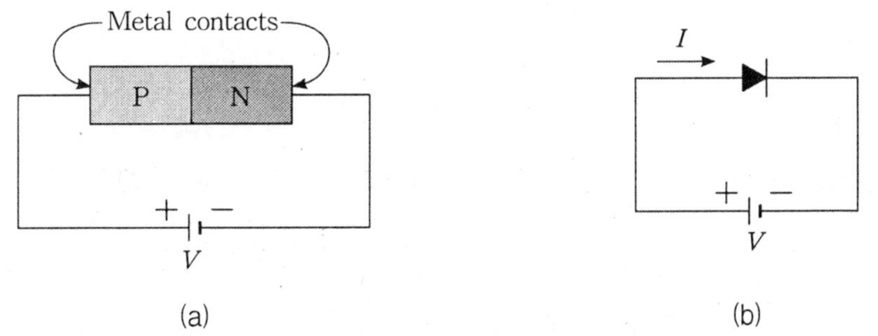

(a) (b)

그림 1-6 순 방향 바이어스

그림 1-6은 다이오드에 직류 전원을 인가할 때의 경우이다. 전원의 +단자가 P형 반도체에 연결되고 전원의 −단자가 N형 반도체에 연결되었을 때 순방향 바이이

어스 되었다고 한다. 순방향 바이어스는 큰 순방향 전류를 흐르게 한다. 그 이유는 전원의 −단자가 접합면을 향해서 N형 영역으로 전자를 공급하기 때문이다. 이와 같은 큰 에너지를 전자는 접합면을 통해서 정공과 결합하는데 접합면을 통과한 전자가 정공 속으로 떨어지지 않고 얼마나 오래 이동하는가에 따라서 정공과의 재결합 현상이 접합면에서 얼마나 떨어진 곳에서 다양하게 이루어지는가를 의미한다. 재결합은 접합면의 부근에서 일어난다.

즉, 전자는 전지의 −단자를 출발해서 반도체 결정의 오른쪽 끝으로 공급 되고 자유전자로서 N형 영역을 통과한다. 접합면 근처에서 정공과 재결합하여 가전자가 된다.

(2) 역방향 바이어스

순방향 바이어스와는 반대로 전원의 극성을 +극은 N형쪽에 −극은 P형쪽에 연결되었을 때 다이오드는 역방향으로 바이어스 되었다고 한다.

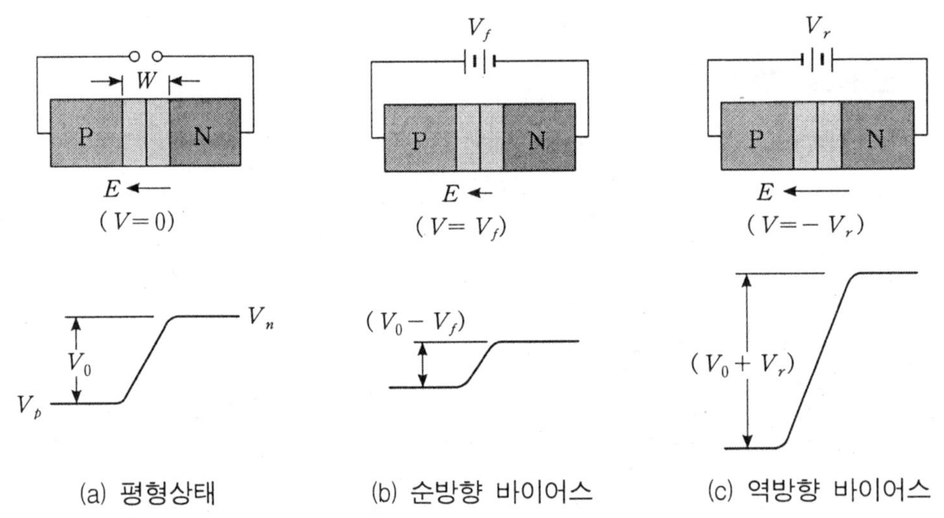

그림 1-7 순방향 바이어스와 역방향 바이어스

역방향 바이어스는 접합면에서 N형 영역의 자유전자를 멀어지게 하고 전원의 +단자쪽으로 당기게 한다. 또한 P형 영역의 정공은 접합면에서부터 전원의 −단자쪽으로 이동시킨다. 전자가 떠나고 난 곳에는 +이온이 발생하고, 정공이 떠난 영역에는 −이온이 생성된다. 그 결과 공핍층의 영역은 훨씬 더 넓어진다. 역방향 바이어스의 크기를 크게 하면 공핍층도 커진다. 공핍층은 전원 전압과 전위장벽이 등가일 때 공핍층 폭의 증가가 중지된다.

그림 1-7은 이와 같은 개념을 보여주는 것으로 역방향 바이어스가 처음 인가되면 전도대 전자와 정공은 접합면으로부터 멀어지고 공핍층의 전위차가 인가전원과 등가일 때까지 공핍층의 폭은 증가하며, 결국은 정공과 전자의 이동은 중지된다.

1.2.3 다이오드의 특성과 사용법

(1) 전압-전류 특성

옴의 법칙에 의하면 저항을 흐르는 전류의 세기($I = V/R$)는 그 저항에 인가된 전압의 크기에 비례한다. 이것은 저항에 걸리는 전압과 저항을 통과하는 전류의 관계가 선형적이라는 의미이다. 예를 들어 100[Ω]의 저항에 나타나는 전압-전류 특성을 보면, 1[V] 전압에서는 전류가 0.01[A] 즉, 10[mA], 2[V] 전압에서는 0.02[A] 즉 20[mA]가 된다. 어떤 경우이든 전압과 전류의 관계를 보면 저항은 변함없이 100[Ω]이다. 이런 저항을 전압-전류 특성이 선형적이기 때문에 선형소자라 부른다. 또, 이런 저항들은 수동소자라고도 하는데 그 이유는 전력을 만들지 못하고 전력을 소비만 하기 때문이다.

그림 1-8은 PN접합 다이오드의 전압과 전류를 측정하기 위한 회로도이다. 다이오드를 전원과 순방향이 되게 연결하고 전압을 가하면 전원 전압의 크기와 전류의 세기가 커진다. 전원 전압을 변화시킴으로써 다이오드 전압과 전류를 측정할 수 있다(이때 전류계는 직렬로 연결하고, 전압계는 병렬로 연결한다). 그리고, 역방향 영역은 전원을 반대로 연결하여 전압과 전류의 관계를 측정한다.

그림 1-8은 다이오드의 전압-전류 특성을 나타낸 것이다. 이 특성 곡선은 횡축에 바이어스 전압을, 종축에 다이오드에 흐르는 전류의 값을 표시한 것이다. 그림에서 오른쪽은 순방향 바이어스를 가한 상태를 나타낸 것으로 전압을 점점 높여가면 흐르는 전류도 급격히 증대해지는 것을 알 수 있다. 이때의 전류는 [mA]의 정도가 흐른다. 또, 점선은 이론값이고 실선은 실험값이다. 그림의 왼쪽은 다이오드 양단에 역방향 바이어스를 가한 상태를 나타낸 것이다. 그림에서 알 수 있는

바와 같이, 실제로는 역 바이어스의 경우에도 얼마간의 전류가 흐르게 되는 것을 고려할 수 있다. 그 전류는 극히 미세한 값으로 보통 [μA] 정도이다.

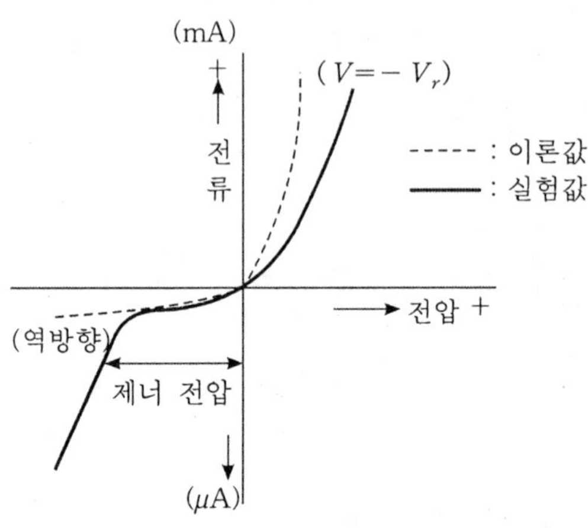

그림 1-8 전압-전류특성

그림 1-8에서 왼쪽의 이론값을 나타내는 점선에 대해 살펴보면 이것은 역방향 바이어스에 의해서 미소 전류가 흐르며, 역 바이어스 전압을 점점 크게 하여도 항상 작은 전류가 조금씩 흐르고 있음을 나타내고 있다.

이와 같이, 역방향 바이어스의 경우에도 미소 전류가 흐르는 것은 N형 또는, P형의 중에도 각각 어느 정도의 매우 적은 정공 또는 자유 전자가 생성되기 때문이다.

일반적으로 자유 전자나 정공 상태가 전기를 운반한다는 의미에서 캐리어(carrier)라고 한다. 그러므로, N형 및 P형 반도체의 경우에 있어서 수가 많은쪽의 캐리어를 다수 캐리어라 하고, 수가 작은쪽을 소수 캐리어라고 한다. 따라서, P형에서는 정공이 다수 캐리어이고, 전자는 소수 캐리어가 된다. 반대로 N형에서는 전자가 다수 캐리어가 되고, 정공이 소수 캐리어가 된다.

다이오드의 순방향 및 역방향의 특성은 다음과 같다.

① 전압과 전류의 관계가 직선적이 아니며, 옴의 법칙에 따르지 않는다.

② 약간의 순방향 전압으로 큰 전류를 흐르게 할 수 있다. 게르마늄 다이오드는 약 0.3[V], 실리콘 다이오드는 약 0.7[V]이다.

③ 역방향 전압을 크게하면 갑자기 큰 전류가 역방향으로 흐르기 시작하는 현

상이 일어난다. 이것은 PN전압이 파괴된 것이 아니라, 전압을 작게하면 전류도 0에 가까워지는 것을 의미한다. 이 현상을 **항복 현상**이라 한다. 전류가 급히 증가하기 시작한 때의 전압을 **항복 전압** 또는, **제너 전압**이라 한다.

④ 다이오드에 순(順)전압을 인가하면 순방향 전류가 흐른다. 즉, 다이오드는 한쪽으로 밖에 전류가 통하지 않는다.

(2) 다이오드의 사용법

다이오드를 사용할 때는 순방향 전압을 인가했을 때에 흐르는 전류가 정해진 정격값을 넘지 않도록 해야 한다. 또, 정격값 이상의 역방향 전압은 그 값 이상의 전압을 인가하지 않도록 하는 것이 중요하다.

다이오드의 최대 정격은 대략 다음과 같이 정해져 있다.

① **최대 역전압(최대 직류 역방향 전압)** : 다이오드에 인가할 수 있는 역방향 전압의 최대값.

② **연속 순전류** : 다이오드의 순방향으로 계속해서 흐르게 할 수 있는 직류 전류의 최대값.

③ **최대 평균 정류 전류** : 저항 부하의 반파(半破) 전 정류 회로에서 끌어낼 수 있는 평균 정류 전류의 최대값.

④ **최대 서지 전류** : 다이오드의 순방향으로 흐르게 할 수 있는 과도적인 전류의 최대값.

⑤ **접합 부분 온도** : PN접합의 접합 부분 온도.

⑥ **허용 전력 손실** : 열에 의한 전력 손실의 한계이며 주위 온도가 높을수록 작다.

1.2.4 다이오드 회로 해석

(1) 근사 해석법

다이오드의 특성을 보면 순방향으로는 전류를 도통시키지만, 역방향으로는 거의 도통시키지 않는다. 이상적인 다이오드는 0[V] 이상의 순방향 바이어스에서는 완전한 도체처럼 동작하고 0[V] 이하의 역 바이어스에서는 완전한 부도체로 동작한다. 일차 근사 회로 해석에서 이상적인 다이오드는 스위치와 같은 역할을 한다. 그림 1-9와 같이 순방향 바이어스 상태에서는 스위치가 닫히고 역 바이어스에서는 스위치가 열린 것처럼 동작한다. 일차 근사 해석은 실제의 다이오드와는 차이가 커서 2차와 3차 근사 해석법이 필요하게 된다.

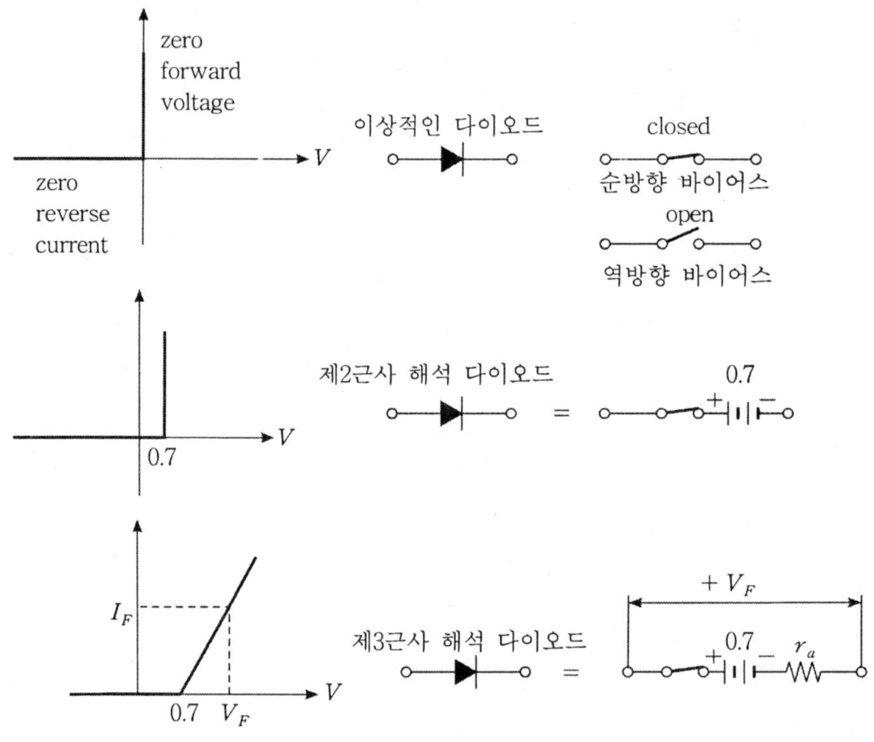

그림 1-9 다이오드의 근사 해석

실제 다이오드가 동작하기 위해서는 약 0.7[V]의 문턱 전압(offset voltage ; 전류가 급격히 흐르는 전압)을 고려해야 한다. 전압이 클 경우에는 0.7[V]의 전압이 문제가 되지 않지만 전압이 작을 경우에는 문턱 전압을 고려해야 한다. 즉, 다이오드는 0.7[V]의 전압을 연결한 것과 같이 동작하여 0.7[V] 이상이 되면 스위치가 열리고 0.7[V] 이하가 되면 스위치가 닫힌다.

3차 근사 해석에서는 다이오드의 벌크 저항(bulk resistance)까지 고려하여 생각할 수 있다. 이 벌크 저항은 순방향 영역에서 선형성을 갖기 때문에 전압이 증가하면 전류의 크기도 증가하게 된다. 3차 근사해석에서의 등가회로는 그림 1-9와 같이 스위치와 0.7[V]의 전원, 그리고 벌크 저항이 직렬로 연결된 것으로 표시된다.

이 때 실리콘 다이오드 양단에 걸리는 전압은 다음과 같이 표시된다.

$$V_F = 0.7 + I_F R_a \tag{1-1}$$

실제 대부분의 다이오드 해석의 경우에는 2차 근사 해석법이 이용된다.

(2) 정류회로

다이오드의 성질은 일방향성(一方向性)이다. 즉, 다이오드에 가해지는 전압의 극성에 따라 전류가 흐르기도 하고 흐르지 않기도 한다. 이러한 성질을 이용하여 전자회로에 가장 많이 이용되는 것이 정류회로이다. 교류 전압을 직류 전압으로 변환하는 것을 정류라 한다. 다이오드를 사용한 정류에는 교류의 정(+)부분만을 나타내는 반파(半波)정류와 정(+)과 부(−)의 양파를 정류하여 직류로 만드는 전파(全波)정류가 있다.

그림 1-10 (a)는 가장 기본적인 반파 정류회로를 나타낸 것이고 그림 (b)는 그 원리를 설명한 것이다.

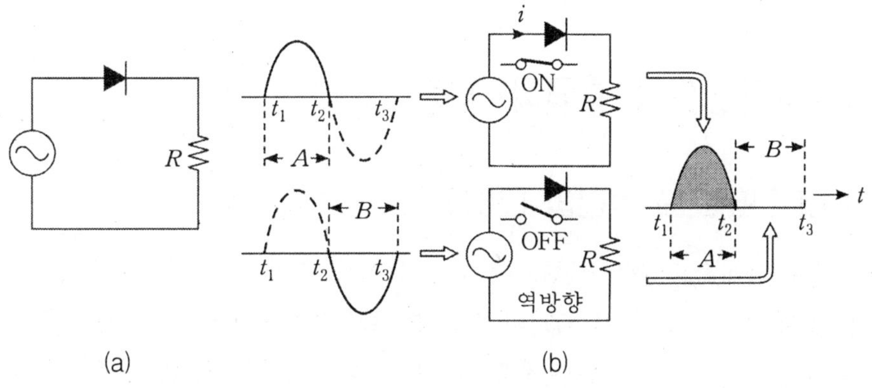

그림 1-10 정류회로

그림 1-10 (a)는 교류 전원과 다이오드, 저항(R)이 직렬로 연결된 회로이다. 여기서, 저항이라는 것은 모든 회로망을 통하여 전원회로에 연결되어 있는 저항을

통일하여 생각한 것이다. 교류 전원이란 일반적으로 그림 (a)와 같은 기호로 표시한다.

그림 (b)의 위쪽 그림에서 다이오드는 왼쪽에서 오른쪽으로 전압이 가해진 순방향 바이어스이므로 전류가 흐른다.

그래서 다이오드를 스위치라고 생각해 보면 이때는 스위치가 ON상태로 된다. 따라서, $t_1 \sim t_2$의 기간(A)에서는 다이오드가 도통해서 R에 전류가 흐른다. 저항에 흐르는 전류를 i라고 하면 옴의 법칙에 의하여 저항 R에는 $V = Ri$라는 전압이 발생한다.

그림 (b)의 아래쪽 회로에서 인가된 전압의 파형은 $t_2 \sim t_3$의 기간이며, 다이오드에 대해서는 오른쪽 단자(캐소드)에서 왼쪽 단자(애노드)에 전압이 가해지고, 이것은 역 바이어스 전압이 되어 다이오드는 도통하지 않고 스위치는 OFF가 된다. 그래서 저항 R에는 전류가 흐르지 않고 옴의 법칙에 의해 전압은 0[V]가 된다.

결국 R의 양단 전압은 그림 1-10 (b)에 표시한 바와 같은 파형이 나타나게 된다. 이 파형은 아직 완전한 직류라고 할 수는 없지만 전류의 방향은 같은 방향이므로 직류의 일종에는 틀림이 없다. 이와 같은 정류 방법을 **반파 정류**라고 한다.

다이오드는 정류작용 외에 검파작용에도 사용된다. 검파라는 것은 방송국에서 보내오는 전파에 실려 있는 음성과 영상의 신호를 전파에서 검출하는 동작을 말한다.

1.2.5 다이오드의 종류와 응용

(1) 제너 다이오드(정전압 다이오드)

그림 1-8의 다이오드 전압-전류 특성 곡선에서 왼쪽 밑 부분의 특성에 있어서 점선(이론값)에 대한 실선(실험값)의 경우를 살펴보면, 어떤 역 바이어스 전압의 값에서 전류값이 급격히 증대해 짐을 알 수 있다. 이것은 역방향 전압을 점점 증대시켜 가게 되면 그때까지 감소됐던 역전류가 그 전압값에서 큰 역전류가 흐르게 된다. 이와 같은 현상을 **제너 현상**이라 하고 전류가 흐르기 시작한 때의 역방향 전압을 **제너 전압**이라 한다.

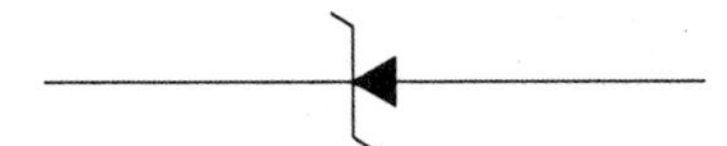

그림 1-11 제너 다이오드의 기호

보통의 다이오드에서는 제너 전압 이상의 역방향 전압을 가하면 전류의 급격한 증대로 다이오드가 파괴된다. 이와 같은 상태를 **전자 붕괴**라고 한다.

제너 다이오드는 다이오드의 순방향 특성을 그대로 갖고 있고 또, 역방향에 대해서도 어느 정도까지 전류가 통하는 반도체이다. 제너 다이오드의 경우도 어느 일정한 전압 이하의 역방향 전압인 경우는 흐르지 않는다. 제너 다이오드에 가하는 역방향 전압이 제너 전압보다 작을 때는 일반 다이오드와 마찬가지로 스위치가 OFF 상태가 된 것처럼 작동하여 제너 다이오드의 양끝에는 가해진 역방향 전압과 같은 크기의 전위차가 발생한다.

제너 다이오드에 가하는 역방향 전압이 제너 전압보다 클 때는 제너 다이오드에 역방향 전류가 흐른다. 그러나, 순방향인 때와 달라서 제너 다이오드의 양끝에는 제너 전압이 생긴다. 이 전위차의 크기는 제너 다이오드의 종류에 따라 각각 다르나, 어느 특정한 제너 다이오드에 나타나는 전압은 일정하다.

이와 같이 역방향 전압이 제너 전압보다 클 때 제너 다이오드 양끝의 전위차는 항상 일정한 값(제너 전압)이 되므로 제너 다이오드를 **정(定)전압 다이오드**라 한다. 제너 다이오드는 보통의 다이오드와 같이 순방향으로 사용하는 경우가 적고 대부분이 역방향에서 정전압을 얻기 위해 IC 레귤레이터 등에 사용한다.

(2) 발광 다이오드(Light Emitting Diode)

발광(發光) 다이오드는 LED(Light Emitting Diode)라고도 부르며, PN접합한 다이오드에 순방향 전압을 가하여 순방향의 전류가 흐르면 발광하는 다이오드이다.

즉, 전기적 신호를 빛의 신호로 변환하는 소자이다. 발광색은 반도체의 재료에 따라 적색, 녹색, 황색 등이 있다.

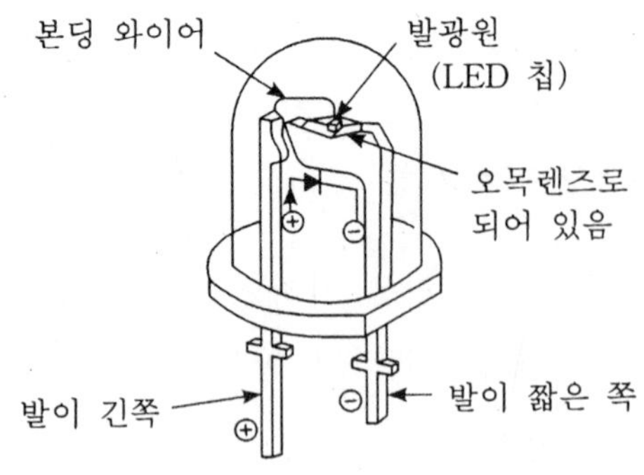

그림 1-12 LED의 구조

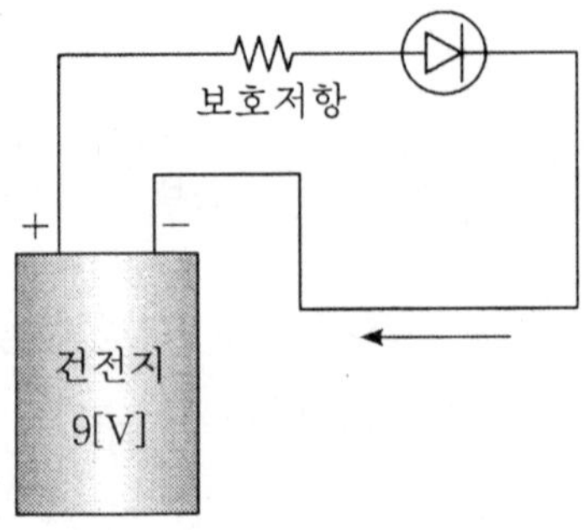

그림 1-13 LED의 보호저항

LED의 특징은 다음과 같다.

① 소비 전력이 작다.
② 발열이 거의 없다.
③ 수명이 길다.
④ 발광색이 풍부하다.
⑤ 모양이 다른 발광체를 만들 수 있다.
⑥ 점멸의 응답성이 빠르다.(100만분의 1초 단위)
⑦ 가격이 저렴하다.
⑧ 낮은 전압으로 동작(2~3[V]로 발광)

발광 다이오드를 사용하는 용도는 다양하며 디지털 회로의 램프, 자동차에서의 디지털 미터의 회전계, 방위계(方位計), 표시장치, 차량 속도센서 및 옥외 전광판 등의 발광 소자로 이용하고 있다.

LED는 +인 애노드 전극(발이 긴쪽)과 −인 캐소드 전극(발이 짧은쪽)의 2개 전극이 있다. 또한, LED는 극성이 있어 그림 1-13과 같이 애노드쪽에 플러스 전압을 가해야 순방향의 전압이 인가되어 발광한다.

(3) 포토 다이오드

포토 다이오드는 역방향으로 일정한 전압을 가한 상태에서 PN접합면에 빛을 받으면 전류가 흐른다. 또, 빛의 양을 바꾸면 회로에 흐르는 전류는 빛의 양에 비례하여 변화한다.

포토 다이오드는 광량(光量)의 변화를 전류의 변화로 대치시킴으로써 전기회로를 작동시키는 광(光)→전기변환 회로에 응용하고 있다. T.V에서는 실내 조명도에 따라 명암을 자동 조절하는 센서로서 이용하고 있으며, 자동제어기에도 광범위하게 응용되고 있다.

또, 마이크로파 통신의 발전기에 이용되고 있는 전 다이오드, 스위칭용과 마이크로파의 증폭용에 사용되는 에사키 다이오드, AND, OR연산에 사용되는 논리회로에서부터 기억장치에 이르기까지 여러 용도에 이용되는 스위칭 다이오드 등이 있다.

(4) 액정 디스플레이(LCD)

액정은 액체와 고체의 중간 성질을 나타내는 물질로서, 액체와 같은 유동성을 가지면서 전기적, 광학적으로는 결정의 성질을 나타내는 물질이다. 액정은 결정과 같이 흐르지만 빛을 받거나 전계(電界)나 자계(磁界)를 가하면, 그 가하는 방향에 따라 분자 배열이 변하기 때문에 빛을 통과시키거나 차단하는 성질이 있다. 액정 그 자체로는 액체처럼 흐르기 때문에 실제 소자로 응용할 때는 그림 1-14와 같이 두장의 유리 기판(基板) 사이에 액정을 넣어 유리가 접촉하지 않도록 두께가 약 10미크론 정도의 스페이서를 끼워서 봉입되어 있다.

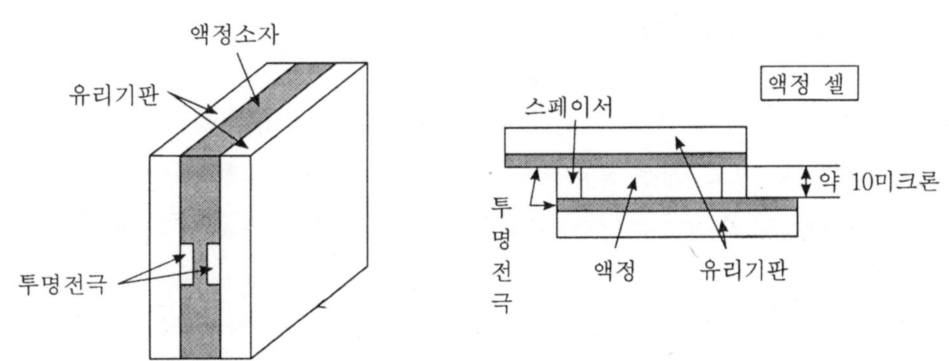

그림 1-14 액정의 구조

이와 같은 것을 일반적으로 액정 셀이라 부른다. 유리 기판에는 액정에 전압을 인가 할 수 있도록 투명 전극이 부탁되어 있다.

LCD의 표시는 형광 표시관과 같이 그 자체가 발광하는 것이 아니라 빛을 통과시키거나 차단하는 것뿐이므로 표시하는데는 외부 빛이 필요하다. 그 표시 방법으로 현재 이용되고 있는 것으로는 투과형 표시, 반사형 표시, 반투과형 표시 등이 있다.

1.3 트랜지스터(Transistor)

트랜지스터는 진공관에 비하여 작고, 가벼우며, 열손실이 없고, 구조가 간단하고, 트랜지스터 자체에서 전력 소모가 없으면서 효율이 높은 특징을 가지고 있기 때문에 트랜지스터가 발명된 이래로 전자 산업은 급속도로 발전하였다.

트랜지스터는 재료에 따라 게르마늄 트랜지스터와 실리콘 트랜지스터로 분류할 수 있으며, 구조에 따라 PNP 트랜지스터와 NPN 트랜지스터로 나눌 수 있다. 또, 제조법에 따라 합금 접속형 트랜지스터, 확산형 트랜지스터, 드리프트 트랜지스터, 플레너형 트랜지스터 등으로 구분 할 수 있다.

트랜지스터는 증폭, 발진, 주파수 변환, 스위칭 등 여러 가지의 기능 동작에 사용된다. 사용 전력은 수백[W]까지이고, 사용 주파수는 수십[GHz] 정도까지 취급이 가능하다.

1.3.1 트랜지스터의 구조

트랜지스터는 1개의 반도체 결정 속에 얇은 N형 반도체를 2개의 P형 반도체 사이에 끼우거나 또는 얇은 P형 반도체를 2개의 N형 반도체 사이에 끼워 2조(組)의 접합을 형성한 소자이다. 전자를 PNP 트랜지스터, 후자를 NPN 트랜지스터라고 한다.

그림 1-15와 같이 중앙의 극히 엷은 층을 베이스(base)라 하고, 양쪽의 층을 각각 이미터(emitter) 및 컬렉터(collector)라 한다. 일반적으로 베이스는 B, 이미터는 E, 컬렉터는 C의 기호로 표시하며, PNP와 NPN 트랜지스터의 기호는 그림 1-15와 같다.

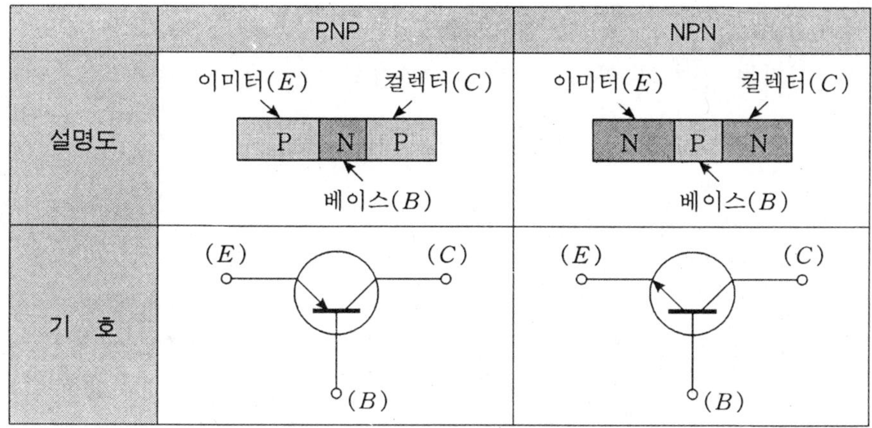

그림 1-15 트랜지스터의 구조

이미터와 베이스 사이에 순방향 바이어스를 가했을 때 화살표는 그 전류의 방향을 나타낸다. 트랜지스터의 외관은 3개의 다리로 되어 있으며, 금속 부문의 케이스를 다리 하나에 연결한 구조도 있다.

1.3.2 트랜지스터의 동작

PNP형 트랜지스터와 NPN형 트랜지스터를 작동시키기 위해서는 먼저 PN접합의 이미터와 베이스 사이에 순방향의 직류전압을 가하고, 베이스와 컬렉터 사이에는 역방향의 직류 전압을 가해야 한다. 이와 같이 트랜지스터에 직류전압을 가하는 것을 바이어스 전압(바이어스)을 가한다고 한다.

트랜지스터는 베이스 전류가 흐를 때만 컬렉터 전류가 흐른다. 그림 1-16의 (a)와 같이 베이스-이미터 사이에 순방향 전압 V_1이 인가되어 있으므로 전위 장벽이 낮아진다.

또한, 이미터 N형 부분은 불순물 농도가 높으므로 전자가 다수 발생되어 있으며, 베이스의 P형 부분은 두께가 얇고 불순물 농도가 낮으므로 정공은 거의 없다.

따라서, 이미터의 전자는 전위 장벽을 넘어 확산하면서 베이스로 진입한다. 그 1[%] 정도가 베이스의 정공과 결합한다. 결합하여 소멸된 베이스의 미소한 정공은 전지의 정전극에서 계속 공급되므로 이것으로 인하여 미소한 베이스 전류 I_B가 흐른다. 그리고, 베이스 정공과 결합하는 이미터에 있는 99[%] 정도의 전자는 컬렉터측의 전압 V_2에 의해 컬렉터측으로 이동한다. 이것이 컬렉터 전류 I_C로 된다. 이미터 전자는 전지의 부극(−)측에서 보급되므로 이미터 전류 I_E로 된다. 베이스 전류가 미소하게 흘러도 컬렉터 전류는 크게 흐른다.

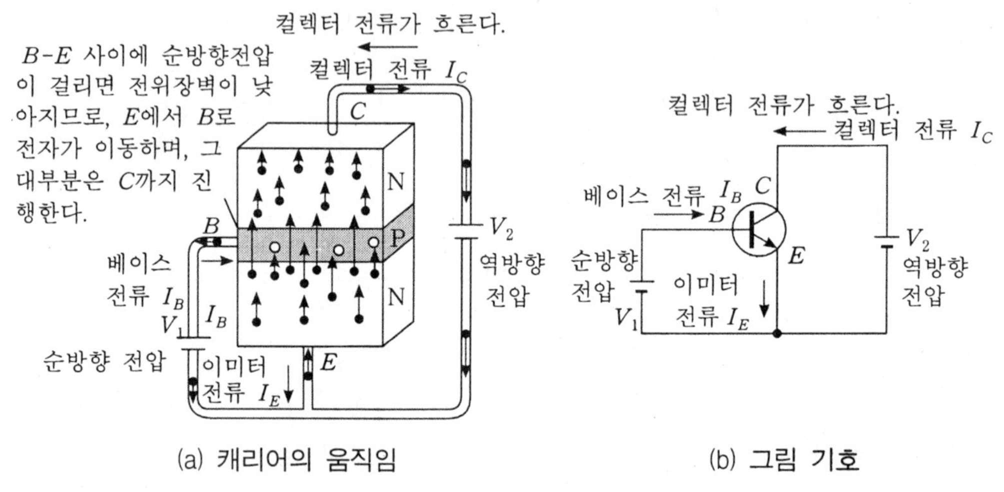

(a) 캐리어의 움직임 (b) 그림 기호

그림 1-16 트랜지스터의 동작원리

그림 1-16에 PNP 트랜지스터와 NPN 트랜지스터의 전류의 흐르는 방향을 표시하였다. 그림에서 베이스 전류 I_B와 컬렉터 전류 I_C, 이미터 전류 I_E 사이에는 식 1-2와 같은 법칙이 성립된다.

$$\text{이미터 전류}(I_E) = \text{베이스 전류}(I_B) + \text{컬렉터 전류}(I_C) \qquad (1\text{-}2)$$

그림 1-17과 같이 PNP 트랜지스터에서는 아래쪽에서 위쪽으로 전류가 흐르고 있다. 즉, 이미터에서 베이스와 컬렉터쪽으로 흐르고 있다. 이에 비해 NPN 트랜지스터에서는 위쪽에서 아래쪽으로 전류가 흐르고 있다. 즉, 베이스와 컬렉터에서 이미터쪽으로 흐르는 것을 알 수 있다.

트랜지스터에 전류를 흐르게 하기 위한 가장 근본이 되는 것은 베이스와 이미터간의 전압이다.

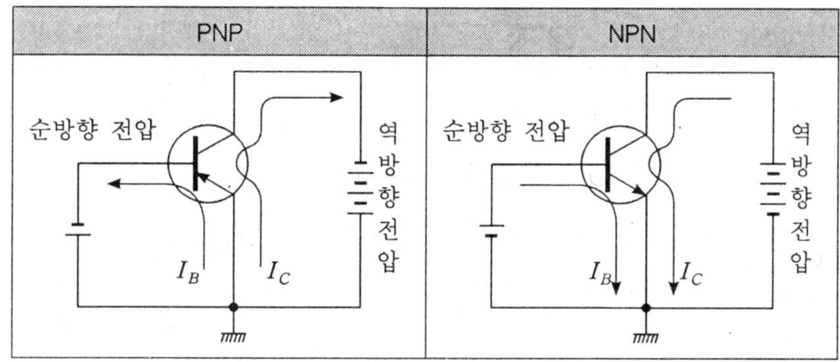

그림 1-17 PNP와 NPN 트랜지스터의 전류 흐름

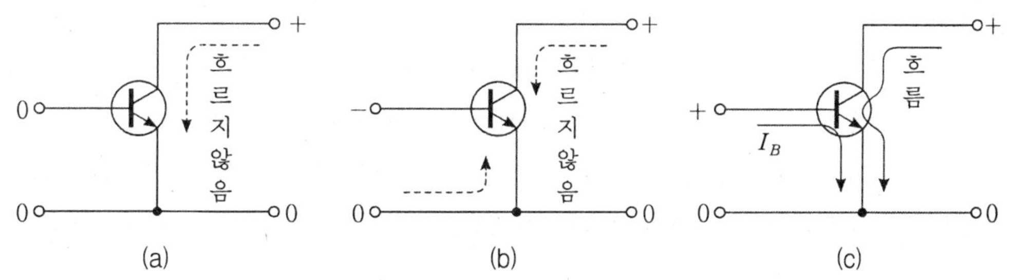

그림 1-18 컬렉터 전류

그림 1-18의 (a)에서는 베이스와 이미터 사이에 전압을 가하지 않았기 때문에 컬렉터 전류는 흐르지 않는다. 그림 (b)의 경우 마찬가지로 흐르지 않는다. 그림 (c)의 경우에는 베이스와 이미터 간에 전압이 가해져 베이스 전류 I_B가 흐른다. 다음에 베이스 전류가 흐름에 따라 컬렉터 전류 I_C가 흐른다.

컬렉터 전류 I_C는 베이스 전류 I_B가 흐르지 않는 한 절대로 흐르지 않는다. 반대로 만약, 베이스 전류 I_B가 흐르게 되면 반드시 컬렉터 전류 I_C가 흐른다. 베이스 전류 I_B가 흘렀을 때 컬렉터 전류 I_C가 몇 배로 되어 흐르는가 즉, I_B/I_C를 **전류 증폭률**이라 한다. 이 전류 증폭률은 트랜지스터의 종류에 따라 값이 달라짐은 물론 같은 트랜지스터에서 다소 각각 다른값이 된다.

트랜지스터의 종류에 따라 20~30의 것에서부터 200~300정도까지 있다. 즉, 약간의 베이스 전류로 큰 컬렉터 전류를 얻을 수 있다. 또한, 베이스 전류를 바꿈으로써 컬렉터 전류의 크기를 증감할 수 있다. 이것을 트랜지스터의 **증폭 작용**이라 한다.

일반적으로 전력이 큰 파워 트랜지스터 등에서는 전류 증폭률이 작아지고, 전력이 비교적 적은 증폭용 트랜지스터 등에서는 전류 증폭률이 커진다.

트랜지스터의 이미터와 컬렉터 간을 도통 상태로 하려면 베이스 전류 I_B를 흐르게 하면 된다. 이것을 반대로 생각하면 베이스 전류 I_B를 ON, OFF함으로써 이미터와 컬렉터 사이를 ON, OFF할 수 있다. 이것을 트랜지스터의 **스위칭 작용**이라 한다.

트랜지스터의 스위칭 작용을 이용하면 트랜지스터가 릴레이와 같은 작용을 하게 할 수 있다. 릴레이는 여자(勵磁) 코일에 흐르는 전류를 ON, OFF함으로써 접점을 ON, OFF 시킨다. 그러나, 트랜지스터에서는 베이스 전류를 ON, OFF함으로서 컬렉터 전류(이미터와 컬렉터간의 전류)를 ON, OFF할 수 있다. 릴레이의 여자 전류에 해당하는 것이 트랜지스터의 베이스 전류이며, 트랜지스터는 릴레이 접점과 같은 기계 접점을 사용하지 않고 릴레이와 같은 작용을 할 수 있다. 이와 같은 트랜지스터의 스위칭 작용은 릴레이와 비교하여 다음과 같은 장점이 있다.

① 스위칭 동작의 ON, OFF가 빠르다. 1초간에 1000회 이상 반복 동작이 가능하다. 릴레이의 100내지 200회에 비하여 동작이 훨씬 빠르다.

② 기계 접점이 없기 때문에 릴레이와 같은 접점이 개, 폐시 채터링이 없고 동작이 안정되어 있다.

③ 베이스 전류를 가감하여 컬렉터 전류를 제어할 수 있다.

트랜지스터의 스위칭 동작을 정리하면 다음과 같다.

① ON : 베이스 전류가 다량으로 흐르고 있는 포화영역(베이스 전류를 크게 해도 그 이상 컬렉터 전류가 증가하지 않는 영역)에서 사용 할 것.

② OFF : 베이스 전류가 전혀 흐르지 않는 차단 영역(베이스 전류가 없기 때문에 전류가 흐르지 않는 영역)에서 사용할 것.

1.3.3 트랜지스터의 접지방식

트랜지스터는 이미터, 베이스, 컬렉터라 하는 3개의 전극을 가지는 3단자 소자이지만 사용할 때는 입력측 2단자, 출력측 2단자 합계 4개의 입출력 단자를 필요로 한다. 그래서 어떤 한 개의 전극을 입력과 출력 공통으로 사용하지 않으면 안된다. 이것을 접지(grounded) 또는, 공통(common)이라고 한다.

접지방식에는 이미터 접지, 베이스 접지, 컬렉터 접지 등 3가지 방식이 있다. 그림 1-19에 각각의 접지방식을 나타내었고 표 1-1에 접지방식의 특징을 표시하였다.

이미터 접지회로는 증폭작용이 가장 크기 때문에 보통 증폭회로에 많이 사용한다.

그림 1-19 (a)의 이미터 접지회로에서 트랜지스터를 작동시키기 위해서는 이미터의 화살표 방향으로 전류가 흐르도록 2개의 직류전원 V_{BE}와 V_{CE}가 필요하다. 다시 말하면, 베이스 전류가 흐르게 하는 전원 V_{BE}와 컬렉터 전류가 흐르게 하는 전원 V_{CE}가 필요하다. 각 전극간의 전압은 일반적으로 V_{CE}가 몇 볼트 이상이고, V_{CE}가 실리콘에서는 0.5~1.0[V], 게르마늄은 0.1~0.4[V]이다.

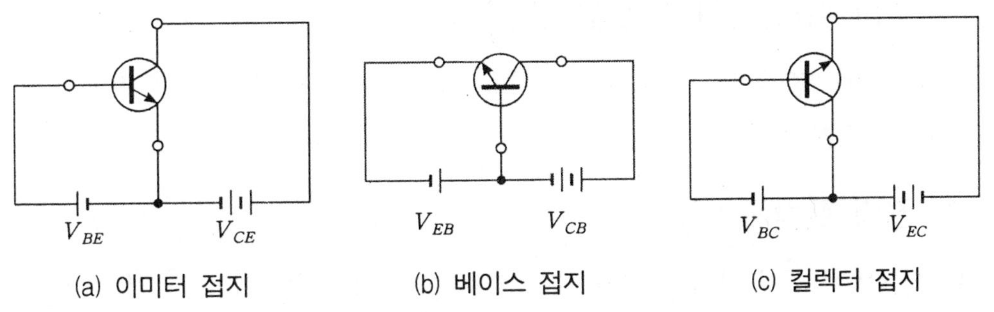

그림 1-19 트랜지스터의 접지방식

표 1-1 접지방식의 특징

	이미터 접지	베이스 접지	컬렉터 접지
전류 증폭도	대	≒1	대
전압 증폭도	대	대	≒1
전력 이득	대 35~45[dB] 정도	중 20~30[dB] 정도	소 13~17[dB] 정도
주파수 특성	나쁨	좋음	좋음
입력 임피던스	중 500[Ω]~3[kΩ]	대 30~200[Ω]	소 수십[kΩ] 이상
출력 임피던스	중 20~200[kΩ] 정도	대 수백[kΩ] 이상	소 수십~수백[Ω]

1.3.4 트랜지스터 패키지

트랜지스터는 여러 가지 응용을 하기 위해 광범위한 패키지 형태가 활용된다. 전력용 트랜지스터는 방열판이나 석면 같은 것을 갖추고 있고 소, 중형 전력 트랜지스터는 보통 아주 적은 금속이나 플라스틱 케이스로 구성되어 있다.

(1) 일반 목적/소신호 트랜지스터

저전력 또는, 중간전력 증폭기나 스위칭 회로로 사용된다. 그 패키지들은 플라스틱이나 금속케이스이다.

(2) 전력 트랜지스터

큰 전류(1[A] 이상)나 큰 전압을 다루는데 사용한다. 스테레오 시스템에서 음성 출력단은 스피커를 구동하기 위해 전력 트랜지스터 증폭단을 사용한다. 대부분의 응용 예에서 금속탭 또는, 금속 케이스는 컬렉터로 표시되고 열 발산을 위해 방열판에 연결한다.

(3) RF 트랜지스터(고주파 트랜지스터)

RF 트랜지스터는 극히 높은 주파수에서 동작하도록 설계한다. 통신 시스템이나 그 밖의 높은 주파수 응용에 사용된다. 독특한 모양과 리드 구조들은 주파수 파라미터를 최적화하기 위하여 설계한다.

1.3.5 트랜지스터의 종류

(1) 유니 정크션 트랜지스터(UJT)

UJT(Unijunction Transistor : 단일 접합 트랜지스터)의 기본 구조는 그림 1-20의 (a)와 같이 저밀도로 도핑(Dopping)된(비교적 저항이 크다) n형 Si막대에 Al(3가 원소)막대를 합금시킨 구조로 되어 있다. 그러므로, 그림 (c)와 같으며, 각 단자는 베이스 1, 베이스 2, 이미터라 칭한다. UJT는 펄스 발생회로, 트리거 회로, 톱니파 발생회로, 위상제어회로, 타이밍 회로 등에 아주 유용하게 응용된다.

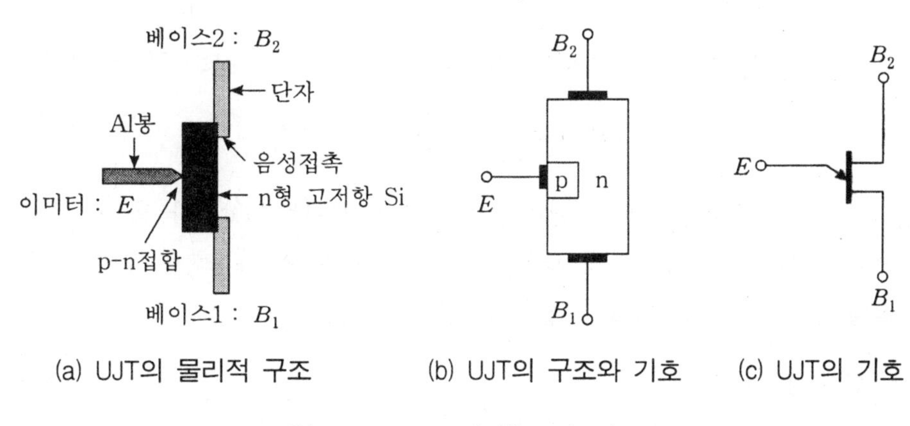

(a) UJT의 물리적 구조 (b) UJT의 구조와 기호 (c) UJT의 기호

그림 1-20 UJT의 구조와 기호

(2) 전계 효과 트랜지스터

전계 효과 트랜지스터(FET : Field Effect Transistor)는 진공관과 비슷한 트랜지스터라 할 수 있다. 보통의 트랜지스터는 입력이 작용하는 저 임피던스 소자인데 대해 FET는 전압으로 작용하는 고 임피던스 소자라고 할 수 있다. 따라서, 종래의 트랜지스터로 쉽게 얻을 수 없었던 각종 용도에 사용되고 있다. FET를 크게 분류하면 접합형과 MOS형으로 나눌 수 있다.

(가) 접합형 FET(JFET : Junction Field-Effect Transistor)

그림 1-21의 (a)는 n형 막대기에 p형을 확산시켜 각 단자에 리이드를 연결시킨 구조로 되어 있는데 이를 n채널 JFET라 한다. n형 막대는 전류흐름의 통로가 되므로 채널(Channel)이라 한다. 양단의 전극부를 소스(Source) 및 드레인(Drain)이라고 한다.

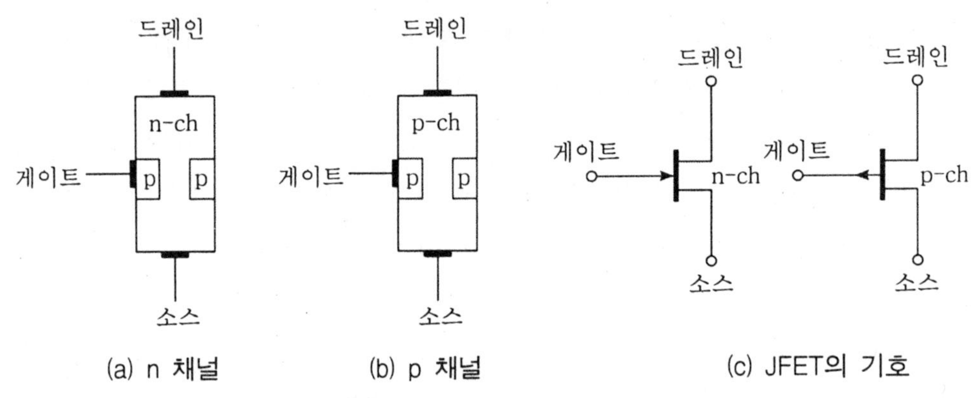

그림 1-21 JFET의 기본 구조

또, 양쪽의 영역은 전류를 제한한다는 의미로 게이트(Gate)라 한다. 그림 (b)는 p형 막대로 구성되어 있으므로 p채널(p-channel) JFET라 하며 게이트는 내부적으로 연결되어 있다. JFET의 기호는 그림 (c)와 같다.

(나) MOS형 FET

공핍형(depletion) MOS-FET와 증가형(enhancement) MOS-FET 두 종류로 제작되어 있다. JFET와 다른 점은 게이트가 산화 실리콘(SiO_2-절연층 형성)으로 채널과 격리되어 있다.

공핍형 MOSFET의 기본구조는 그림 1-22와 같다. (a)는 n채널이고, (b)는 p채널의 구조인데 동작특성은 같다. 그림 (a)를 보면 p형 실리콘 기판위에 n채널을 형성시켜 그 양 끝에 소스(source)와 드레인(drain) 단자를 만들고 채널위에 산화 실리콘을 형성시켜 절연층을 만든 후 그 위에 게이트 단자를 붙인 형태로 되어있다. 채널이 구조적으로 형성되어 있는데 이 점이 증가형과 구조상의 차이점이다.

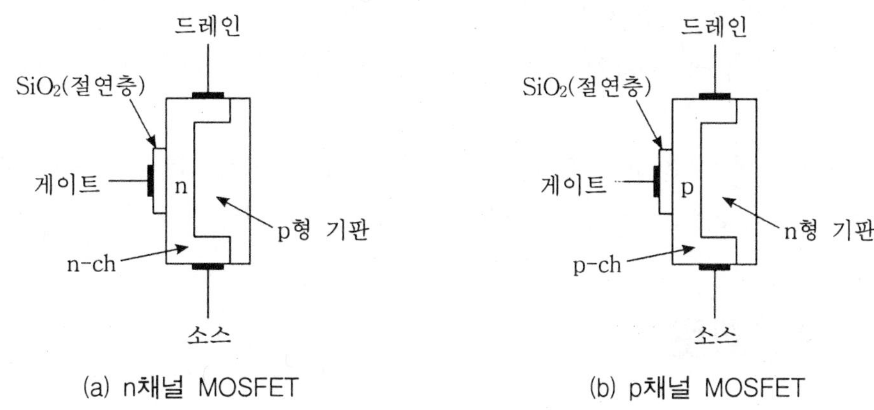

(a) n채널 MOSFET (b) p채널 MOSFET

그림 1-22 MOSFET의 구조

MOS형 FET는 금속의 전극이 절연 피막을 통해 반도체에 부착되어 있으므로 절연 게이트형 FET라고도 한다. 이 반도체의 표면에 만들어진 절연막 위에 금속 전극에 가하는 전압에 따라 드레인과 소스 사이에 흐르는 전류를 제어할 수 있다.

(다) 포토 트랜지스터(Photo Transistor)

포토 트랜지스터는 감광성(感光性) 컬렉터-베이스 pn접합을 가진 트랜지스터로 그 기호와 외형은 그림 1-23과 같다.

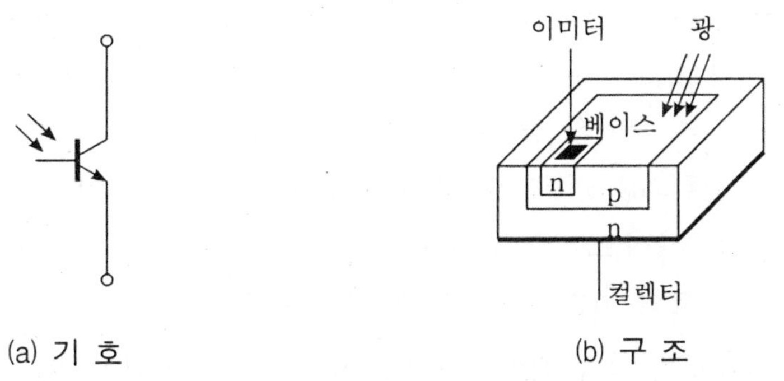

(a) 기 호 (b) 구 조

그림 1-23 포토 TR의 기호와 구조

베이스(base)에는 빛을 집광하기 위해 렌즈(Lens)가 부착되어 있으며 더 많은 빛을 받아들이기 위해 그림 1-23과 같이 베이스 면적이 넓은 구조로 되어 있다.

입사광이 없으면 컬렉터-이미터 간에는 열 생성된 캐리어(carrior)에 의해 누설 전류가 흐르는데 이것을 **암전류**(dark current)라 하며, 보통 [μA] 정도의 값을 갖는다. 컬렉터-베이스 pn접합에 빛을 조사하면, 빛의 세기에 따라 직접 비례하는 베이스 전류가 흐른다. 이러한 동작은 베이스 전류와 함께 증가하는 컬렉터 전류를 생성한다.

포토 트랜지스터의 동작은 본질적으로 일반 pnp 트랜지스터와 같으나 베이스 전류를 바이어스(bias) 전압이 아닌 빛 에너지로 생성시킨다는 점이 다르다.

1.4 정류회로

전기·전자기기는 직류 전압, 직류 전류를 필요로 하는 경우가 많고 이 전압과 전류도 주위 조건의 변동에 의하지 않고 일정한 것이 요구된다. 이와 같은 일정한 전압·전류를 상용 교류 전원이나 전지 등의 1차 전원에서 얻는 장치를 **전원회로** 또는, **전원장치**라고 하며 AC-DC, DC-AC, DC-DC 등 여러 가지의 변환 회로로 구성되어 있다.

1.4.1 반파 정류회로(Half wave rectifier)

모든 전자장치는 직류 전원을 필요로 하며, 전자회로는 전지 또는 직류 안정화 전원으로부터 전력이 공급된다. 건전지는 가벼우나 수명이 한정되어 있고, 비교적 가격이 고가이므로, 보통은 직류 안정화 전원이 주로 사용된다.

일반적으로 직류 전원을 공급하기 위해서 교류 전원으로 바꾸는 장치가 필요한데 이 장치를 **정류기**(Rectifier)라 부른다. 정류 소자로는 반도체 다이오드가 주로 사용되는데 이는 다이오드가 전류를 오직 한 방향으로 흐르게 하는 성질이 있기 때문이다. 정류회로의 기본형은 그림 1-24와 같다.

그림 1-24는 교류 입력 전압 $v = V_p \sin\omega t$가 인가되었을 때의 출력 전압 파형을 보여주고 있다. 입력 전압의 주기 θ가 $0 \leq \theta \leq \pi$일 때, 다이오드는 캐소드에 대해서 정(+)의 입력을 가지므로, 다이오드는 도통되고 부하저항 R_L에 전류가 흘러 출력 전압 파형이 나타난다. 반면에 입력 전압의 주기가 $\pi \leq \theta \leq 2\pi$일 때는 다이오드에 역 바이어스가 걸리므로 다이오드에는 전류가 흐르지 않아 출력 전압은 0이 된다.

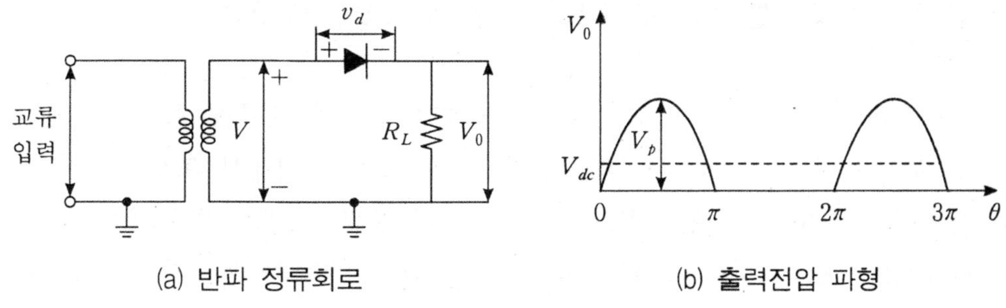

(a) 반파 정류회로　　(b) 출력전압 파형

그림 1-24 반파 정류회로

반파 정류된 출력 전압의 평균값은 한 주기내의 곡선에 의해 둘러싸인 면적을 주기로 나누면 구할 수 있다. 반파 정류된 출력 전압의 평균값은 식 (1-3)과 같다.

$$V_{dc} = \frac{1}{T}\int_0^T vdt = \frac{1}{2\pi}\int_0^\pi V_p \sin\omega t d(\omega t)$$

$$= \frac{V_p}{2\pi} - \cos\omega t_\pi^0 = \frac{V_p}{\pi} = 0.318V_p \tag{1-3}$$

또한, 반파 정류된 출력 전압의 실효값은 식 (1-4)와 같다.

$$V_{\mathrm{rms}} = \sqrt{\frac{1}{T}\int_0^t v^2 dt} = \sqrt{\frac{1}{2\pi}\int_0^\pi V_p{}^2 \sin^2\omega t d(\omega t)}$$

$$= V_p\sqrt{\frac{1}{2\pi}\int_0^\pi\left(\frac{1-\cos{}^2\omega t}{2}\right)d(\omega t)} = V_p\sqrt{\frac{1}{4\pi}\omega t - \frac{1}{2}\sin\omega t_0^\pi}$$

$$= \frac{V_p}{2} \tag{1-4}$$

다이오드 회로에 역방향 바이어스를 인가할 때, 다이오드 양단에 걸리는 전압이 역전압이다. 모든 다이오드는 최대 역방향 전압에서도 파괴되지 않는 정격인 최대 역방향 전압(peak inverse voltage ; PIV)을 가져야 한다. 반파 정류회로에서 최대 역방향 전압은 V_p이다 그러나, 모든 다이오드는 순방향으로 바이어스 되기 위해서는 0.7[V]의 전위장벽보다 훨씬 큰 경우에는 전위장벽을 무시하여 해석할 수 있으나 언급이 없으면 전위장벽을 고려하여 해석하여야 한다.

1.4.2 전파 정류회로(Full wave rectifier)

반파 정류회로에서는 입력 전압의 (+)잔주기 동안만 전류가 흐르지만 전파 정류회로의 경우에는 입력의 (+)와 (−)주기, 즉 모든 주기에서 부하에 단일방향으로 전류가 흐른다. 전파 정류회로에는 변압기의 중간 탭(Tap)을 사용하는 중간탭형 전파 정류회로와 다이오드의 브리지(Bridge)를 이용하는 브리지형 전파 정류회로가 있다.

(1) 중간탭형 전파 정류회로

그림 1-25는 중간탭형 전파 정류회로를 나타내고 있다. 2차측 전압의 (+) 반주기 동안 위쪽의 다이오드는 순방향 바이어스가 되고, 아래쪽 다이오드는 역방향으로 바이어스 된다. 따라서, 전류는 위쪽의 다이오드와 저항 그리고 위쪽의 권선을 통하여 흐르게 되고 (−)반주기 동안은 전류가 아래쪽 다이오드와 저항 그리고 아래쪽 권선을 통해서 흐르게 된다. 부하 저항에 걸리는 전압은 어떤 다이오드를 통해 흐르든지 같은 방향으로 흘러가게 된다. 따라서, 그림 1-25의 (a)와 같은 입력 전압이 정류되어 그림 (c)와 같은 출력 전압 파형이 나타나게 된다.

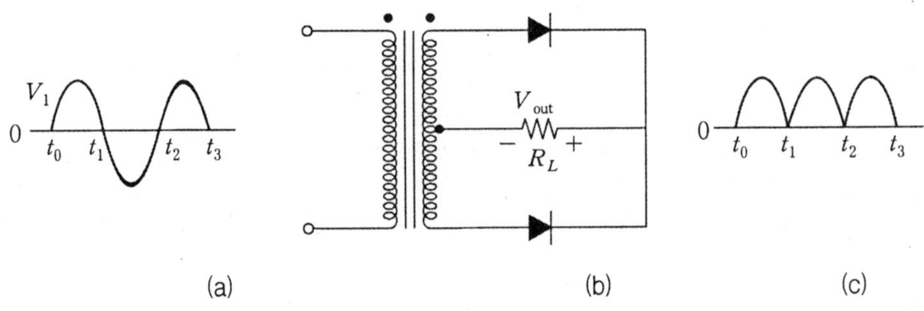

그림 1-25 중간탭 전파 정류회로

전파 정류된 출력에서 직류 전압값이나 평균 전압값은 같은 크기의 2차측 전압에 의해서 정류된 반파 정류 출력의 2배가 된다. 그 이유는 전파 정류회로에서는 출력 전압이 입력 전압의 전주기에 걸쳐서 나타나기 때문에 출력 전압의 평균값은 정의에 의해서 식 (1-5)와 같이 구해진다.

$$V_{DC}=\frac{1}{T}\int_0^T vdt=\frac{1}{\pi}\int_0^\pi V_p\sin\omega t d(\omega t)$$

$$=\frac{V}{\pi}[-\cos\omega t]_0^\pi=\frac{2V_p}{\pi}$$

$$=0.636V_p \qquad (1\text{-}5)$$

식 (1-5)와 전파 정류된 출력 전압의 평균값은 식 (1-3)의 반파 정류된 출력 전압의 평균값에 비해 2배가 된다. 또 전파 정류된 출력 전압의 실효값은 정의에 의해서 구하면 식 (1-6)과 같다.

$$V_{\text{rms}}=\sqrt{\frac{1}{T}\int_0^T v^2dt}=\sqrt{\frac{1}{\pi}\int_0^\pi V_p{}^2\sin^2\omega d(\omega t)}$$

$$=V_p\sqrt{\frac{1}{\pi}\int_0^\pi\frac{(1-\cos^2\omega t)}{2}d(\omega t)}\equiv V_p\sqrt{\frac{1}{2\pi}[\omega t-\frac{1}{2}\sin\omega t]_0^\pi}$$

$$=\frac{V_p}{\sqrt{2}} \qquad (1\text{-}6)$$

식 (1-6)과 식 (1-4)를 비교해 보면 전파 정류된 출력 전압의 실효값은 반파 정류된 회로의 실효값에 비해 $\sqrt{2}$배 크다는 것을 알 수 있다. 중간탭형 전파 정류회로에서 각 다이오드는 번갈아 가며 순방향 바이어스와 역방향 바이어스가 되고, 각 다이오드에 걸리는 최대 역방향 전압은 2차 전압의 첨두값이 된다.

(2) 브리지형 전파 정류회로

그림 1-26은 브리지형 전파 정류회로를 나타낸 것이다. 이 회로의 장점은 중간탭형 트랜스와 같이 중간탭이 없어도 전파 정류 출력을 얻을 수 있으므로 변압기(Transformer)의 일 효율(Working efficiency)이 높게 된다. 브리지형 전파 정류회로는 그림 1-26과 같이 4개의 다이오드로 구성된다. 입력 전압의 정(+)의 반기 동안 다이오드 D_1과 D_2는 역방향 바이어스 상태를 유지하므로 그림 (a)와 같은 부하 전류가 흘러 출력 전압은 입력 신호의 정의 반주기와 같은 신호가 나타난다. 입력 전압이 (−)의 반주기가 되면 다이오드 D_3와 D_4는 순방향 바이어스, D_1과 D_2는 역방향 바이어스 상태가 되므로 부하 전류는 그림 (b)와 같이 흘러 출력 전압이 나타난다.

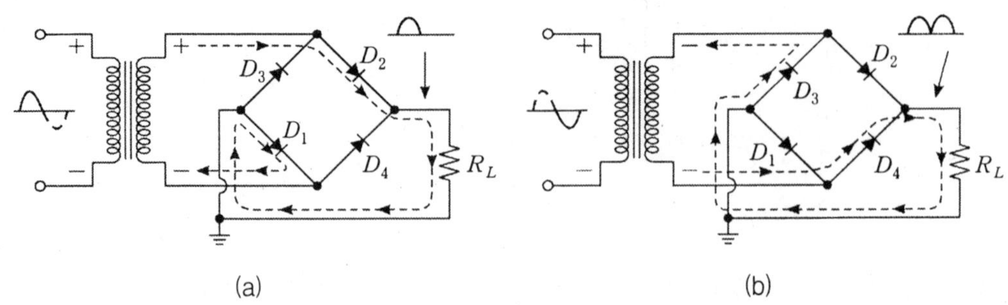

그림 1-26 브리지형 전파회로

그림 1-26과 같이 정의 반주기 동안 두 개의 다이오드는 부하 저항과 직렬이 된다. 브리지 전파 정류회로의 출력은 평균 전압값이나 실효값은 중간탭 전파 정류회로 때의 값과 같게 된다.

다이오드의 전압 강하(V_D)를 고려하면 부하 저항에 나타나는 최대 출력 전압 V_R은 다음과 같다.

$$V_R = V - 2V_D \tag{1-7}$$

다이오드가 모두 같지 않을 때 높은 전압 변동률을 가지며, 낮은 전압에서 없게 된다. 반파 정류회로, 중간탭 정류회로, 브리지 정류회로를 비교하여 보면 브리지 정류회로가 대부분의 응용 회로에서 우수한 것으로 나타내며 가장 많이 사용된다. 따라서, 대부분의 반도체 모듈로서 패키지화한 브리지 다이오드를 판매하고 있다. 브리지 다이오드는 변압기의 2차 전원에 연결하는 2개의 입력측 단자와 부하 저항에 연결하는 2개의 출력단자를 갖고 있다.

1.4.3 평활회로

반파정류 또는, 전파정류된 출력은 맥동하는 즉, 진동하는 직류 전압이다. 모든 전자회로에 사용되는 직류 전압은 배터리 전압과 같이 일정한 크기를 갖는 전원을 필요로 하게 된다. 정류회로에서 얻어지는 전압 파형에서 맥동을 제거하는 회로를 **평활회로**(smoothing circuit)라고 한다.

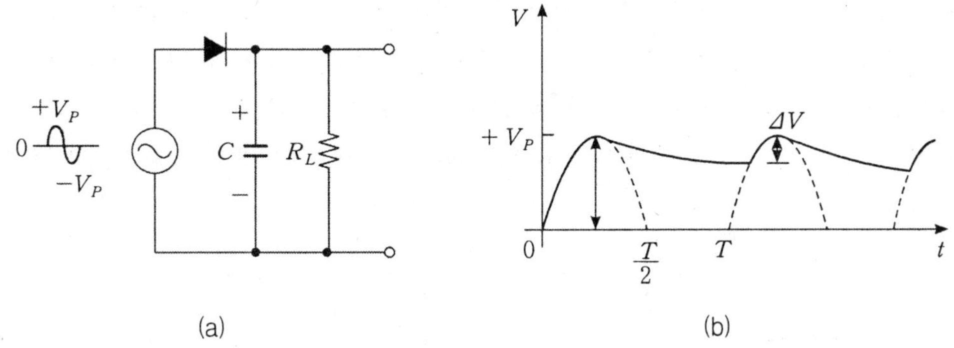

그림 1-27 평활회로의 원리

그림 1-27과 같이 콘덴서를 연결하고 교류 전원을 인가한다. 교류 전원은 최대값이 V_p인 정현파 신호이다. 전원 전압이 인가된 처음에는 다이오드는 순방향 바이어스 되고 다이오드는 도통된다. 따라서, 다이오드가 콘덴서와 직접 전원에 연결되고 콘덴서는 피크 전압이 V_p까지 충전된다. 정(+)의 피크를 지나자마자 다이오드는 도통을 중단하는데, 이것은 콘덴서가 그림과 같이 표시된 극성대로 V_p의 값으로 충전되는 동안 전원 전압이 V_p보다 작아지게 되어 다이오드를 역방향으로 바이어스 시키기 때문이다. 이때, 다이오드는 개방 상태(open)가 되고, 콘덴서에 충전된 전압은 부하 저항을 통해서 방전한다. 콘덴서가 연결된 회로에서 중요한 것은 설계시 방전 시정수(Time constant) $\tau(R_L \times C)$가 입력 신호의 주기 T보다 커야 한다. 그 이유는 콘덴서가 다이오드 개방시에만 자신에게 충전된 전기량의 일부분만을 방전시키게 하기 위해서이다.

다시 전원 전압이 피크값에 도달하기 시작하며 s다이오드가 다시 도통되어 콘덴서를 V_p까지 재충전시키게 되고 이 과정을 반복하여 거의 완전한 직류 전원이 된다. 순수한 직류 전원과 비교하면 콘덴서의 충·방전에 의한 작은 리플(직류 중에 함유된 맥동 분)전압이 존재한다. 이런 리플 전압은 적으면 좋은데 리플을 줄이기 위해서는 방전 시정수 τ를 증가시킨다. 이때 커패시터의 방전은 식 (1-8)처럼 시정수 τ를 갖고 지수 함수적으로 감소하게 된다.

$$v(t) = V_{\max} e^{-\frac{t}{\tau}} = V_{\max} e^{-\frac{t}{R_L C}} \qquad (1\text{-}8)$$

앞에서 설명한 콘덴서로만 구성되는 평활회로에서는 콘덴서 용량이 커지므로 다이오드 도통시에 큰 펄스 전류가 흘러 그것이 다이오드나 콘덴서의 열화 및 잡음 발생의 원인이 된다. 이것을 막기 위하여 실제로는 인덕턴스(쵸크)와 조합시킨 평활회로가 사용되는 경우가 많다. 그림 1-28에 실제로 사용되는 평활회로의 예를 나타내었다.

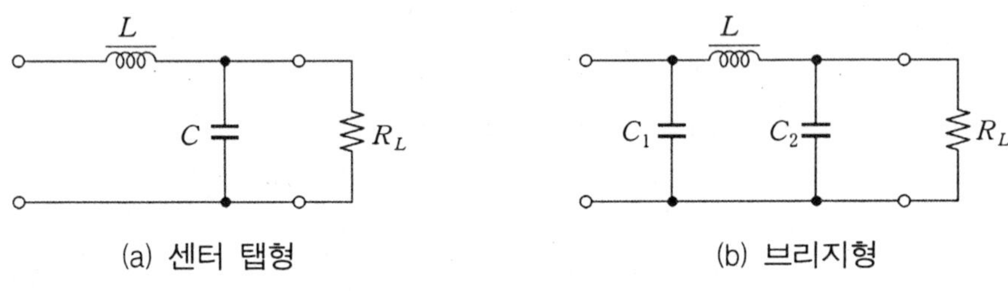

그림 1-28 평활회로의 구성

1.5 부울 대수와 논리 게이트

1.5.1 부울 대수

부울 대수(Boolean algebra)는 영국의 수학자 George Boole에 의하여 창시된 2的(two-valued) 대수체계(代數體系)로서 디지털회로 해석(analysis)의 수학적 수단을 제공한다. 보통의 대수나 기하학에서처럼 부울 대수는 일련의 공리(公理, aset of axioms)를 전제로 하며, 이것을 토대로 하여 새로운 정리(定理, theorem)를 유도하고 또 어떤 2차적 논리방정식(logic function)의 진위(眞僞)를 결정한다. 부울 대수는 논리함수(logic function)를 단순화하는데 유용하다. 어떤 수학체계에서 공리(公理)라 하는 것은 우리가 진(眞)이라고 가정하는 기본정의의 최소 집합이며 이것을 토대로 하여 그 수학체계의 다른 모든 정보가 유도될 수 있다.

(1) 부울 대수의 공리

(가) 교환법칙(commutative law)

① $A+B=B+A$

② $A \cdot B=B \cdot A$

(나) 결합법칙(associative law)

① $(A+B)+C=A+(B+C)$

② $(A \cdot B) \cdot C=A \cdot (B \cdot C)$

(다) 분배법칙(distributive law)

① $A \cdot (B+C)=(A \cdot B)+(A \cdot C)$

② $A+(B \cdot C)=(A+B) \cdot (A+C)$ 정리 좌변 전계 간소화

(라) 동일법칙(identity law)

① $A+A=A$

(증명) A가 1일 때 $1+1=1$, A가 0일때 $0+0=0$

② $A \cdot A=A$

(증명) A가 1일 때 $1 \cdot 1=1$, A가 0일때 $0 \cdot 0=0$

(마) 부정법칙(negation law)

① $A+\overline{A}=1$

(증명) A가 1일 때 $1+1=1+0=1$, A가 0일때 $0+0=0+1=1$

② $A \cdot \overline{A}=0$

(증명) A가 1일 때 $1 \cdot 1=1 \cdot 0=0$, A가 0일때 $0 \cdot 0=0 \cdot 1=0$

③ $\overline{\overline{A}}=A$

(증명) A가 1일 때 $\overline{\overline{1}}=\overline{0}=1$, $A=0$일 때 $\overline{\overline{0}}=\overline{1}=0$

(바) 흡수법칙

① $0+A=A$

(증명) $A=1$일 때 $0+1=1$, $A=0$일 때 $0+0=0$

② $1 \cdot A = A$

(증명) A=1일 때 $1 \cdot 1 = 1$, A=0일 때 $1 \cdot 0 = 0$

③ $1 + A = 1$

(증명) A=1일 때 $1 + 1 = 1$, A=0일 때 $1 + 0 = 1$

④ $0 \cdot A = 0$

(증명) A=1일 때 $0 \cdot 1 = 0$, A=0일 때 $0 \cdot 0 = 0$

(사) 드모르간 법칙(de morgan's law)

① $\overline{A+B} = \overline{A} \cdot \overline{B}$

(증명)

A	B	$\overline{A}$	$\overline{B}$	$A \cdot B$	$\overline{A+B}$	$\overline{A} \cdot \overline{B}$
0	0	1	1	0	1	1
0	1	1	0	1	0	0
1	0	0	1	1	0	0
1	1	0	0	1	0	0

② $\overline{A \cdot B} = \overline{A} + \overline{B}$

(증명)

A	B	$\overline{A}$	$\overline{B}$	$A \cdot B$	$\overline{A \cdot B}$	$\overline{A} + \overline{B}$
0	0	1	1	0	1	1
0	1	1	0	0	1	1
1	0	0	1	0	1	1
1	1	0	0	1	0	0

(아) 드모르간의 쌍대(duality)원리

① 모든 ·을 +로 바꾼다.(모든 AND연산은 OR연산으로 한다.)

② 모든 +을 ·로 바꾼다.(모든 OR연산은 AND연산으로 바꾼다.)

③ 모든 상수 1은 0으로 바꾼다.

④ 모든 상수 0은 1로 바꾼다.

⑤ 각 논리 변수는 그대로 한다.

$A+B = A \cdot B$ $\qquad$ $X = A \cdot B + A \cdot B$

$A \cdot B = A + B$ $\qquad$ $X = (A+B) \cdot (A+B)$

$0 + A = A$ $\qquad$ $A \cdot (A+B) = A$

$1 \cdot A = A$ $\qquad$ $A + A \cdot B = A$

(2) 우선순위

① 괄호 안의 논리식을 우선한다.

② 연산의 순서는 부정(NOT), 논리곱(AND), 논리합의 순서로 한다.

1.5.2 기본 논리

0과 1로서 나타내는 디지털 정보를 처리하는 회로를 2진 디지털 회로라 한다. 그런데, 이러한 회로의 동작 특성은 논리 대수(부울 대수)로 해석될 수 있다. 논리의 구성을 위해서는 논리의 기본이 되는 상태를 정의하여야 되는데, 논리상태 0과 1을 전압이라는 전기적 특성을 볼 때 이 중 전위가 높은 범위일 때를 논리 1로, 전위가 낮은 범위일 때를 논리 0으로 나타내며 이때를 **양논리**(positive logic)라 하고, 전위가 높은 범위일 때를 논리 0으로, 전위가 낮은 범위일 때를 논리 1로 나타내는 것을 **음논리**(negative logic)라 한다.

(1) 논리합(logical sum, OR)

OR게이트는 2개 이상의 입력과 하나의 출력을 갖는 논리 소자이다. 0 또는, 1을 갖는 논리 변수 A와 B가 있을 때, 두 변수의 논리합의 결과를 Y라 하면 다음과 같은 논리식으로 표현된다.

$$Y=A+B$$

여기서, 연산자 +는 일반 대수에서의 덧셈이 아니라 OR연산을 나타내며, 두 논리 변수의 값이 모두 0인 경우는 논리결과 값이 0이고, 두 변수의 값이 하나라도 1이면 논리결과 값이 1이 된다. 전기회로에서는 병렬회로로 설명된다.

그림 1-29의 (a)에서 보면 스위치 A, B가 동시에 열렸을 경우에만 램프에 불이 꺼지고 두 수위치중 하나라도 닫히면 램프에 불이 들어온다. 그림 (b)는 OR게이트의 논리기호 및 함수를 보여주고 있다.

논리 변수 A, B의 가능한 조합에 대한 OR연산의 결과치 Y를 나타낸 것을 진리표(truth table)라 하는데 표 1-2와 같다.

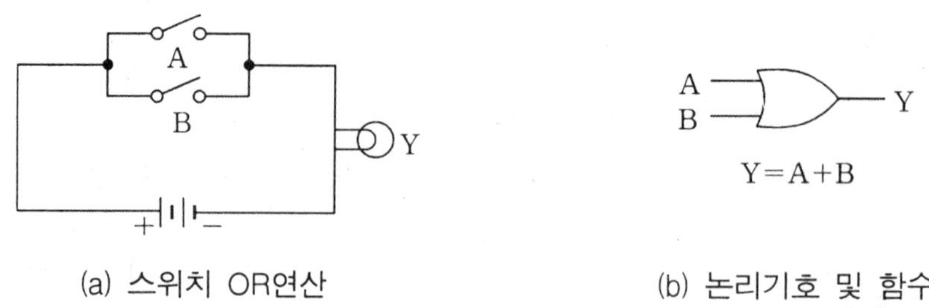

(a) 스위치 OR연산 (b) 논리기호 및 함수

그림 1-29 OR회로

(2) 논리곱(logical product, AND)

AND게이트는 2개 이상의 입력에서 입력 모두가 1일 때만 출력이 1이 되고, 입력 중에 하나라도 0이 입력되면 출력은 0이 된다. 그림 1-30의 (a)는 AND게이트의 스위치 연산회로를 나타내며, 그림 (b)는 논리기호 및 함수를 보여주고 있다.

두 변수 A, B의 논리곱의 표현은 Y=A · B이며, 진리표는 표 1-2와 같다.

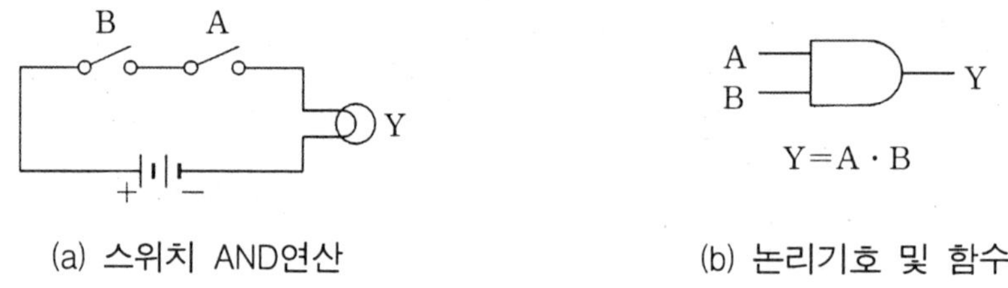

(a) 스위치 AND연산 (b) 논리기호 및 함수

그림 1-30 AND회로

(3) 논리부정(negation, NOT)

NOT게이트는 하나의 입력과 하나의 출력을 갖고 반전 또는 보수(complement) 기능을 수행한다. 즉 입력이 0이면 출력은 1, 입력이 1이면 출력은 0이 된다. 그림에서 논리기호의 삼각형은 버퍼(전력 증폭)를 의미하고, 조그만 원(bubble)은 논리 보수를 의미한다. 그림 1-31 (a)의 NOT연산을 수행하는 스위치 회로에서 A를 닫으면 램프 Y가 소등되고, 스위치 A를 열어 놓으면 램프 Y가 점등된다.

논리변수 A의 부정식의 표현은 Y=A이다. 논리부정의 진리표는 표 1-2와 같다.

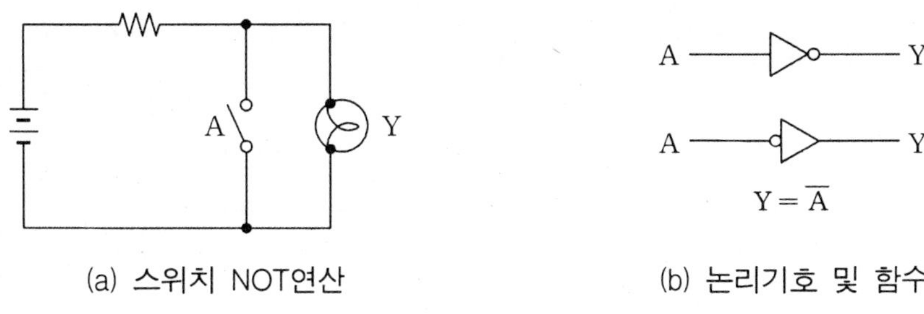

(a) 스위치 NOT연산 (b) 논리기호 및 함수

그림 1-31 NOT회로

1.5.3 논리 게이트

논리 게이트는 논리연산을 할 수 있도록 다이오드나 트랜지스터로 이루어진 전자회로이다. 표 1-2는 디지털 논리 게이트들의 명칭, 논리식 표현, 진리표 및 게이트 심벌을 나타낸 것으로, 게이트 중에는 서로 다른 게이트의 조합으로 임의의 기능을 가진 다른 게이트를 만들 수 있는데, 그 일례로서 NAND게이트는 AND게이트와 NOT게이트, NOR게이트는 OR게이트와 NOT게이트의 조합으로 만들 수 있다.

표 1-2 디지털 논리 게이트

명 칭	그림 기호	대수적 함수	진리표
AND	A, B — Y	Y=AB	A B Y 0 0 0 0 1 0 1 0 0 1 1 1
OR	A, B — Y	Y=A+B	A B Y 0 0 0 0 1 1 1 0 1 1 1 1

명 칭	그림 기호	대수적 함수	진리표
인버터	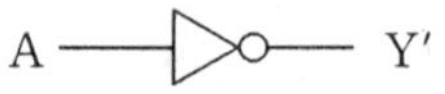 A → Y′	Y=A′	A Y 0 1 1 0
버 퍼	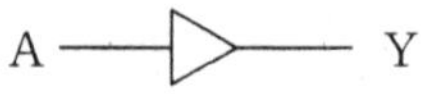 A → Y	Y=A	A Y 0 0 1 1
NAND (AND-NOT)	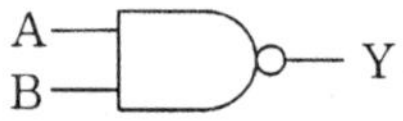 A, B → Y	Y=(AB)′	A B Y 0 0 1 0 1 1 1 0 1 1 1 0
NOR (OR-NOT)	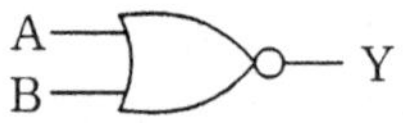 A, B → Y	Y=(A+B)′	A B Y 0 0 1 0 1 0 1 0 0 1 1 0
Exclusive-OR (EX-OR)	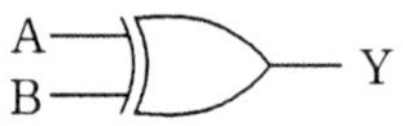 A, B → Y	Y=AB′+A′B =A⊕B	A B Y 0 0 0 0 1 1 1 0 1 1 1 0
Exclusive-NOR (EX-NOR)	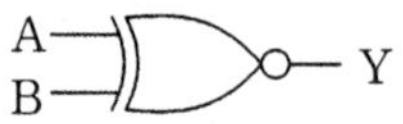 A, B → Y	Y=AB+A′B′ =A⊙B	A B Y 0 0 1 0 1 0 1 0 0 1 1 1

연 습 문 제

1. PN접합인 다이오드(diode)의 순방향특성에서 실리콘 다이오드의 브레이크오버 전압은 약 몇[V]인가?

㉮ 0.2　　㉯ 0.4　　㉰ 0.7　　㉱ 1.0

2. N형 반도체를 만들기 위해 Ge 또는 Si에 다음 중 어떤 물질을 첨가하는가?

㉮ 인듐(In)　　㉯ 붕소(B)　　㉰ 갈륨(Ga)　　㉱ 안티몬(Sb)

3. 반도체 재료 중 최대허용 동작 접합 온도가 가장 높은 것은 어느 것인가?

㉮ Ge　　㉯ Si　　㉰ Pb　　㉱ Al

4. 다이오드를 사용한 정류회로에서 다이오드를 여러개 직렬로 연결하면 어떻게 되는가?

㉮ 많은 전력을 공급받을 수 있다.

㉯ 부하출력의 맥동률을 감소시킬 수 있다.

㉰ 다이오드를 과전압으로 부터 보호할 수 있다.

㉱ 다이오드를 고전류로 부터 보호할 수 있다.

5. PN접합 다이오드의 열평형 상태에서 전기장이 가장 강한 곳은 다음 중 어느 것인가?

㉮ N형 중성영역　　㉯ 금속학적 경계면

㉰ P형 중성영역　　㉱ 공핍층

6. 입력이 모두 1(low)일 때만 출력이 1(high)로 나오는 게이트는?

㉮ AND　　㉯ NAND　　㉰ OR　　㉱ NOR

7. 입력이 모두 0(low)일 때만 출력이 1(high)로 나오는 게이트는?

㉮ AND　　㉯ NAND　　㉰ NOR　　㉱ Ex-OR

광전 소자

빛을 검출하는 역사는 매우 오래되었다. 이것은 빛으로부터 많은 신호와 정보를 얻을 수 있을 뿐 아니라 빛이 우리 일상생활과 매우 밀접한 관계를 갖고 있기 때문이다. 또한 빛을 이용한 검출은 비접촉으로 할 수 있고 빛 에너지를 전기 에너지, 전기 에너지를 빛 에너지로 변환이 용이한 장점이 있다. 그러므로 광 검출은 매우 중요하고 많은 분야에서 응용되고 있다. 먼저 광센서를 이해하기 위해서 필요한 빛의 기본적 성질과 효과는 다음과 같다.

2.1 광전 소자의 개요

빛이 파동인가 입자인가 하는 논란은 역사적으로 끊임없이 계속되어 왔다. 입자성이란 하나의 물질로서 다른 물질에 충돌하면 충돌된 물질을 움직이게 하는 운동에너지라는 것을 갖고 있다는 것이고, 파동성이란 빛의 에너지가 마치 물결처럼 일정한 굴곡을 형성하고 있어서 그 파장으로 인해서 여러 가지 색깔을 나타내고 있는 것이다. 17세기 당시 빛의 입자설과 파동설이 대립하였으나, 18세기 뉴톤(Isaac Newton, 1642~1727)을 거치면서 입자론이 굳어졌다. 그러나 19세기 들어와 1801년 토마스 영(Tomas Young, 1773~1829)의 이중 슬릿 실험을 통해 파동설이 다시 부각되었으며, 프레넬(Augustin Jean Fresnel, 1788~1827)의 '빛의 파동이론' 등에 의해 파동설이 자리를 잡게 되었다. 또한 맥스웰(James Clerk Maxwell 1831~1879)은 1873년 '전자기파' 가설을 내세우며, 빛과 전자기파는 본질적으로 같은 것이라고 주장하였다. 그러나 20세기에 들어서 막스 플랑크(Max

Karl Ludwig Planck, 1858~1947)의 양자가설, 아인슈타인(Albert Einstein, 1879~1955)의 광전효과 실험, 콤프턴(Arthur Holly Compton, 1892~1962)의 X선 산란 실험 등은 빛의 입자성을 또 다시 증명해 주었다. 이후 빛의 파동과 입자라는 이중성은 양자역학을 통해 모순 없이 이해될 수 있었으며, 이에 따라 현대 물리학에서는 빛의 성질을 입자성과 파동성을 동시에 지녔다고 정의한다.

2.1.1 회절현상

좁은 간극(슬릿)을 통과시켜서 가느다란 빔 모양으로 만든 광을 결정면에 충돌시키면, 결정 내의 원자에 의하여 산란된 광선이 서로 겹쳐서 특정 방향으로 강하게 간섭하여 결정판 뒤에 놓은 필름 위에 규칙적으로 늘어선 많은 반점의 상(라우에점무늬)이 찍힌다. 이것은 결정 내에서는 원자가 광의 파장과 거의 같은 정도의 거리를 두고 규칙적으로 배열되어 광에 대하여 회절격자(回折格子)와 같은 작용을 하기 때문에 일어나는 현상이다. 이것에 의하여 광은 입자선(粒子線)이 아닌 전자기파라는 것이다. 그리고 결정의 규칙적인 외형이 그 내부의 원자배열의 규칙성의 반영에 불과하다는 것이 알려졌다. 1913년 브래그 부자는 단색 X선을 사용했을 때의 회절조건(브래그조건)을 유도해내고, 점무늬의 배치에서 결정구조를 추정하는 방법을 확립했으며, 그 이후 결정 연구에 X선을 쓰는 X선결정학이라는 분야가 생겼다. 현재는 P.J.W.디바이와 P.셰러에 의해 고안된 방법에 의하여 분말상의 시료(試料)라도 X선에 의한 해석을 할 수 있으며, 그 결과 금속을 비롯하여 많은 물질의 내부구조에 대하여 귀중한 지식을 얻게 되었다. 그림 2-1과 같이 다수의 빛을 반사하는 면 1, 2, 3…이 서로 d간격으로 평행하게 있을 때, θ의 각도로 입사한 파장 λ의 평행 광선은 θ가 Bragg완전 반사조건(Bragg diffraction)을 만족하는 경우에 가장 강하게 반사하고 밝은 간섭 광을 나타낸다.

$$2d\sin\theta = n\lambda (n=1, 2, 3\cdots) \qquad (2\text{-}1)$$

이 원인은 그림 2-1과 같은 면 “1”에서의 반사광과 면 “2”에서의 반사광에 대한 통로차 $2d\sin\theta$가 파장 λ의 정수배인 경우에 양쪽의 반사광의 위상이 동일하게 되어 서로 강하게 작용하기 때문이다. 그 밖에도 슬릿의 뒤쪽에 일어나는 회절현상이나 기름의 막 면에 볼 수 있는 간섭 등은 광의 파동성을 나타내는 현상이다. 이와 같이 위상이든지 간섭의 설명을 위해서는 광은 파동이어야 한다.

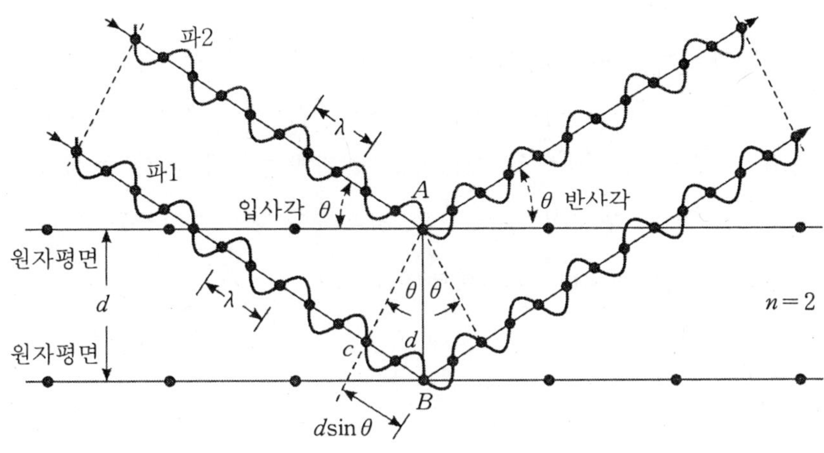

그림 2-1 Bragg의 반사조건

2.1.2 광전효과

광전효과로 빛의 입자성을 설명할 수 있다. 광전효과는 금속 또는 반도체를 진공 속에 봉입하고 광선을 비치면 그 표면에서 전자가 방출되는 현상이다. 입사 광선의 에너지가 전자를 속박하고 있는 퍼텐셜 에너지보다 클 때 전자는 충분히 운동 에너지가 증가하여 물질 밖으로 방출되는 외부 광전효과와 물질 내에 머물러 물질의 전기적 성질이 변하는 내부 광전효과가 있다. 한편, 금속 표면에 광을 조사하여 외부로 광전자를 방출하는 외부 광전효과(external photo-electric effect)의 실험에서는 금속 표면에 의하여 결정되는 한계진동수 v_0이하의 진동수를 갖는 광에서는 광전자가 방출되지 않는다. 이와 같은 한계 주파수의 존재는 광의 파동설로는 설명되지 않는다. 이 모순을 해결하기 위하여 아인슈타인은 광양자설을 제안했다. 광은 파장 λ, 진동수 v를 갖는 광은 에너지 $\varepsilon = hv$, 운동량 $p = h/\lambda$의 입자, 즉, 광자(photon)의 집합이다. 따라서, 외부 광전효과에서는 그림 2-2와 같이 광전 전극에 일함수 ϕ의 포텐셜 well에 의해 포획되어 있는 전자가 에너지 h_v을 갖는 1개의 광자와 충돌해 그 에너지를 흡수하여 potential ϕ를 뛰어넘어 외부로 전자를 방출하기 위한 조건은

$$h_v \geq e\phi = h_v \quad h_0 \geq v_0 \tag{2-2}$$

이 된다.

이상으로부터 광에는 파동성과 입자성이라 하는 모순된 두 가지의 성격이 있다. 이 두 가지 성격을 통일하기 위해 다음과 같이 생각한다. 광은 광자(photon)의 집단으로 광자의 존재확률을 맥스웰(Maxwell) 전자방정식에 의한 전계 E 등의 파동으로 표시할 수 있다. 광자의 밀도 n은 전자파의 에너지 밀도 $\varepsilon_0 E^2$을 광자 1개의 에너지 h_v로 나눈 것이다. 이것으로부터

$$n = \frac{\varepsilon_0 E^2}{h_v} \tag{2-3}$$

과 같이 전계의 2승에 비례한다.

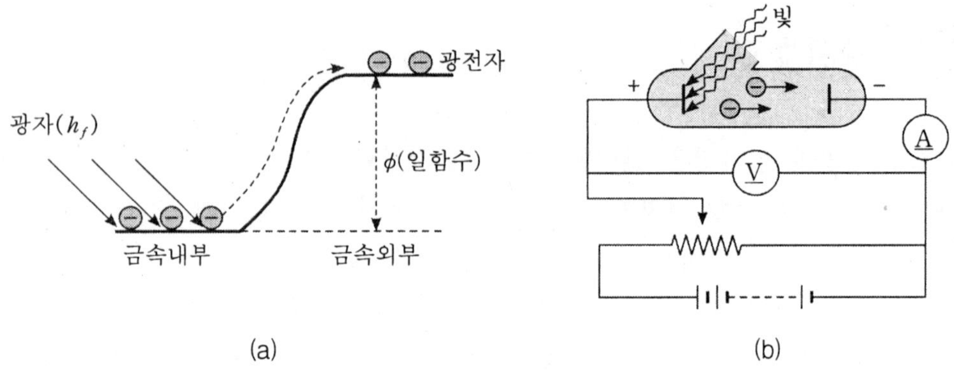

그림 2-2 광전효과

이와 같이 파동으로 되어진 광(전자파)에서도 입자성이 나타나므로 입자인 전자, 양자, 중성자 등의 소립자(素粒子)에서도 파동성이 있는 것으로 유추할 수 있다. 드브로이(De Broglie)에 의하면 물질 입자에는 물질파(material wave)라고 하는 파동 Ψ가 존재하고 에너지 E와 운동량 $P = mv$의 물질입자에 대한 물질파의 파장 λ와 진동수 v는 아인슈타인의 광자인 경우와 같이

$$E = h_v = h(c/\lambda) \quad P = h/\lambda \tag{2-4}$$

의 드브로이 관계식은 광의 입자성과 결부시키고 있다. 그림 2-3은 파장과 광자 에너지와의 관계를 나타내었다.

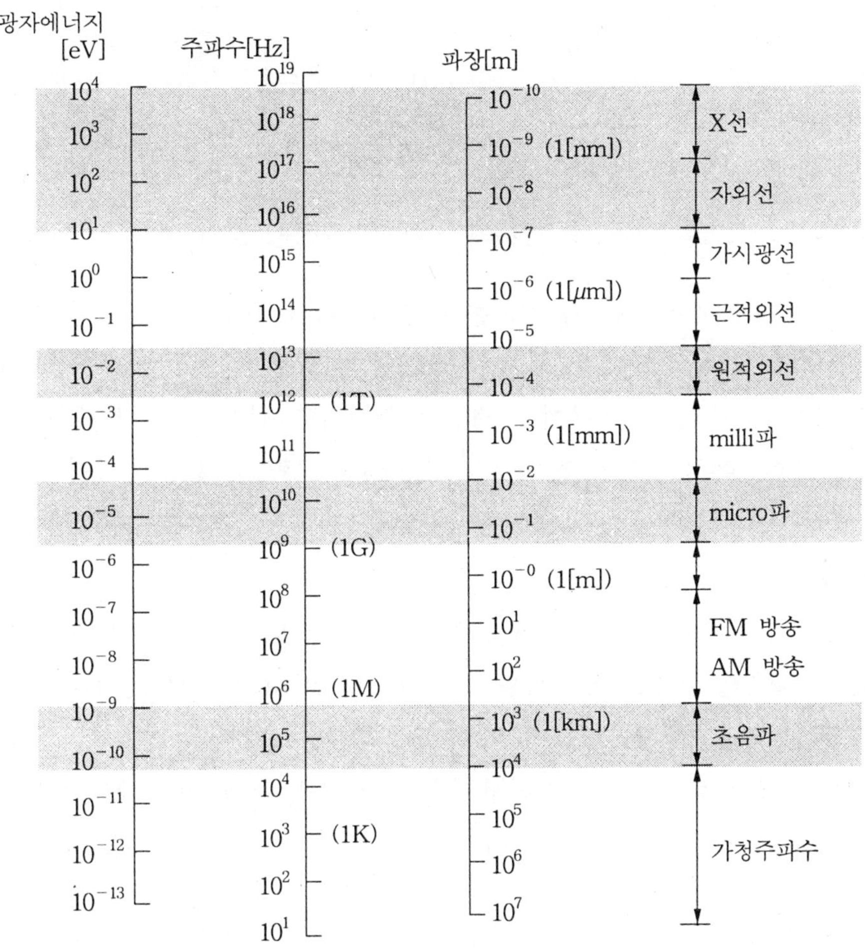

그림 2-3 전자파의 파장에 따른 광자 에너지와 주파수의 관계

2.1.3 광도전 효과

그림 2-4의 (a)와 같이 반도체에 광이 조사되면 광자는 공유결합의 전자와 충돌하여 자유롭게 이동할 수 있는 전도전자가 발생한다. 또 자유전자로 떨어져 나간 곳에는 정공이 생성되어 결국 한 개의 광자로 전자와 정공쌍(electorn-hole pair)을 발생하게 된다.

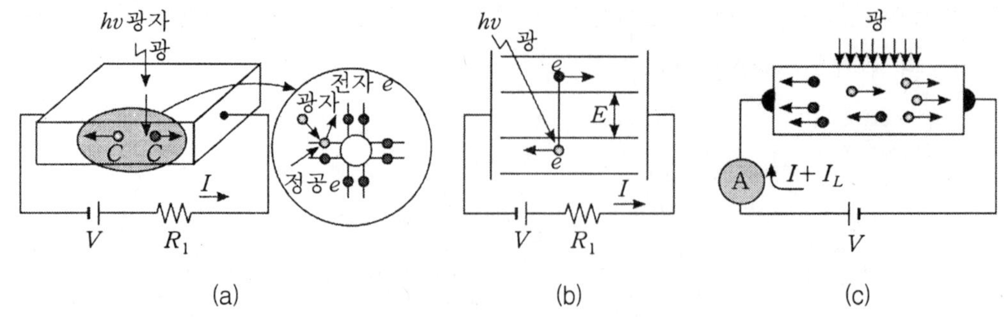

그림 2-4 광 조사에 의한 전자-정공 쌍의 생성

그림 (b)에서와 같이 광자가 전자를 가전자대에서 전도대로 이동하는데 필요한 에너지 이상의 값이 되면 전도대에 전도전자가 가전자대에 정공이 생기게 된다. 따라서 그림 (b)와 같이 외부에서 전압을 인가하면 전자는 (+)전극쪽으로, 정공은 (−)전극쪽으로 이동하여 전류 I가 형성된다. 그림 (c)에서는 빛에너지에 의한 광전류 I_L과 열에너지에 의해 흐르는 전류의 합이 전체전류로 되고 있음을 나타내고 있다.

이와 같이 이 광을 조사하면 반도체에 캐리어가 발생하여 그 도전율이 변화하는 현상을 **광도전 효과**(光導電效果 : photoconductive effect)라 하며, 이 효과를 이용한 광전변환소자를 **광도전 셀**(photoconductive cell)이라 한다.

이 광도전 효과가 발생하기 위해서는 광의 전자에너지와 반도체의 금지대폭 E_g와의 사이에 다음 관계가 만족해야만 한다.

$$E = h\frac{c}{\lambda} \geq E_g \tag{2-5}$$

위의 식을 변형하여 λ에 관하여 정리하면

$$\lambda \leq \frac{hc}{E_g} = \frac{1.24}{E_g[\mathrm{eV}]}[\mu\mathrm{m}] \tag{2-6}$$

으로 되며, 이를 흡수파장(吸收波長)이라 하고 일반적으로 λ_c로 표현한다.

이 파장보다 짧은 광은 전자−정공 쌍을 생성시킬 수 있으므로 광자에너지는 그것에 소모되어 결국 광이 흡수되는 것이다.

한편, λ_c보다 긴 파장의 광은 전자-정공쌍을 생성시킬 수 없으므로 흡수되지 못하고 투과하게 된다. 그림 2-5에서 몇 가지 반도체 재료에 대한 파장 λ의 특성을 나타내었다. 그림의 종축의 흡수계수(吸收係數 ; absorption coefficient) α는 광의 감쇄정수로서 이 계수를 이용하여 재료 내에서 광의 감쇄를 그 광의 진행거리 z에 의존한 $\exp(-\alpha z)$의 관계로 나타낸다. 실리콘(Si) 단결정의 λ_c는 $E_g=1.12$[eV]를 식 (2-6)에 대입하여 구하면 1.11[μm]이다. 그림에서 이 파장보다 짧은 파장영역에서 흡수계수가 증대하고 있음을 알 수 있다.

결국 가시광선($\lambda=400\sim800$[nm])은 실리콘(Si) 단결정에 흡수되어 1.11[μm]보다 파장이 긴 적외선은 투과하게 된다. 사람의 눈은 가시광선에는 감지할 수 있으나, 적외선 영역에는 감지할 수 없으므로 실리콘(Si) 단결정은 인간의 눈에는 불투명하고 적외선 영역에서는 투명하게 된다.

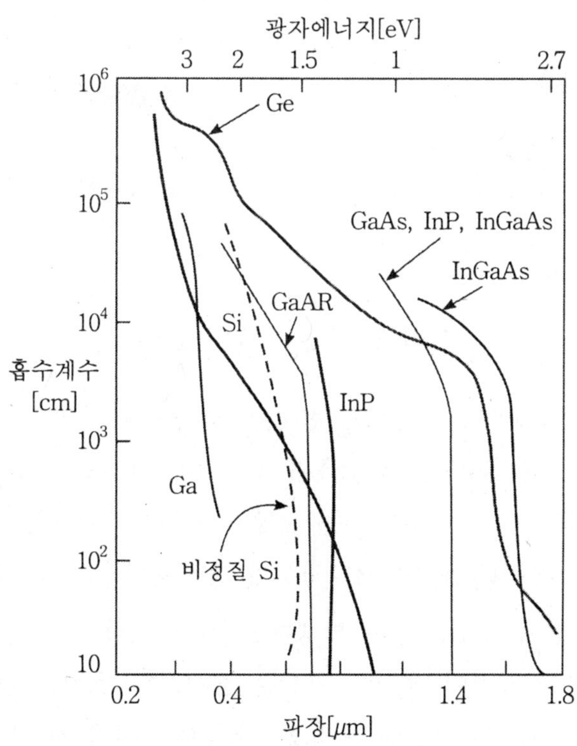

그림 2-5 광자 에너지와 파장에 따른 흡수계수

2.1.4 광기전력 효과

그림 2-6의 (a)에서와 같은 PN 접합 반도체에 흡수파장보다 짧은 파장의 광을 조사하면, 그림 (b)와 같이 우측으로 갈수록 광 감도는 감소한다. PN 접합 후에는 그림 (c)와 같이 확산전위차가 발생한다. 따라서, 광 조사에 의해 발생한 전자-정공 쌍은 광을 조사한 순간은 그림 (c)와 같지만, 그 직후 접합 우측의 전자는 드리프트(drift) 현상에 의해 전도대 언덕을 내려와 좌측의 N형 영역으로 이동한다.

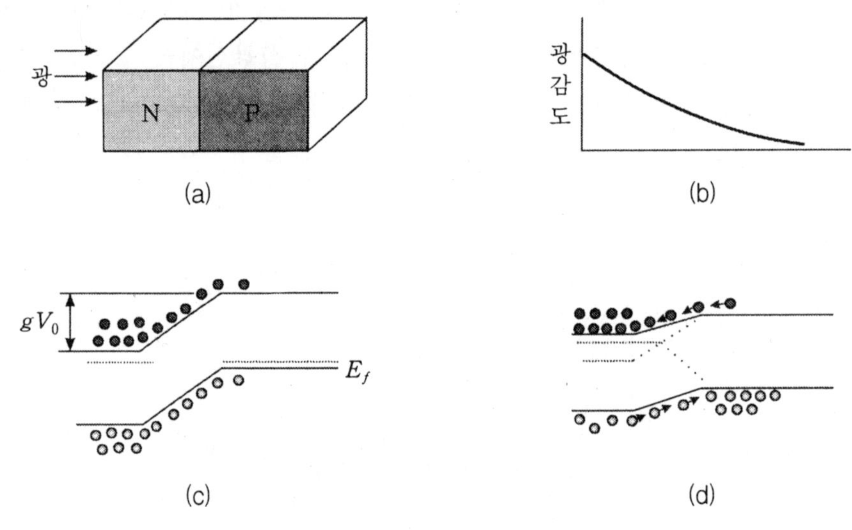

그림 2-6 광기전력 효과

마찬가지로 좌측의 정공도 드리프트 현상에 의해 P형 영역으로 이동한다. 이 결과 N측 영역의 정(+)의 전하량 및 P측의 부(−)의 전하량이 감소하여 결국 전도대의 바닥이 상승하여 그림 (d)와 같은 상황이 된다. 이 상태는 PN 접합 다이오드에 순 바이어스 전압 V_D를 인가한 경우와 유사하다. 즉, V_D라 하는 기전력이 P측을 정(+), N측을 부(−)로 하여 발생하는 것이 된다. 이와 같이 PN 접합 부근에 광을 조사하면 기전력이 생기는 현상을 **광기전력 효과**(光起電力效果 ; photo-voltaic effect)라 하고, 이 효과를 이용한 대표적 소자로 태양전지, 포토 다이오드 및 포토 트랜지스터가 있다.

2.2 광전 소자의 종류와 특성

2.2.1 적외선 센서 소자

적외선은 파장이 가시광보다 길고 전파보다 짧은 전자파의 일종으로 물체가 방사하고 있는 각종 적외선(온도)을 검출하는 장치를 적외선 센서라 한다. 적외선 센서는 동작 원리에 따라 크게 열형, 광자형으로 분류한다.

(1) 열형 소자

적외선을 일단 열로 변환하고 저항 변화나 기전력 등의 형태로 출력을 꺼내는 형태이다.

(2) 광자형 소자

반도체의 이동간 에너지 흡수차를 이용한 광전도 효과 등에 의한 광기전 효과를 이용한 것이다.

광자형은 입사된 적외선에 의해 유기된 광자(photon)를 검출하는 것으로 일반적으로 InSb, MCT(HgCdTe), InAs, PbS 등의 반도체 재료가 많이 사용되고 있다. 광자형은 이론에 가까운 감도와 빠른 응답속도 그리고 반도체 제조기술을 적용할 수 있는 장점을 가지고 있지만 소자가 충분한 감도를 가지기 위해서는 극저온의 냉각이 필수적이다. 또한 파장에 따라 감도가 변화는 문제가 있기 때문에 우수한 성능에도 불구하고 널리 사용되지 않고 있다. 이에 반해 열형 적외선 센서는 적외선이 가지고 있는 열 효과에 의해 소자의 온도가 변화면서 일어나는 저항의 변화를 이용한 볼로미터형(bolometer)과 기전력의 변화를 이용한 열전대(thermopile) 그리고 분극(dipole)의 변화를 이용한 초전형(pyroelectric)으로 나눌 수 있다. 열형 적외선 센서는 광자형에 비해 감도가 떨어지고 응답속도가 대단히 느리지만 상온에서 동작하므로 극저온의 냉각이 필요 없으며 파장 의존성이 없는 이점 때문에 많은 연구가 진행되고 있다. 한편, 초전형 적외선 센서는 온도변화에 의한 유전체의 분극(dipole)의 변화로 비교적 빠른 응답속도와 개선된 감도 및 광 응답성 때문에 단소자뿐만 아니라, 어레이 형태의 센서로의 개발이 활발하여 비냉각열

영상기로의 개발이 활발히 진행되고 있다. 이미 미국의 TI사와 영국의 GEC사에서는 세라믹 (Ba, Sr)TiO_3와 Pb(Sc, Ta)O_3를 이용한 성능이 개선된 초전형 열영상 검지기를 개발하여 발표한 바 있다.

2.2.2 태양 전지

태양 전지는 접합 양단에 직접적인 전압공급 없이 PN 접합 소자의 특성을 나타내는 것으로 광 전력을 기전력으로 변환하여 부하에 전달하는 것이다.

이 태양 전지는 우주선 및 계산기 등의 전력공급에 오랫동안 사용되어 오고 있으며 앞으로 대체 에너지 자원으로 크게 발전시켜야 할 것이다. 그림 2-7에서는 저항성 부하를 갖는 PN 접합 태양전지를 보여 주고 있다.

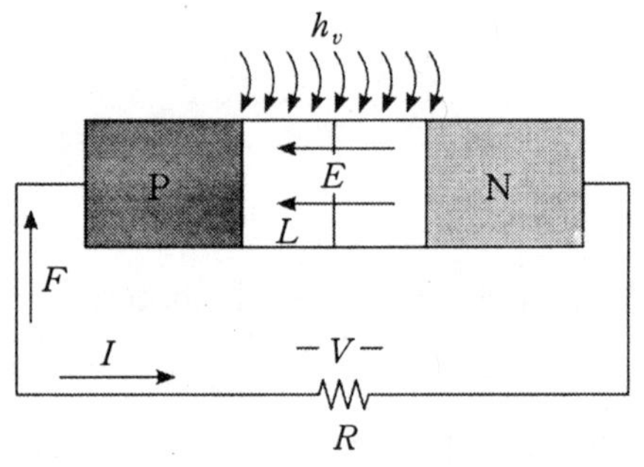

그림 2-7 PN 접합 태양 전지

접합 양단에 광을 비추어 주면 바이어스 전압이 공급되지 않더라도 공간전하영역에 전계가 존재하게 된다. 이것은 입사광 조사가 공간전하영역에서 전자-정공쌍(electron hole pair)이 생성되어 그림 2-7에서와 같이 역 바이어스 방향으로 광전류 I_L이 흐르게 된다.

이 광전류가 저항성 부하 양단에 순방향 전압강하를 만들어 낸다. 순방향 전압은 순방향 전류 I_F를 만든다.

따라서, 역 바이어스 방향에서의 PN 접합전류 I는

$$I = I_L - I_F = I_L - I_S\left[\exp\left(\frac{eV}{kT}\right) - 1\right] \tag{2-7}$$

이며, 이상적인 다이오드 방정식을 포함한 전류식이 되었다. 다이오드가 순 바이어스가 될 때 공간전하영역의 전계는 감소하지만, 0으로 되거나 방향을 바꾸지는 않는다.

태양전지에서 2가지 제한적인 경우가 있다. 첫째는 $V=0$이 되도록 $R=0$의 단락회로조건이 그것이다. 이 경우에 흐르는 전류를 단락회로전류(short circuit current)라 하며, 다음과 같다.

$$I = I_{sc} = I_L \tag{2-8}$$

두 번째 제한적인 경우는 개방회로(open circuit)조건으로 $R \to \infty$일 때 발생한다. 순수전류는 0이며, 이때 생성된 전압은 개방회로전압(open-circuit voltage)이라 한다. 광전류는 순 바이어스 접합전류와 균형을 이루게 된다.

$$I = 0 = I_L - I_S\left[\exp\frac{eV_{oc}}{kT} - 1\right] \tag{2-9}$$

여기서, 개방회로전압 V_{oc}는

$$V_{oc} = \frac{kT}{e}\ln\left(1 + \frac{I_L}{I_S}\right) \tag{2-10}$$

이다. 식 (2-7)에서 다이오드 전류 I와 전압 V와의 관계를 그림 2-8에 나타내었다. 그림 2-8에서 개방회로전압과 단락회로전류값을 알 수 있다.

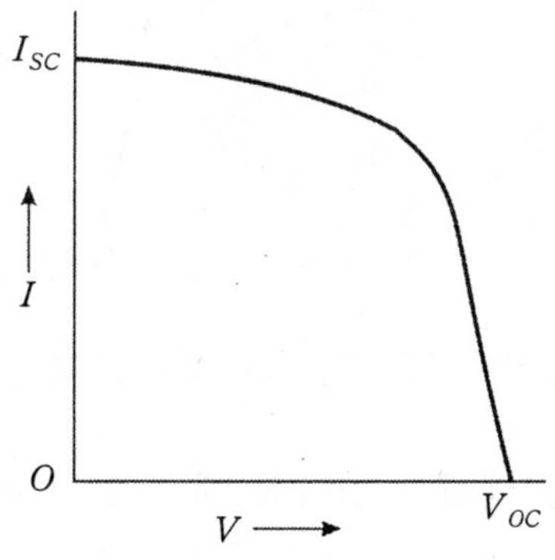

그림 2-8 PN 접합 태양 전지의 전압-전류 특성

부하에 전달된 전력 P는

$$P = IV = I_L V - I_S\left[\exp\left(\frac{eV}{kT}\right) - 1\right]V \qquad (2\text{-}11)$$

이고, 부하에 전달되는 최대값을 알기 위해서는 그 도함수 $dP/dV = 0$으로 놓으면 되므로, 식 (2-11)을 이용하여

$$\frac{dP}{dV} = 0 = I_L - I_S\left[\exp\left(\frac{eV_{\max}}{kT}\right) - 1\right] - I_S V_{\max}\left(\frac{e}{kT}\right)\exp\left(\frac{eV_{\max}}{kT}\right) \qquad (2\text{-}12)$$

으로 구할 수 있다. 여기서, $V_{\max}$는 최대전력을 만들어 내는 전압이다.

식 (2-12)를 다음과 같이 다시 나타낼 수 있다.

$$\left(1 + \frac{eV_{\max}}{kT}\right)\exp\left(\frac{eV_{\max}}{kT}\right) = 1 + \frac{I_L}{I_S} \qquad (2\text{-}13)$$

그림 2-9에서는 최대전력 면적을 보여 주고 있는데, 여기서 I_m은 $V = V_{\max}$일 때의 전류이다.

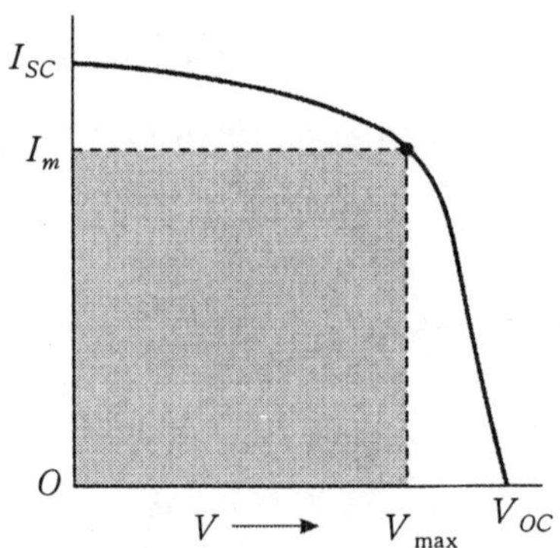

그림 2-9 태양 전지의 최대전력 면적

태양 전지의 변환효율 η는 입사광 전력에 대한 출력전력의 비로 정의된다.

$$\eta = \frac{P_m}{P_{in}} \times 100[\%] = \frac{I_m V_{\max}}{P_{in}} \times 100[\%] \tag{2-14}$$

태양전지에서 최대가능전류와 가능전압은 I_{sc}, V_{oc}이다.

$I_m V_{\max} / I_{sc} V_{oc}$를 Fill 계수(fill factor)라 하며, 보통 0.7~0.8 사이의 값을 갖는다. 태양전지가 광에 노출될 때 E_g 이하의 에너지를 갖는 광자(photon)는 출력전력에 영향을 미치지 못하나, E_g 이상의 에너지를 갖는 광자는 출력전력에 기여할 수 있을 것이다. 실리콘 PN 접합 태양전지의 최대효율은 거의 28[%]에 접근하고 있다. 태양광을 태양전지에 응집시키기 위하여 대형광학렌즈를 사용한다.

단락회로전류는 광 응집력(light concentration)에 비례하여 증가하지만, 개방회로전압은 근소한 크기로 증가한다. 그림 2-10에서는 태양 응집력의 두 값에 대한 300K에서의 이상적인 효율 예를 나타내었다.

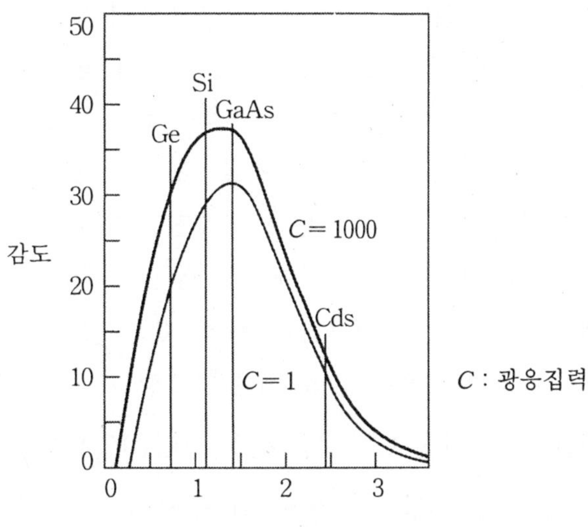

그림 2-10 태양전지 효율

2.2.3 포토 다이오드

그림 2-11에 실제구조와 가까운 포토 다이오드 구조를 나타내었다.

기본적으로 포토 다이오드는 PN 접합구조와 같으며, 이 PN 접합에 역 바이어스를 인가하고, 역 바이어스를 점점 증가시키면 공핍층이 넓게 되어 그림 (b)와 같이 에너지대는 강하게 구부러진다.

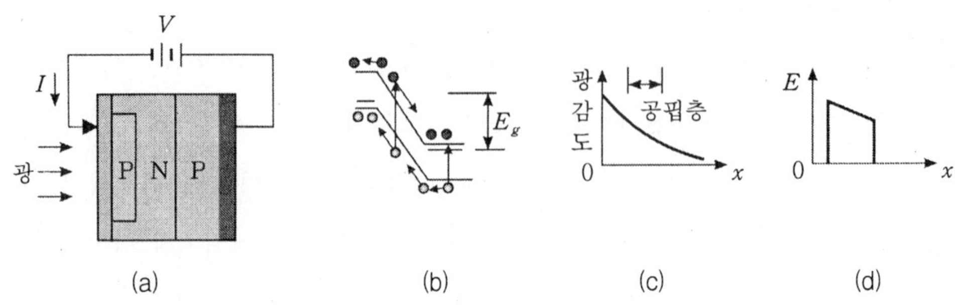

그림 2-11 포토 다이오드의 구조와 특성

P측 영역에서 광을 조사하면 P층에서 N^+층으로 이동하여 전자－정공쌍이 생성된다. 공핍층 내에서 생성된 전자, 정공은 공핍층 내의 전계에 의해 N^+층 및 P층으로 향하여 각각 드리프트 한다. 또, N^+층 및 P층에서 발생한 정공과 전자는 접합으로 향하여 확산으로 이동한 후, 공핍층으로 들어가 공핍층 내의 전계에 의하여 드리프트 한다. 따라서, 외부에 전류가 흐른다. 그림 2-12에 이 다이오드의 역방향 특성을 나타냈다. 그림 (a)의 특성은 광을 비추기 전이고, 상온에서 생긴 소수 캐리어의 전자, 정공에 의한 특성 역방향 포화전류를 나타내며, 그 값은 작다.

그림 (b)의 특성은 광을 비춘 후의 전류로서 상온 이외의 광에 의하여 생성된 전자-정공쌍이 가해져 큰 역방향 전류가 흐르고 있는 것을 나타내고 있다. 실제 부하저항 R_L이 있는 경우의 부하선(load line)은 그림 2-12와 같다.

광 조사 전은 A점에서의 다이오드 전류(I_A), 전압(V_A)이고, 광 조사 후는 B점에서의 다이오드 전류(I_B), 전압(V_B)으로 된다. 이것은 광 조사에 의하여 전류 i_P의 크기가 I_A에서 I_B로 증가하는 것을 의미한다. 이 전류는 광 강도의 증가에 비례하여 증가하기 때문에 직선성이 좋은 광 검출기가 얻어질 수 있다.

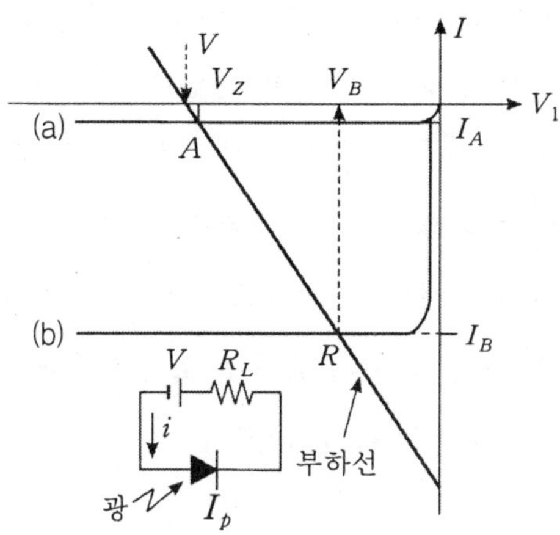

그림 2-12 포토 다이오드의 전압-전류

2.2.4 포토 트랜지스터

PNP 포토 트랜지스터는 보통 트랜지스터의 베이스 전극을 부착하지 않고, 이미터-컬렉터의 두 단자로 한 것이다. 그림 2-13의 (a)에서와 같이 전압을 가하면 컬렉터 접합에 역방향 전압이 인가된다. 베이스 영역에 광을 쪼이면 발생한 정공은 좌우로 이동하지만, 전자는 그림 (b)와 같은 모양으로 된다.

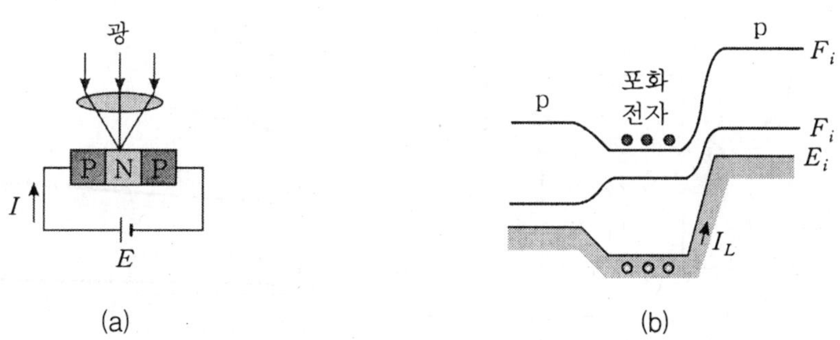

그림 2-13 포토 트랜지스터의 구조와 에너지대

이 때문에 베이스가 부(−)전위로 되어 이미터에서는 정공의 흐름이 많아지게 된다. 이것이 베이스를 통하여 컬렉터에 도달함으로써 외부전류를 형성하게 된다.

광의 작용은 베이스 전위를 변화시키는 것이고, 광으로 발생한 캐리어 그 자체가 광전류로 되는 것은 아니다. 광은 전류를 제어하는 작용을 하므로 감도는 대단히 좋다. 베이스에서 발생한 정공은 인가한 전압에 의하여 주로 컬렉터로 흐른다. 이 크기를 I_L이라 하면 이는 광의 크기에 비례하여 외부회로에 흐른다.

전류 I를 트랜지스터의 전류로 하여 계산하는 경우 I_L은 암전류(暗電流 ; dark current) I_{CBO}와 같은 성질의 것으로 보아도 좋다. 이제 광을 조사하면 암전류 I_{CBO}와 광조사에 의한 전류 I_L의 합 $I_{CBO}+I_L$로 된다. 베이스 접지, 이미터 접지의 전류증폭률을 α, β라고 하면 그림 2-14에서

$$I=(1+\beta)(I_{CBO}+I_L)=\frac{1}{1-\alpha}(I_{CBO}+I_L) \tag{2-15}$$

로 된다. I_L은 PN 접합 포토다이오드의 전류와 같은 정도의 크기이므로 전류감도는 대단히 크다.

그림 2-13의 (a)와 같이 렌즈를 집광한 광전류의 특성을 그림 2-15에 나타내었다. PN 접합보다 감도는 좋지만 암전류(暗電流)는 많다. 또, 이미터 접지 트랜지스터인 경우는 그림 2-15와 같이 V_{CE}의 크기에 의하여 감도가 변화하는 단점이 있다.

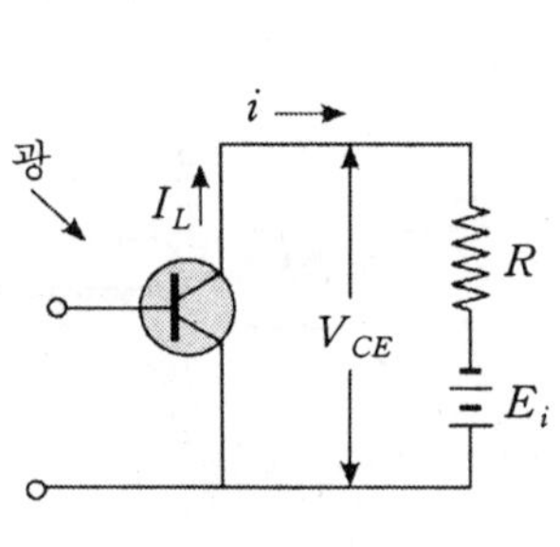

그림 2-14 포토 트랜지스터의 응용 회로

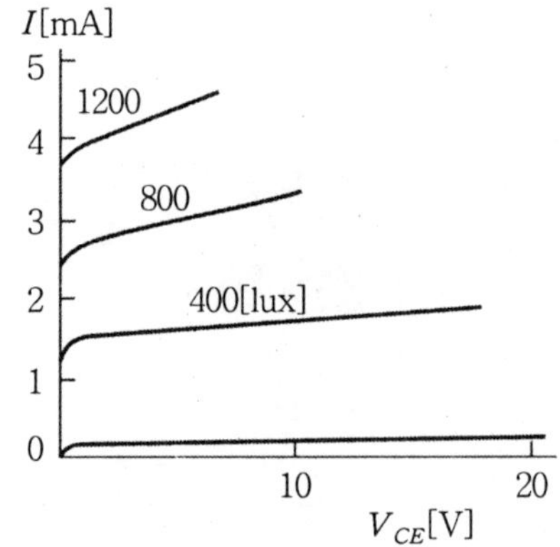

그림 2-15 그림 2-14의 전압-전류 특성

연 습 문 제

1. cdS는 무엇의 변화를 저항값으로 변화하는 소자인가?

㉮ 각도 ㉯ 온도 ㉰ 열 ㉱ 빛

2. 더미스터(Thermistor)의 특성을 잘 설명한 것은 어느 것인가?

㉮ 빛이 강하면 전압감소 ㉯ 온도가 상승하면 저항값 상승

㉰ 온도가 상승하면 저항값 감소 ㉱ 빛이 감하면 전압증가

3. 다음 중 3단자 다이리스터가 아닌 것은 다음 중 어느 것인가?

㉮ GTO ㉯ LASCR ㉰ SCR ㉱ SCS

4. 다음 중 포토커플러(Photo coupler)소자와 용도가 유사한 것은 다음 중 어느 것인가?

㉮ 펄스 변압기 ㉯ 더미스터 ㉰ LASCR ㉱ GTO

5. 감광 다이리스터(LASCR)는 무엇에 의해 트리거 시키는가?

㉮ 열 ㉯ 압력 ㉰ 빛 ㉱ 온도

6. 광(光)다이리스터를 트리거하는데 적합한 파장은 몇 [μm]인가?

㉮ 0.55 ㉯ 0.9 ㉰ 1.15 ㉱ 2.0

7. LASCR을 트리거하는 실제의 광 단위는 어느 것이 사용되는가?

㉮ [W] ㉯ [mW] ㉰ [mW/cm^2] ㉱ [W/m^2]

8. 광 결합기에 사용되는 출력소자가 아닌 것은 다음 중 어느 것인가?

㉮ Photo Transistor ㉯ LED

㉰ LASCR ㉱ Photo DLAC

9. 감광 다이리스터(LASCR)의 이용이 아닌 것은 다음 중 어느 것인가?

㉮ 대전력 SCR 트리거 ㉯ 로직 및 원 쇼트 회로

㉰ 종속전자 플래시 ㉱ 톱니파 전압 발생기

10. 다음은 LASCR을 트리거 시키기 위한 광선의 종류를 나타낸 것이다. 적합하지 않은 것은 다음 중 어느 것인가?

㉮ 태양광 ㉯ 레이저광 ㉰ 자외선 ㉱ 적외선

LED 특성

3.1 LED 개요

발광다이오드는 LED(Light Emitting Diode)의 약자로 반도체로 된 다이오드의 일종의 화합물 반도체 특성을 이용하여 전기 신호를 적외선 또는, 빛으로 신호를 보내고 받는데 사용한다. 다이오드(Diode)는 그 양전극 단자에 전압을 걸면 한 방향으로만 전류가 주입되고 전자와 정공이 재결합해서 그 일부의 에너지를 빛으로 변환된다.

LED는 반도체로 이루어져 있기 때문에 고체 소자의 형상을 하고 있다. LED는 전구 등의 다른 열 변환 발광 소자에 비해 안정적이고 신뢰성이 있으며, 그 수명도 연속 통전 상태에서 10만 시간 이상으로 길다. LED는 다이오드의 일종이므로 소자 하나를 구동하는데 불과 전압과 전류가 수 [V], 수 [mA]면 충분하다. 보통 반도체 소자와 마찬가지로 LED 소자 그 자체는 칩(chip)이라 하며, 그 사이즈는 보통 수백 [μm]값으로 매우 작다.

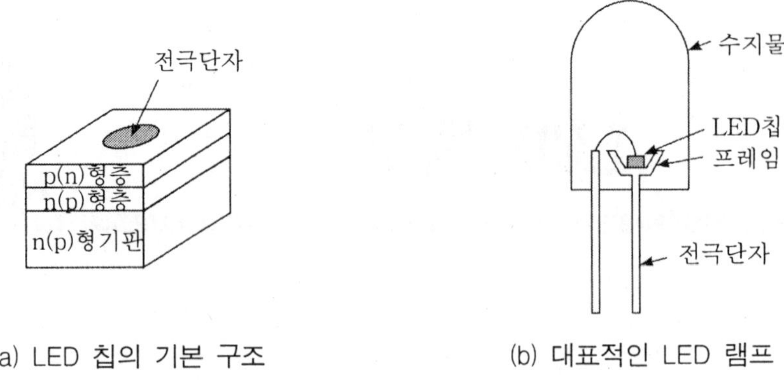

(a) LED 칩의 기본 구조 (b) 대표적인 LED 램프

그림 3-1 LED의 구조

3.1.1 파장별 발광 다이오드(LED)

발광 다이오드(LED)는 활성층의 재질에 따라 고유한 색상을 나타내며 색상별 사용 재질은 표 3-1과 같다. 이와 같은 파장별 발광 다이오드(LED) 세부기술은 적외선, 적색, 황색, 녹색, 청색, 자외선 및 백색으로 분류된다.

표 3-1 재질에 따른 발광 다이오드의 색

색	재료	파장[nm]	재료	파장[nm]
적색	AlGaAs	660	InGaAlP	644
주황색	GaAsP	610	InGaAlP	612
황색	GaAsP	585	InGaAlP	590
녹색	GaP GaP	570 555	InGaAlP InGaN	562 574 525
청색	SiC	470	InGaN	450
자외선			InGaAlN	350

3.1.2 LED의 구조

발광 다이오드(LED)는 다수 캐리어가 전자인 n형 반도체 결정과 다수 캐리어가 정공인 p형 반도체 결정이 서로 접합된 구조를 가지는 광전변환 반도체 소자로서, 화합물 반도체의 특성을 이용해 전기신호를(적외선-가시광선-자외선을 포함하는) 원하는 영역의 파장대역을 갖는 빛으로 변환시켜 신호를 보내고 받는데 사용된다.

발광 다이오드(LED) 기술의 3가지 이슈(issue)로는 발광 성능(Luminous Per-formance), 가격(Cost-Effectiveness) 및 신뢰도(Reliability)를 들 수 있다. 여기에서 발광 성능을 높이기 위해서는 내부양자효율(Internal Quantum Efficiency)과 광 추출효율(Extraction Efficiency)을 개선하여 외부양자효율(External Quantum Efficiency)을 높여야 한다.

발광 다이오드(LED)를 고 휘도화하기 위해서는 활성층에서 전자와 정공의 재결합 확률을 높이는 것이 효과적인데, 일반적으로 활성층의 두께를 얇게 설계하거나 클래드층의 에너지 장벽을 최적화한다. 그러나, 실제의 소자는 다양한 제약조건이 있어, 활성층과 클래드층의 개선만으로는 한계가 있다. 그래서 다양한 구조를 고안함으로써 고휘도화를 꾀하여 왔다.

발광 다이오드(LED)의 제조방법이 액상성장법(LPE, Liquid Phase Epitaxy)에서 유기 금속화학 기상 증착법(MOCVD, Metal Organic Chemical Vapor Deposi-tion)으로 바뀜에 따라 복잡한 소자 구조의 형성이 가능해졌으며, 발광 다이오드(LED)의 구조는 호모접합구조에서 단일 또는, 이중이종접합(Heterojunction)구조, 그리고 양자우물(QW, Quantum Well)구조로 진화해 왔다.

발광 다이오드(LED)는 전자와 정공의 결합에 의해서 빛을 방출하는데 방출되는 광자의 에너지에 대응되는 색의 빛을 방출하게 되고, 화합물 반도체는 물질마다 다른 밴드 갭을 가지고 있어서 다른 물질을 조합해 사용해서 다양한 색을 나타나게 할 수 있다.

이러한 발광 다이오드(LED)는 소형화, 경제성, 저전력, 긴수명, 낮은 열방출, 환경보존, 파손이나 고장의 위험이 낮은 특성 등 많은 장점을 가지고 있다.

점진적인 기술 개발에 의하여 최근에 발광 다이오드(LED)는 고휘도화 및 다색화를 추진함으로써 새로운 시장을 개척해 왔으며, 발광 다이오드(LED)의 고휘도화로 옥외 용도, 그리고 대형 디스플레이 시장이 확대되었다.

또한, 청색 발광 다이오드(LED)의 실용화로 풀 컬러 디스플레이와 신호기로 사용할 수 있게 되었으며, 청색 발광 다이오드(LED)를 기반으로 한 다양한 방식의 고휘도 백색 발광 다이오드(LED)의 개발로 다양화되고 있다.

광통신용 반도체 레이저는 광섬유에서의 광 분산이나 손실이 극소인 1.3[μm]나 1.5[μm]의 적외선 파장 대역에서 동작하고 있다. 또한, 초고속의 통신을 가능하게 하기 위하여 충분한 변조 대역폭을 가지는 단일 파장 레이저가 되어야 함은 물론, 대신호 고속 변조시 파장의 분산도 작아야 한다.

광변조기 집적 DFB 레이저 다이오드 또한, 광 정보 저장용으로 레이저 다이오드(LD)를 이용하는데, 현재 상용화되어 시판되고 있는 시디플레이어(CDP, Com-pact Disk Player)에 사용되는 반도체 레이저는 780[nm]에서 동작하고 있으며, GaAs 계열의 화합물 반도체로 제작된다.

즉, 시디플레이어(CDP, Compact Disk Player)의 광 픽업(Optical Pickup) 모듈 부분에 장착되어서 광디스크(Optical Disk)에 저장된 정보를 읽어내는 역할을 하고 있다.

현재 기존의 시디플레이어(CDP, Compact Disk Player)에 사용되는 반도체 레이저는 파장이 780[nm] 부근에서 동작하고 있으나, 정보량이 큰 DVD(Digital Versatile Disk)와 같은 응용에는 635~650[nm]에서 동작하는 레이저 다이오드(LD)가 사용되고 있다.

이와 더불어 광디스크의 용량을 더욱 늘리기 위하여 차세대 반도체 레이저로서 400~500[nm](청록색) 근처에서 발진하는 InGaN 계열의 반도체 레이저에 대한 연구도 급진전을 보여서 상온 연속 발진을 보고하는 등 상용화에 매우 근접해 있다.

이밖에 레이저 다이오드(LD)의 이용은 인간의 눈이 감지하는 가시광의 파장범위인 400~700[nm]이다.

InGaP이나 AlGaAs 계열의 화합물 반도체를 이용한 650~670[nm]의 가시광 레이저가 최근 상용화되어 붉은색 레이저 포인터(Laser Pointer)로 많이 사용되고 있다. 또한, 가시광 레이저는 슈퍼마켓에서 사용되는 바코드 스캐너(Barcode Scanner)에서 기존의 He-Ne 레이저를 대체하는 용도로 많이 사용되고 있다.

바코드 스캐너(Barcode Scanner)의 경우 가스 레이저인 He-Ne 레이저에 비하여 부피가 아주 작고 수명이 길어서 펜 타입의 스캐너 등 다양한 모습의 스캐너들이 선보이고 있다.

레이저 프린터, 개인용 컴퓨터의 보급과 함께 현재 널리 사용되고 있는 레이저 프린터용 레이저는 AlGaAs 계열의 반도체 레이저이다.

이의 기본 발진파장은 780[nm]로서, 시디플레이어(CDP, Compact Disk Player)용의 파장과 같은 영역이다. 다만, 이 경우에는 프린터의 속도를 증가시키기 위하여 시디플레이어(CDP, Compact Disk Player)용의 레이저보다는 고출력의 반도체 레이저가 요구된다. 현재는 레이저 프린터의 출력 속도를 더욱 늘리기 위하여 1차원 행렬로 구성된 반도체 레이저들이 연구 개발되고 있다. 또한, 780~800[nm] 근처의 반도체 레이저는 그 출력이 CW 10[W]에 이르고 있어서, Nd-YAG 레이저 등 다른 고체 레이저 펌핑에도 광범위하게 사용되고 있다.

3.1.3 발광 다이오드(LED)와 레이저 다이오드(LD)

반도체 재료는 발광 다이오드(LED)나 레이저 다이오드(LD)의 파장을 결정하는 중요한 요소이고, LED를 포함한 대표적인 전자 디스플레이 장치는 표 3-2와 같다.

표 3-2 전자 디스플레이 장치

발광형	CRT (cathode ray tube : 브라운관 디스플레이)
	PDP (plasma display panel : 플라즈마 디스플레이)
	ELD (electroluminescent display : 일렉트로 루미네선트 디스플레이)
	VFD (vacuum fluorescent display : 형광 표시관 디스플레이)
	LED (light emitting diode : 발광 다이오드 디스플레이)
수광형	LCD (liquid crystal display : 액정 디스플레이)
	ECD (electrochemical diaplay : 일렉트로 케미컬 디스플레이)
	EPID (electrophoretic image display : 전기영동 디스플레이)
	TBD (twisting ball display : 착색입자회전형 디스플레이)
	SPD (suspended particle display : 분산입자배향형 디스플레이)

(1) 발광 다이오드(LED)의 종류

(가) 기능적인 면으로써 표시용(Indicator) LED와 조명용(Illuminator) LED로 구분

① 표시용(Indicator) LED

㉮ 낮은 구동전류(100[mA] 이내이고, 주로 20[mA])와 광도가 낮음

㉯ 높은 열 저항 특성(>200[℃/W])에 발광효율 저하

㉰ 고온 열화에 따른 에폭시 변색 : $T < 120$[℃]

㉱ 입력전력 $P < 0.1$[W]로 제한

㉲ 사용시간의 경과에 따라 비교적 큰 광 출력 감소

㉳ 낮은 광 추출 효율

㉴ 응용분야 : 전자제품의 표시등, 비상등, 교통신호등 등

② 조명용(Illuminator) LED

㉮ 높은 구동전류(300[mA] 이상)와 광도가 높음

㉯ 낮은 열 저항 특성(>12[℃/W])에 발광효율 향상

㉰ 소프트 젤 함유한 캡슐에 의한 고온 열화에 대한 광속유지 특성 개선

㉱ 입력전력 $P > 1$[W]

㉲ 사용시간의 경과에 따라 비교적 낮은 광 출력 감소

㉳ 비교적 넓은 광 발산 각을 가짐

㉴ 응용분야 : 조명등

(나) 색 구분

① GaP : ZnO 적색 LED : GaP 적색 LED는 1970년경부터 생산되어 LED의 주축이 되었고, 현재의 가시 LED 램프에서 GaP가 차지하는 비율은 매우 높다. 이 LED는 고전류밀도 영역에서의 발광효율에 한계가 있고, 저전류에서의 사용에 적합하기 때문에 표시소자는 포터블 타입을 비롯해 옥내용 각종 기기에 많이 이용되고 있다.

② GaP : N 녹색 LED : ZnO 적색 LED와 마찬가지로 GaP이며, GaP 기판 결정 위에 LPE법을 이용해 p-n접합을 형성하여 제작하는 LED로 옥외용 디스플레이로도 사용되고 있다.

③ GaAsP계 적색 LED : GaAsP 결정은 GaAs1-XPX의 성분비 x를 바꿈으로써 적외선($x=0$)부터 녹색($x=1$)까지 발광한다.

④ GaAsP계 등황색, 황색 LED : GaAsP의 등황색 LED는 기판결정에 GaP를 이용하여 VPE법에 의해 발광용 p-n접합을 형성한다. GaAs1-XPX의 조성비 x를 적색 LED보다 크게 취함으로써 단파장화한다. x값이 0.65 및 0.75에서는 각각의 발광 피크파장이 630[nm] 및 610 [nm]의 등황색 LED로 된다.

⑤ GaAlAs계 LED : GaAlAs는 $x<0.35$의 범위(직접천이영역)에서 Al과 As의 조성비를 바꿈으로써 발광파장을 640[nm]부터 900[nm]까지 변화시킬 수 있다. 차재용 정지용 램프나 도로표시판, 광고 간판등 각종 옥외용 표시소자로 응용이 확대되고 있다.

⑥ InGaAIP계 등황색, 황색 LED : InGaAIP는 근래 실용화된 혼합결정재료인데 직접 천이형 BAND 구조를 가져 등황색, 황색 LED의 휘도 향상이 가능하다. 이 InGaAIP를 이용해 고휘도(광도 1000[mcd] 이상) 등황색(약 620 [nm])의 LED가 개발되고 있다.

⑦ GaN계 청색 LED : 고휘도 청색 LED의 출현에 의해 옥외에서의 LED 디스플레이의 풀 컬러화가 촉진될 것이다. 또한, 청녹색 LED는 백열전구를 대신하는 신호기의 광원으로 유명하다.

⑧ SiC 청색 LED : SiC는 일찍 시판된 청색 LED의 재료인데 이유는 다른 재료와 달리 P형 결정을 비교적 용이하게 얻을 수 있기 때문이다. 최근 오프기판결정을 이용해 1700[℃] 전후에서 p-n접합을 형성해서 결정성을 향상시키고, 질소 도너와 Al 억셉터에 의한 D.A 페어 발광중심을 제어성이 좋게 형성함으로써 신뢰성의 향상과 함께 발광효율을 비약적으로 개선하여 30[mcd] (20[mA])의 고휘도를 달성하고 있다.

⑨ II-VI족 청색 LED : Ⅱ-Ⅵ족 화합물 반도체인 ZnSe, ZnS는 각각 실온에서 2.7[eV] 및 3.7[eV]의 밴드 갭을 가지며, 직접 천이형 재료이므로 고발광 효율의 청색 LED재료로서 유망해 최근 현저한 진보를 볼 수 있다.

⑩ 풀 컬러 LED : 풀 컬러 LED에 의한 디스플레이는 이제까지의 SiC 또는 GaN 청색 LED와 다른 재료에 의한 적 · 녹색 LED를 조합시킨 하이브리드형의 풀 컬러 LED 램프를 제작하고 있는데 앞에서 기술한 높은 발광효율의 SiC청색 LED와 GaP 적색 및 녹색 LED를 램프화하여 순백색 발광을 포함한

다수 발광이 가능한 풀 컬러 LED가 제작된다.

⑪ 적외선 LED : 적외선 LED의 재료는 주로 GaAs로 양성불순물인 Si를 이용하여 LPE결정 성장조건으로 그 치환위치(Ga 또는 As원자)를 제어함으로써 p-n접합을 형성한다. 일반적인 포토 커플러, 포토 아이솔레이터등의 복합광소자로서 가장 많이 이용된다. 또한, 카메라의 오토 포커스등 고출력을 요하는 것이나 장거리 리모트 컨트롤용 광원으로서 GaAlAs에 의한 DH 구조의 고출력 타입 적외선 LED가 이용되고 있다.

(2) 레이저 다이오드(LD)의 개요

레이저 다이오드(LD)라고 하는 반도체 레이저(Semiconductor Laser)는 아인슈타인의 유도복사이론을 구체화시킨 메이저(MASER, Microwave Amplification by Stimulated Emission of Radiation)의 발명과 반도체 pn 접합에 전압을 인가함으로써 고준위의 에너지를 갖는 전자를 주입하는 트랜지스터 기술을 결합한 것이라고 할 수 있다. 따라서 레이저는 그림 3-2와 같이 구분된다.

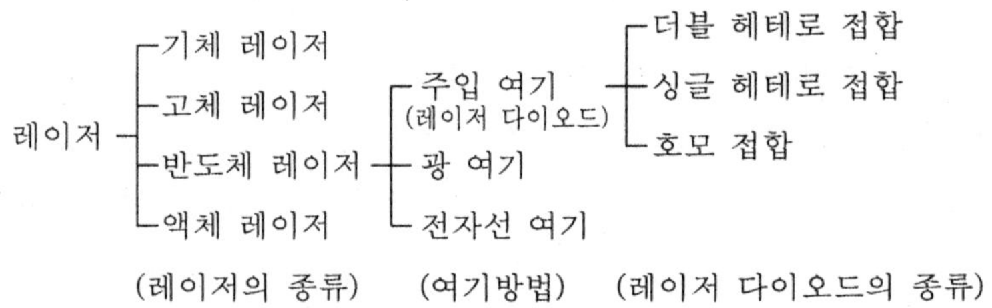

그림 3-2 레이저의 종류 및 레이저 다이오드의 여기방법과 종류

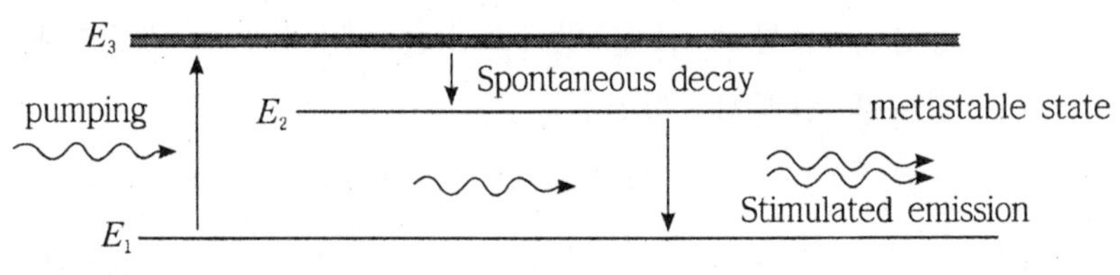

그림 3-3 레이저의 원리

레이저 원리는 그림 3-3과 같이 반도체의 순방향 접합에 바이어스를 인가함으로써 소수의 캐리어를 주입시켜 p형 영역에 주입된 전자는 정공과, n형 영역에 주

입된 정공은 전자와 결합함으로써 전류가 흐른다. 전자가 고준위로부터 저전위로 이동함으로써 전위 차이에 상당하는 광전자가 방출된다.

이러한 원리로 외부에서 반도체 접합에 전류를 인가함으로써 접합재질에 따른 특정파장의 빛이 방출되며, 이 빛이 반도체 소자 자체에 형성된(또는 외부에 설치된) 공진기를 통해 왕복(Feedback)되면서 반복적으로 자극방출(Stimulated Emiss-ion)을 내게 되는데, 이것을 **반도체 레이저**라고 한다.

레이저 다이오드(LD) 소자는 밴드갭이 큰 반도체 물질 사이에 낮은 밴드갭의 박막층(활성층)을 삽입시킨 이중 이질구조를 가지는데, 활성층에 전하를 구속시켜 밀도반전 상태가 유도되도록 설계되어, 밴드갭이 작고 굴절률이 큰 활성층은 광자를 구속시키는 광도파관 역할을 함으로써 임계전류가 낮고 양자효율이 높다.

그림 3-4는 III-V족 반도체의 격자상수(Lattice Constant), 밴드갭 에너지(Bandgap Energy, Eg), 대응되는 파장(Wavelength, λ)과의 상관관계를 보여주는 [Eg/λ-ao] 그래프로서 반도체 소재의 기본 특성과 응용 범위를 개략적으로 나타낸 그림이다.

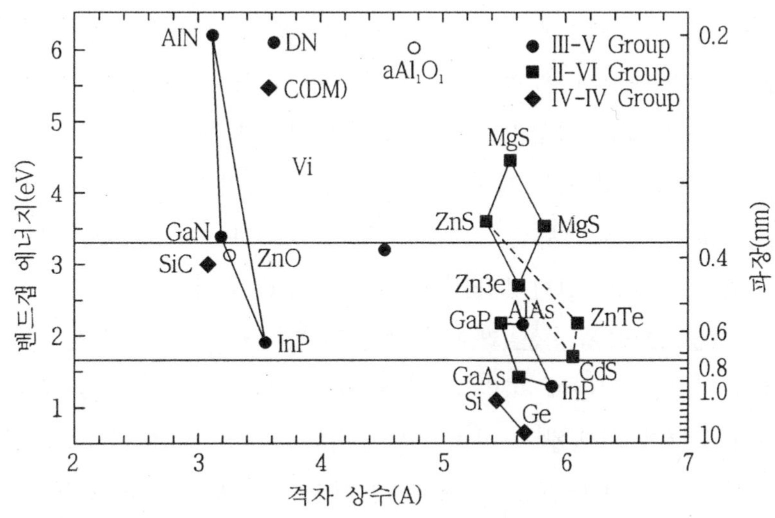

그림 3-4 III-V족 화합물 반도체의 격자상수(A), 밴드갭 에너지(eV), 파장(nm)

제1세대 반도체 소재인 VI족 원소인 Si-Ge은 그 특유의 안정한 역학 및 구조적 특성 때문에 마이크로프로세서와 RAM/ROM(Random-Access Memory/Read-Only Memory) 등의 메모리 소자에 독점적으로 사용되고 있으며, 제2세대 반도체 소재인 III-V족(GaAs-GaP-AlAs-InP) 물질계는 특유의 고속 및 광전 특성에 힘입어 고속-고주파 전자소자와 적외선-가시광 영역의 발광/수광소자에 주로 활용되고 있다. 반도체 분야의 연구개발을 주도하고 있는 III-V족(GaN-AlN -InN) 질화물 및 IV-IV족(SiC-C) 탄화물은 2~6eV 범위의 광역 밴드갭 에너지 소재로서, Si이나 GaAs 계열 반도체가 지니지 못한 특유의 구조 및 광학적 특성 때문에 초고속 전자소자 및 단파장 광전소자에 그 실용성이 입증된 무궁무진한 잠재력의 차세대 반도체 소재로 평가되고 있다.

화합물 반도체의 이질구조에 기초한 반도체 레이저 다이오드(LD) 및 광검출기(PD, Photo Detector)와 고속 전자소자는 광통신의 3대 핵심부품으로서 현대 통신시스템을 가능하게 해 주었을 뿐만 아니라, 레이저 다이오드(LD), 발광소자(LED)와 관련된 광전산업과 위성 및 이동통신의 비약적 발전에 결정적인 공헌을 하였다.

반도체 레이저 다이오드(LD)는 광통신용 광원뿐만 아니라 CD(Compact Disc)/DVD(Digital Versatile Disk)의 R/W(Read/Write)용 광원, 원격조정기(Remote Controller), 바코드 판독기(Bar-code Reader), 광지시봉(Laser Pointer) 등에 광범위하게 활용되고 있으며, 레이저 다이오드(LD)와 유사한 원리로 작동되는 발광다이오드(LED)는 천연색의 대형 모니터/광고판, 자동차 지시등, 신호등, 그리고 프린터, 스캐너 등의 칼라 영상감지소자 등에 다양하게 응용되고 있다.

동작 파장 측면에서 반도체 레이저는 광통신 대역의 적외선에서 차세대 DVD(Digital Versatile Disk)를 위한 자색에 이르고 있으며, 자외선에 이르는 레이저 다이오드(LD)를 개발하기 위한 노력들도 이루어지고 있다.

이의 응용분야를 보면 광통신, 레이저 프린터 및 광 픽업 등에 한정되었으나 광의 삼원색 레이저가 구현됨에 따라 표시용 광원, 조명용 및 특정파장의 특수광원 등으로 그 응용분야가 확대될 것이며, 고 출력화 시킴으로써 산업용으로 주로 사용되는 가스 레이저를 대체하는 것으로까지 기술이 개발될 것으로 판단된다.

3.2 LED의 기본 특성

3.2.1 LED 소자이론

백열전구와 형광등의 광원과는 달리 LED는 전기에너지를 빛에너지로 변환시켜 주는 광 반도체를 이용한 광원이다. 이 소자는 기본적으로 P형 반도체와 N형 반도체의 접합 구조를 가지고 있다.

고체상태의 발광층에서 전자의 천이에 의해 잉여 에너지가 방출되는데 이것이 광자의 형태를 띤 빛 에너지이다. 이때, 방출되는 빛의 파장은 발광층 재료의 종류에 의해 결정되어지며, 그림 3-5와 같이 적외선(IR)-가시광선(visible)-자외선(UV)까지 폭넓은 범위에서 선택 가능하다.

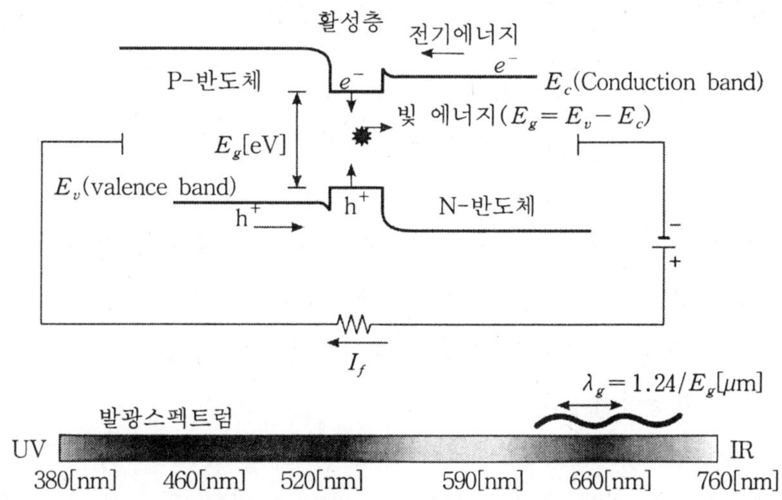

그림 3-5 에너지 천이에 의한 빛에너지 방출과 방출된 파장에 따른 색상

LED 구조에 사용되는 대표적인 재료는 Ⅲ-Nitride(질화물)계와 Ⅲ-Ⅴ 계열의 반도체 재료이다.

이론적으로는 두 재료가 갖는 발광범위는 매우 넓으나 현재의 기술적인 제약으로 인해 질화물계 LED는 GaN를 기반으로 자외선(UV)에서 녹색까지, Ⅲ-Ⅴ LED는 GaAs 기반으로 황색에서 적외선(IR)까지 그림 3-5와 같이 구현이 가능하다.

그림 3-6의 (a) GaN 기반 반도체 재료와 (b) GaAs 기반 반도체 재료의 에너지갭과 격자상수 발광파장은 3원 화합물 또는, 4원 화합물로 조성을 제어하여 결정할 수 있는데 기판과의 격자상수와 비슷한 범위에서 조절해야 한다.

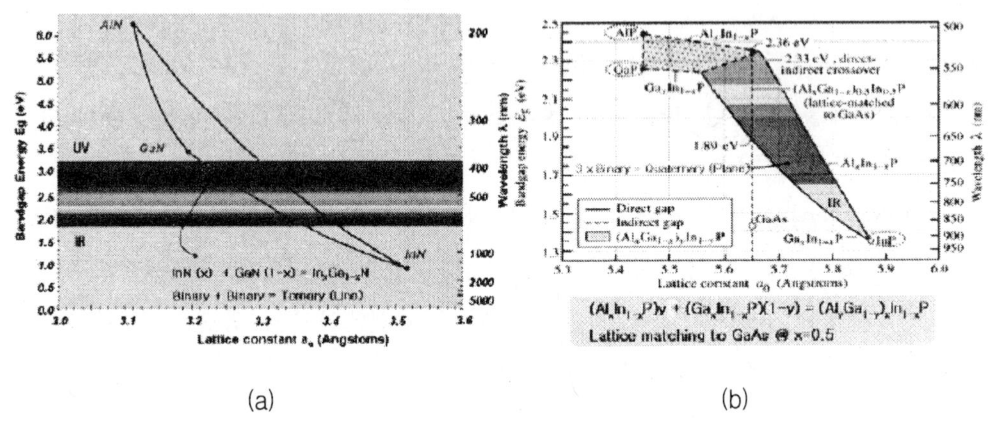

(a) (b)

그림 3-6 GaN과 GaAs기반 반도체 재료의 에너지갭과 격자상수

기본적으로 LED의 성능은 발광층을 구성하는 재료의 발광효율에 결정적으로 좌우되기 때문에 고품위 재료의 성장과 구조설계가 매우 중요하다. 이를 위해 격자 구조가 비슷한 기판을 LED 구조의 성장용으로 사용하게 되는데 현재 질화물계 LED용 기판으로는 사파이어 기판과 SiC 기판을 사용하며 Ⅲ-V GaAs는 성장된 에피층과의 구조적 결함이 거의 없기 때문에 LED 성능은 칩 제조공정에 많이 좌우되는 반면 질화물계 LED는 기판과 에피층간의 격자상수 차이로 인하여 구조적 결함이 많이 발생한다.

따라서, 질화물계 LED의 경우 에피 성장 기술이 핵심기술이라고 할 수 있다. 한편, 고품위 에피를 위해 동종기판인 GaN가 개발되고 있으나, 경제적으로 상용화가 미성숙되어 LED에 적용하기에는 시기적으로 이른감이 있다. 부도체인 사파이어 기판 대신 유사 구조를 갖는 Si(111), ZnO, β-Ga_2O_3, ZrB_2 등이 개발 중이지만 이 역시 기판제조 기술 또는 에피 성장 기술이 크게 발전하지 못하고 있다. (GaN 에피 구조와 같고 특정 방향으로 격자상수가 거의 일치한다.)

이들 기판들은 사파이어에 비해 특정방향으로 격자 상수가 거의 일치하고 도전성 기판 또는, 열전도가 좋다는 장점을 갖고 있다. 특히, Si 기판은 저가형 대형 기판이라는 것과 우수한 물성 특성 등을 갖고 있다.

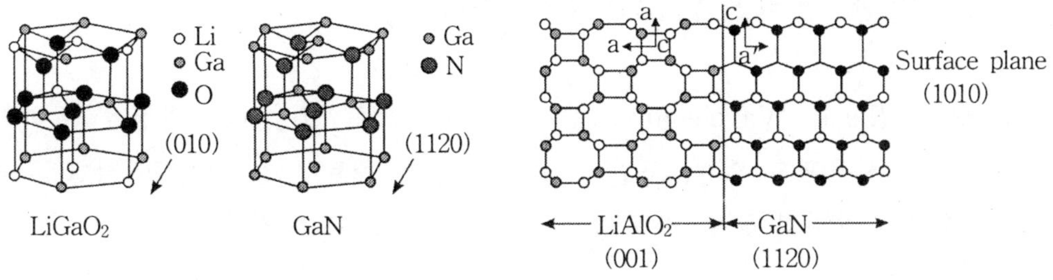

그림 3-7 Oxide 기판과 GaN 에피층의 격자구조 비교

3.2.2 LED의 기본 특성

LED의 특징은 다음과 같다.

① 광 변환 효율이 기존 광원 보다 높으며, 에너지 소비량이 백열전구의 10분의 1, 형광등의 2분의 1정도로 매우 적다.

② LED는 크기가 소형이고 전력소비가 매우 적으며 제어방식(DC구동)이 단순하여 복잡한 구동회로가 필요하지 않기 때문에, 광원 및 시스템의 소형화, 박형화, 경량화를 이룰 수 있다.

③ 다른 광원과 달리 필라멘트나 전극이 없기 때문에 수명이 약 10만 시간의 장수명이고, 충격에 강하고, 안정적이기에 반영구적으로 사용할 수 있다.

④ 방전등처럼 수은이나 방전용 가스를 사용하지 않기 때문에 환경친화적이다.

⑤ 고체발광으로서 열 및 가스방전 발광이 아니기 때문에 예열시간이 필요 없다.

⑥ 점·소등 속도가 9~10초 정도로 매우 빠르며, 전류에 의한 광출력 제어가 가능하다.

⑦ 안정적인 직류 점등방식으로 소비전력이 작고, 고반복, 펄스 동작이 가능하며 시신경의 피로를 감소시킬 수 있다.

⑧ 서로 다른 광색과 특성을 가진 LED를 조합하여 다양하고 다이나믹한 광원의 모양과 광색을 표현할 수 있다.

⑨ 단점으로는 높은 휘도에 의한 눈부심이 발생하며 주위온도 및 자체 발생에 열에 취약하고 좁은 배광, 기존 광원에 비해 5배 이상의 높은 가격이다.

3.2.3 발광 스펙트럼(Spectrum)

피크발광파장(Peak Wavelength(λp))은 최대강도로 발광되는 파장을 말하며 통상 LED에서 사용되고 있다. 또한, 반도체 결정의 재료로 쓰이며, PN접합을 형성하는 불순물의 종류와 농도 및 구조 등에 의해서 결정되어진다.

3.2.4 스펙트럼 반치폭(Spectrum Half Bandwidth)

최대 발광강도의 1/2의 강도를 가진 두 파장 사이의 간격을 나타내며 반치폭이 작을수록 사람의 색감각과의 차이는 적어진다.

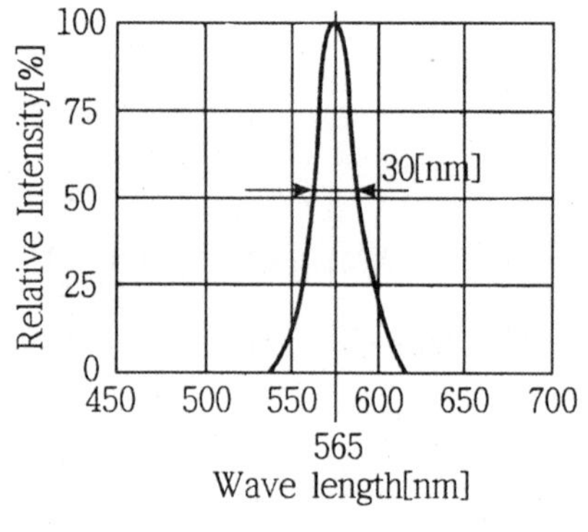

그림 3-8 스펙트럼 반치폭

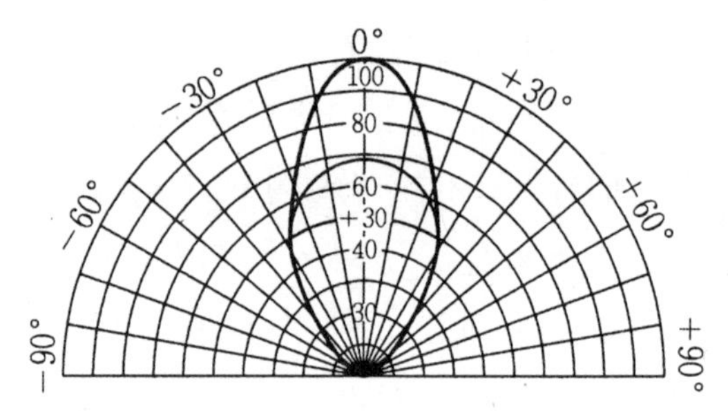

그림 3-9 Radiation Angle

※ 사람의 눈은 555[nm]의 빛에 대한 감도가 아주 좋고 그보다 장파나, 단파로 될수록 감도는 떨어진다.

- 온도변화에 대한 스펙트럼 변위 : 1[℃] 온도의 상승에 따라 LED 방사스펙트럼은 0.1~0.2[nm] 장파장 쪽으로 변위하나, 인간의 시감도상 색의 변화는 거의 느낄 수 없다.
- Radiation Angle or Half Angle : 방사각 0도에서의 광도가 1/2이 되는 좌우 방사각이 되는 것이며, LED PKG 혹은 Led 형상에 따라 변화하게 된다. 또한, 광도와 반치각의 반비례 관계에 있는 것을 알 수 있으며, Lamp 선택 기준이 되기도 한다.

3.2.5 Luminous Intensity Iv[mcd]

LED를 어떤 정해진 방향으로 어떤 면에서 방사되는 빛의 단위 면적당 광속을 말하며, 칸델라[cd], 루멘/스테라디안[lm/Sr] 단위를 사용한다.

또한, 광도는 각 발광파장에 맞추어 조정된 필터를 가진 단위면적의 Photo Cell로 LED에서 방사된 빛의 강도를 계측한다.

※ 1[cd] : [cd] 단위는 Candle에서 유래된 것으로 통상 촛불 1개의 밝기로 정의한다.

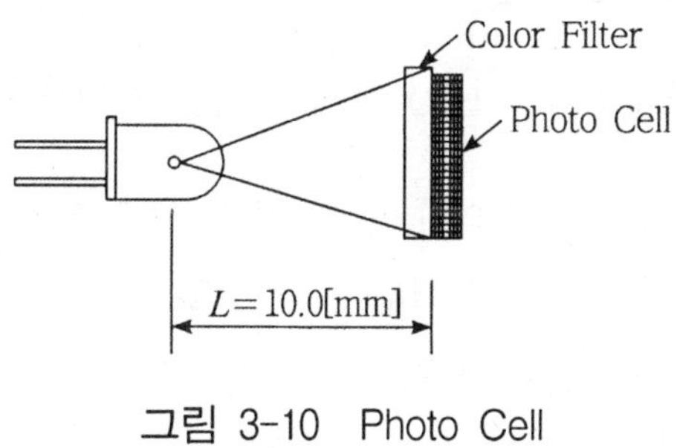

그림 3-10 Photo Cell

3.3 LED의 동작 특성

3.3.1 전기적·광학적 특성

LED는 각각의 종류에 따라 조금씩 다른 전압 · 전류 특성을 가지고 있다. 그러므로 LED를 최적의 환경에서 동작시키기 위해서는 LED 동작특성에 따라 전류를 조절하여야 한다.

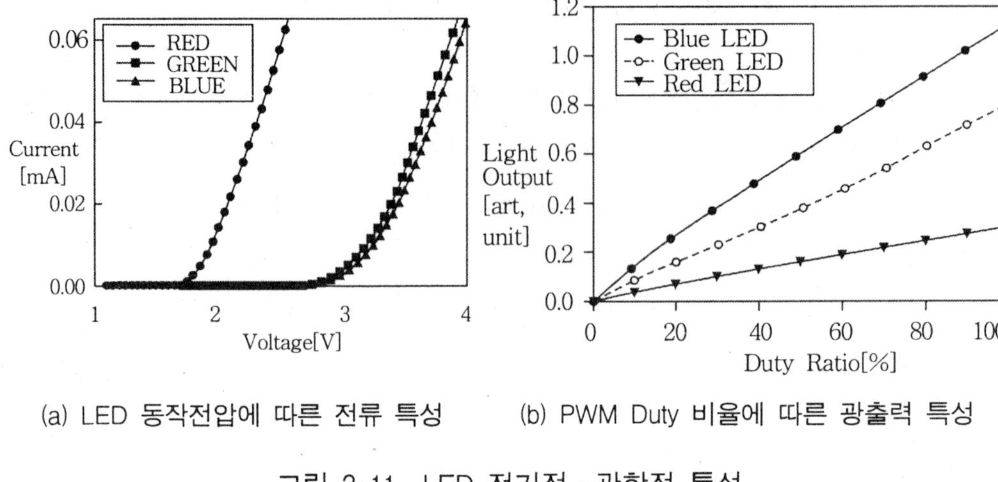

(a) LED 동작전압에 따른 전류 특성 (b) PWM Duty 비율에 따른 광출력 특성

그림 3-11 LED 전기적 · 광학적 특성

그림 3-11의 (a)는 표시용 LED의 전압에 따른 전류변화를 나타내고 있으며, 적색 LED(AlGaInP)의 구동전압이 청색과 녹색 LED(InGaN)의 구동전압에 비하여 낮고 전압의 변화에 따른 전류변화가 청색과 녹색 LED에 비하여 크다. 또한, LED의 재료나 제조 방법에 따라 다른 특성을 갖고 있으며, 순방향전압은 적색 LED 2.0~2.2[V], 황색 LED 2.0~2.2[V], 녹색과 청색 LED 3.0~3.3[V]이다. 백색 LED는 청색 LED에 황색 형광체를 사용하기 때문에 보통 동작전압이 청색 LED와 유사하고, 황색 LED는 적색 LED에 형광체를 채용하여 사용하기 때문에 적색 LED와 유사하다.

LED의 광학적 특성은 전압에 대한 광 출력 특성은 전류에 비례하여 광 출력이 변화하기 때문에 전압-전류 곡선과 비슷하게 나타나며, 적색 LED의 광 출력은 다른 광색 LED보다 동작 전압의 변화에 대하여 상당히 급격하게 변화한다. 그리고, LED 동작전압에 대한 광 출력은 일정전압까지는 비례적으로 증가하지만 일정한 전압 이상이 되면 전압이 증가하여도 광 출력이 감소하게 되며, 그 이상의 높은 전압이 인가되면 LED가 파괴되거나 본래의 특성이 손상된다.

LED의 광 출력을 제어하는데 있어서 주로 동작전류를 제어하여 광 출력 제어가 실현되지만, 동작전류에 대해 광 출력 변화가 선형적으로 변화하지 않고 동작전류를 제어하기 위해서는 복잡한 구동회로가 구성되어야 하는 단점이 있다. 따라서, 이러한 문제점을 해결하기 위하여 LED에 일정전압을 인가하고, 여기에 PWM (Pulse Width Method, 펄스폭변조)방식의 Duty 비율을 제어하여 광 출력을 제어하면, 그림 (b)와 같이 정확한 광 출력이 제어된다.

3.3.2 온도특성

일반적으로 LED는 온도가 높을수록 광 출력이 저하되는 특성을 가지고 있으며, 이는 일반 방전등과 백열전구의 특성과 반대이다. 이것은 높은 주위 온도와 동작 전류에서는 반도체의 접합온도(Junction Temperature)가 증가하게 되어 전자와 정공의 재결합이 활성화되어 빛에너지가 적어지기 때문이다. 그림 3-12는 접합온도에 따른 각각의 LED 광 출력 특성을 보여주고 있다. 광 출력의 온도 의존성은 AlGaInP LED(즉 청색과 녹색, 백색)보다 InGaN LED(적색과 황색)가 비교적 적게 나타난다.

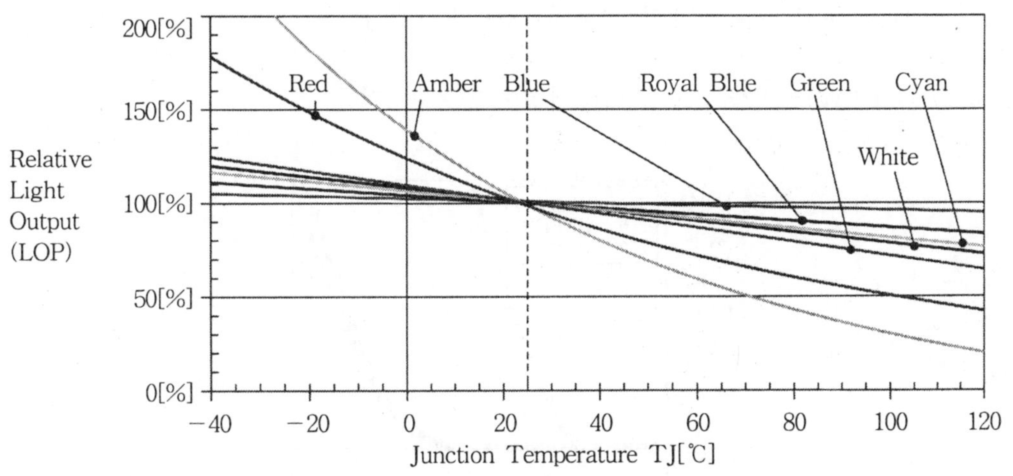

그림 3-12 고휘도 LED의 접합온도에 따른 광 출력 특성

따라서, 일부 LED 시스템은 주위온도 변화에도 일정한 광 출력을 나타낼 수 있도록 LED에 흐르는 전류를 조절하는 보상회로를 포함하고 있다. 그러나, 이러한 보상회로는 LED가 높은 주위온도에서 계속 동작될 경우에는 LED의 수명이 짧아지는 단점이 있다. 이러한 접합온도의 특성을 좌우하는 요소로는 주위온도, LED에 흐르는 전류, LED에 설치되어 있는 히트 싱크(Heat Sinking)가 있다.

3.3.3 LED 전압-전류 특성

고휘도 LED는 각각의 종류에 따라 조금씩 다른 전압-전류 특성을 가지고 있다. 그러므로 LED를 최적의 환경에서 동작시키기 위해서는 각각의 LED 동작특성에 따라 전류를 조절하여야 한다. 일반적으로 순방향전압은 적색과 황색 LED 2.0~2.2[V], 녹색과 청색 LED 3.0~3.3[V], 역 전압은 −3~−10[V]이고, LED의 권장 동작전류는 10~20[mA], 최대 동작전류는 25~50[mA]이므로 전압이 높게 되면 전류 제한용 저항을 연결하여 LED에 흐르는 전류를 제한하여야 한다. 따라서 LED 전류 제한용 저항은

$$\therefore \ R_l = \frac{\text{전원전압} - \leq D\text{순방향전압}}{\leq D\text{전류}}$$

이고, 이때 전류제한용 저항의 허용전류는 다음과 같다.

$$P = VI[\text{W}] = \text{저항 양단 전압} \times \text{저항에 흐르는 전류}$$

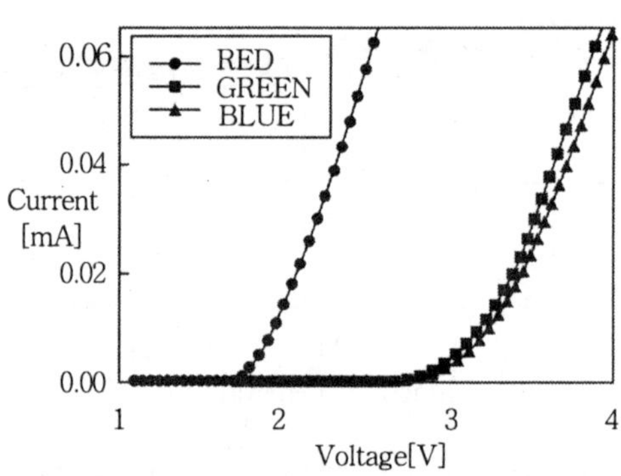

그림 3-13 표시용 LED의 전압·전류 특성

그림 3-13은 표시용 LED의 전압에 따른 전류변화를 나타내고 있으며, 적색 LED(AlGaInP)의 구동전압이 청색과 녹색 LED(InGaN)의 구동전압에 비하여 낮고 전압의 변화에 따른 전류변화가 청색과 녹색 LED에 비하여 크다. 백색 LED는 청색 LED에 황색 형광체를 사용하기 때문에 보통 동작전압이 청색 LED와 유사하고, 황색 LED는 적색 LED에 형광체를 채용하여 사용하기 때문에 적색 LED와 유사하다. 녹색과 청색 LED의 전압-전류특성은 약간의 차이가 있으나 비슷한

특성을 갖게 된다. 그리고, 조명용 LED는 표시용 LED의 전압-전류특성과 매우 유사하며, 단지 표시용 LED보다 높은 전류가 흐른다는 것이 다르다.

3.3.4 광 출력 특성

고휘도 RGB LED의 광학적 특성은 LED의 재료나 제조 방법에 따라 다른 특성을 갖고 있다. 전압에 대한 광 출력 특성은 전압-전류 곡선과 비슷하게 나타났으며, 적색 LED의 광 출력은 LED의 전압의 변화에 대하여 상당히 급격하게 변하는 것을 확인 할 수 있다. 그리고, RGB LED의 전압에 대한 광출력은 일정전압까지는 비례적으로 증가하지만 일정한 전압 이상이 되면 전압이 증가하여도 광출력이 감소하게 되며, 그 이상의 높은 전압이 인가되면 LED가 파괴되거나 본래의 특성이 손상된다.

3.3.5 수명 특성

현재 조명 분야에서 LED 램프 수명에 정의되어 있지는 않으나, 기존의 광원에 대한 램프 수명은 측정 샘플의 50[%]가 소손(Burn out)되었을 때의 시간을 말한다.

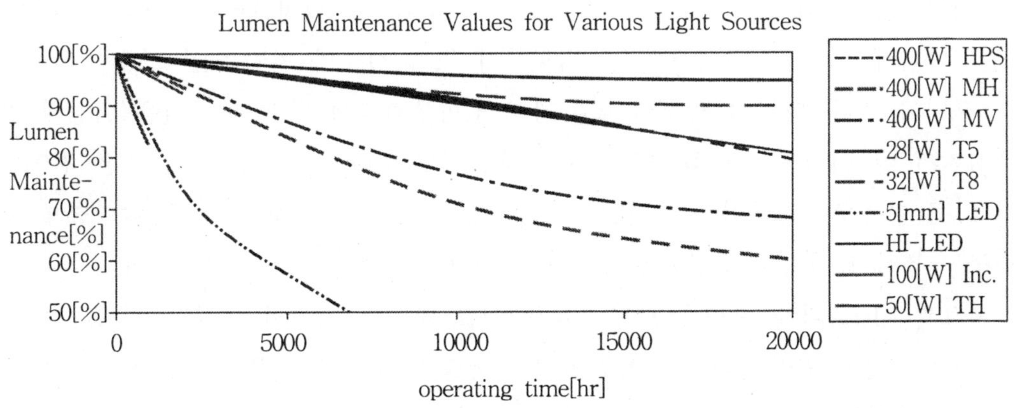

그림 3-14 광원에 따른 20,000시간 동작에 대한 광속유지곡선

LED는 100,000시간 이상이 되어도 광 출력은 매우 낮아지더라도 소손 되지는

않는 특성을 가지고 있다. 그림 3-14는 LED와 다른 광원(즉 백열전구, 형광등, 고압방전등)에 대하여 동작시간에 따른 광 출력의 변화를 보여주고 있다.

3.4 LED 조명

3.4.1 조명용 LED의 개요

백색 하나의 LED에서 발생되는 광속(luminous flux)은 20[mA]에서 약 1.5~2[lumen] 정도인데, 조명에 사용하기 위해서는 100[lumen] 이상이 되어야 하므로 약 60개 정도 칩의 조합이 필요하다.

LED 광원의 가격을 낮추려면 LED 칩의 수를 줄여야 하고, 개별적인 칩의 광 출력도 높여야 한다. 칩의 광 출력을 높이기 위해서는 기존의 20[mA] 구동에서 탈피하여 수 백[mA]의 높은 전류로 구동시켜야 하는 높은 출력의 LED 구현이 필요하다. 이를 위해서는 LED의 광속을 높여야 경제성 있는 LED 반도체조명을 할 수 있다. 따라서 칩에서 많은 광속을 높이기 위해서는 고출력 LED의 구현이 필수적이다.

LED 조명시스템의 성능을 좌우하는 주요원인은 점등할 때 발생하는 열의 방산 문제인데 보통 LED에서 입력 전력대비 광 출력은 약 15~20[%]가 되고, 나머지는 거의 열로 변환된다. 이때 발생된 열은 조명효율을 떨어뜨리고, 수명을 단축할 뿐만 아니라 광도 및 색도를 크게 변화시켜 조명 성능의 안정도를 크게 저하시키는 요인이 된다. 따라서 소자의 LED칩의 접합부위에서 발생되는 열을 어떻게 방출시켜서 열 저항을 최소화 하는 것이 매우 중요하다. 또한, LED는 작은 전압변화에 큰 전류 및 전력이 변화하는 특성과 주변온도변화에 따른 동특성이 크게 변화하는 특성이 있어 공급전류를 적절히 제어하는 전원장치가 필수적이다.

예로써 LED 자체 수명은 매우 길지만 시스템의 측면에서 수명을 결정하는 것은 바로 전원의 수명이다. LED의 안정된 동작과 수명을 보존하기 위해서는 어느 영역 이상으로 전압, 전류가 넘지 않아야 하는데, 이를 제어하는 것도 전원장치(Ballast)이므로 시스템의 전체 신뢰성을 결정하는 중요한 역할을 하게 된다.

또한, 같은 종류의 LED에 대해서도 회로의 방식에 따라 전체 소비전력 및 특성의 차이가 발생되므로 효율적인 설계를 위해서는 시스템 측면에서 조명용 LED 모듈의 설계기술은 매우 중요하다. LED 전원장치는 기본적으로 목표로 하는 LED 시스템에 따라 설계 및 사양이 종속되지만 일반성을 갖는 전원장치 모듈 또는, IC를 별개로 개발하여 부가적인 기능을 다양하게 포함하여 광범위하게 사용할 수 있다. 따라서, 시스템의 안정된 광 출력과 수명이 길고, 신뢰성을 보장받기 위해서는 LED 조명시스템에 대한 기술 개발이 필수적이다.

3.4.2 LED 조명시스템

21세기 빛의 혁명을 주도하고 있는 LED를 조명용 광원으로 사용하기 위해서는 무엇보다도 기존 광원과 비교하여 LED 광원의 구조적, 광학적, 전기적, 환경적 특성을 이해하고 이러한 특성을 조명기구 설계시 적절히 반영하는 것이 요구된다.

LED 광원의 특징은 다음과 같다.

① 구조적으로 기존의 광원과는 달리 작은 점광원으로써 유리전극, 필라멘트 및 수은(Hg)을 사용하지 않으므로 매우 견고하고, 수명이 길며, 환경 친화적이다.

② 광학적으로 선명한 단색광을 발광하여 연색성이 나쁜 반면 색을 필요로 하는 조명기구에 적용시 빛 손실이 매우 작고 시인성이 향상되며, 지향성 광원으로써 등 기구 손실을 줄일 수 있다.

③ 전기적으로 특정전압 이상에서 점등을 시작하고 점등 후에는 작은 전압변화에도 민감하게 전류와 광도가 변화한다.

④ 온도 상승시 허용전류와 광 출력이 감소하고 많은 열이 발생하는 등 주위온도 및 동작온도 변화에 대해 매우 민감하게 동특성이 변화한다. 만약 허용값 이상의 전류가 흐를 경우 수명이 대폭 감소하고 성능이 크게 저하되므로 적절한 열처리 장치와 전류를 제어하는 구동장치가 필요하다.

LED의 조명시스템은 그림 3-15와 같이 집적된 LED 광원(LED Array)을 중심으로 전원장치(Ballast), 방열판(Heat Sink), 광학장치(Lens, Diffuser)등으로 구성된다. 이러한 LED 조명시스템은 LED 광원 자체의 여러 가지 장점에도 불구하고 이를 이용한 시스템 설계에는 다음과 같은 몇 가지 요인을 고려하여야 한다.

첫째, 조명기구의 성능과 내구성을 최대한 유지하기 위해 주변온도를 고려하여 정격 허용전류 내에서 일정한 광도 유지가 가능하도록 전원구동장치를 설계하여야 한다.

일반적인 LED 조명기구는 직류 수십[V]의 정 전류원으로 구동되며, 이 경우 주위도가 상승하면 광도가 저하하고 허용전류도 감소한다. 이러한 조명기구를 고온의 옥외에 설치할 경우 광도 저하 및 허용전류 감소에 의한 과전류로 치명적인 손상을 줄 수 있다. 실제로 온도에 대한 동특성 변화가 가장 심한 황색 LED의 경우 상온에서 허용전류의 20~30[%](70[℃] 허용전류의 40~50[%]) 수준으로 설계하여야만 70[℃]에서 광도변화율 20[%] 이내로 유지할 수 있다.

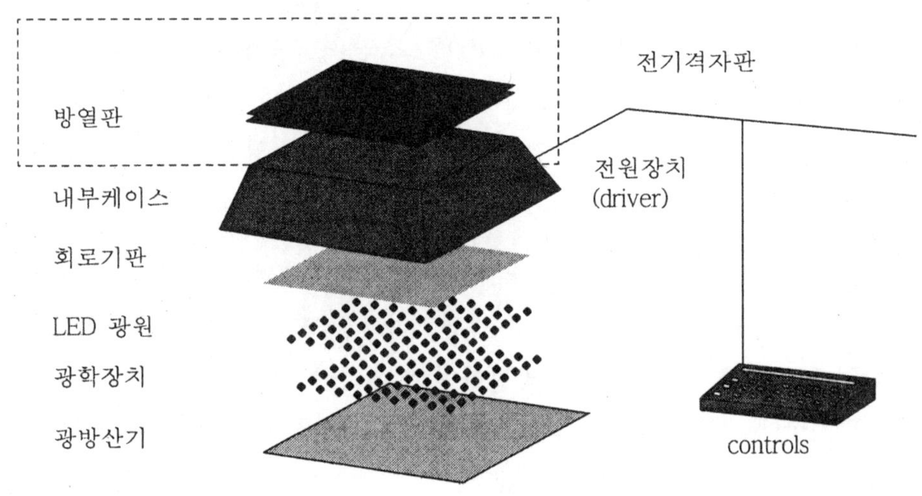

그림 3-15 LED 조명시스템의 구성

둘째, 작은 점광원과 높은 지향성을 가진 LED를 다수 결합하여 만드는 조명기기는 사용자에게 글레어를 초래하여 불쾌감 및 피로감을 줄 수 있다. 따라서 일반 조명용 제품으로 응용을 위해서는 용도에 맞는 배광을 가질 수 있도록 적절한 렌즈 및 조명기구가 설계되어야 하며, 또한 다수의 LED를 집적화하면서 발생되는 국부적 열 발생과 이를 처리하는 기술이 시스템성능을 크게 좌우하게 된다.

3.4.3 LED 광원특성과 응용분야

LED는 기존의 유리전구 형태의 광원과 다르게 단단한 고체형태(Solid state)의 작은 점광원으로 개당 광 출력이 매우 작은 반면 견고하고 수명이 긴 특성을 지니고 있다. LED 광원의 수명은 100,000시간 정도로 산출되어지며, 여기에 환경의 변화 및 물리적인 악조건을 감안하여도 통상 40,000~50,000시간의 수명을 예측하고 있다. 이는 기존 전구의 수명인 1,000~4,000시간에 비해 비교할 수 없을 정도의 긴 수명으로 조명기기의 유지보수를 대폭 절감할 수 있는 장점이 있다.

LED의 개당 광 출력은 수 [lumen : lm] 정도로 조명용 광원으로 사용하기 위해서는 수십~수백 개를 직병렬로 연결하여 사용하며, 이러한 작은 점광원을 적절하게 배열함으로써 여러 가지의 형태를 갖는 조명기구의 설계가 가능하다.

표 3-3 주요 광원별 램프출력 특성 비교

형식(type)		Rated power [W]	total flux [lm]	lamp eff [lm/W]	Ballast eff [%]	Color tamp(색온도)[K]	CRI [Ra]	life time [h]	Power range [W]
백열등	표준	60	810	14	100	2,850	100	1,000	10~100
	텅스텐 할로겐	100	1,600	16	100	2,900	100	1,500	60~500
형광등	표준	37	3,100	84	78.6	4,200	61	12,000	4~40
	CFL	36	2,900	81	77.8	5,000	84	7,500	4~96
고압 방전등	수은	400	22,000	55	94.5	3,900	40	12,000	40~2,000
	메탈핼라이드	400	32,000	80	95.0	4,300	70	9,000	100~1,000
	고압나트륨	360	36,000	100	92.0	2,150	60	12,000	220~660
LED		>1	>20	20~30	85.0			20,000	<5

또한, LED는 반도체 종류에 따라 결정되는 좁은 파장대의 단색광을 발광하므로 특정한 색을 요구하는 조명기구에 적용할 경우 탁월한 성능과 유효 발광효율을 기대할 수 있다. 현재 사용되는 LED의 발광효율은 20[lm/W] 수준으로 백열전구의 15[lm/W]보다 높으며, 여러가지 조명기구에서 에너지절약효과를 가지고 있다.

적색 백열전구 신호등의 경우 적색 투과율이 10[%] 정도로 적색 발광효율은 1.5[lm/W] 정도로 감소하는 반면 LED는 선명한 적색 그 자체를 20[lm/W]로 발광하기 때문에 전구식에 비해 90[%] 이상의 에너지절약이 가능하게 된다. 이밖에 LED교통신호등은 수명이 길어 유지보수비용 75[%] 절감, 시인성 향상에 따른 교통사고 저감 등이 기대된다. 응용분야로는 LED 교통신호등을 비롯하여 항공장애

등, 비상구(exit), LED 등명기(Buoy) 등으로 여러 가지가 있다. 이와 같이 색과 시인성 향상을 요구하는 응용분야에서 LED 광원이 광범위하게 사용되고 있다.

LED의 광 출력을 제어하기 위해서는 전원전압(전류)을 제어하는 방법과 전원전압을 일정하게 유지하면서 펄스폭을 변조하는 방법이 있다. 일반적으로 신호등과 같이 단순한 조명장치는 전압(전류)제어 방식을, 전광판과 같이 다양한 밝기와 색을 연출하여야 하는 복잡한 조명장치는 디지털 기술을 이용한 펄스폭변조(PWM) 방식을 사용하고 있다. 백열전구의 경우 빛을 발광하기 위해서는 전원 공급 후 필연적으로 필라멘트가 가열되는 시간이 필요하게 되며, 보통 0.2[sec] 정도가 소요되는데, 이에 반해 LED는 전원 공급과 동시에 전자와 양전하가 결합하여 순간적으로 빛을 발광하게 되므로 순간 점등특성을 이용하여 특수 조명기구에 응용할 경우 큰 효과가 있다.

LED는 반사 컵과 에폭시 렌즈의 구조 등에 의해 배광특성이 결정되며, 최대 광도를 발산하는 광축방향을 중심으로 좌우각도에 따라 광도가 감소한다. 이때 중심축 방향의 최대광도의 50[%]되는 각도를 반치각 또는, 가시각이라 하며 최대광도와 더불어 LED의 발광효율을 결정하는 중요한 요인이다. 반치각이 클수록 중심축 광도는 작아진다. 이러한 지향성 구조는 작업 면이 특정 지역으로 제한되어 있을 경우 목적조명(Task lighting)이 가능하여 기존광원 보다 2배 이상의 등기구 효율이 가능하다.

가시광선의 좁은 파장대를 발광하는 LED 광원은 적외선과 자외선 방출에 의한 열전달은 거의 없는 반면 접합부위에서 큰 열이 발생되는데, 이러한 열의 발생은 LED 성능을 크게 좌우하므로 조명시스템을 설계할 때 열처리 기술은 매우 중요한 요인이 된다. 표 3-4는 입력전력에 대한 주요 광원의 광 출력, IR/UV출력, 열 발생, 안정기 손실에 대한 비율로써 기존 광원의 경우 IR 발생비율이 높은 반면 LED의 경우 열의 발생 비율이 높다.

표 3-4 광원의 에너지 출력 비교

Lamp Type	Light	IR	UV	Heat	Ballast
백열등(100W)	10	72		18	
형광등(40W)	20	33		30	17
형광등(40W excluding ballast)	24	40		36	
수은등(400W)	15	47	2	27	9
메탈핼라이드등(400W)	21	32	3	31	13
고압 나트륨등	30	35		20	15
LED	15			60	25

IR과 UV가 적다는 것은 빛에 의해 피사체에 전달되는 에너지가 작다는 의미로 국부적으로 발열된 에너지를 외부로 적절히 방출할 경우 박물관 조명, 냉동·냉장고의 내부 조명에 우수한 효과를 기대할 수 있다.

일반적으로 형광등을 주로 사용하는 냉장 쇼 케이스의 경우 짧은 수명과 파손되기 쉽고, 불균일한 조도와 빛에 의한 열전달 등이 문제되나 LED를 사용할 경우 작은 점광원을 균일하게 유지하기 용이하고, 외부로 방열처리를 할 때 냉장효율을 증가시킬 수 있다. 또한 형광등의 경우 저온에서 광 출력이 25[%] 감소하는 반면 LED는 광 출력이 증가하여 광 이용효율을 높일 수 있다.

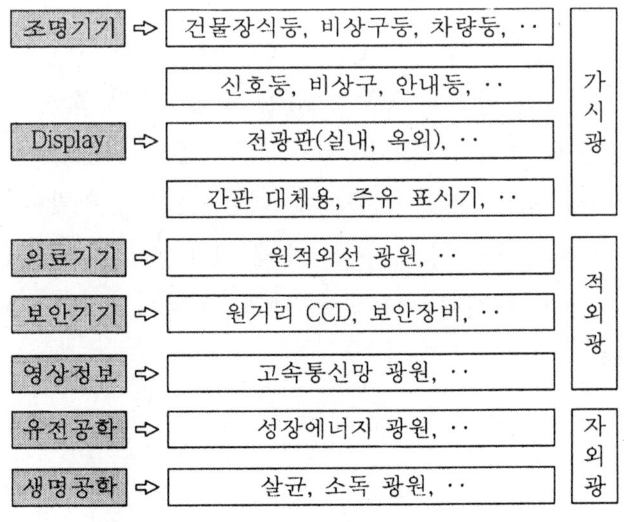

그림 3-16 LED 광원의 응용분야

LED 광원은 주로 DISPLAY용으로 응용되어 왔지만 그림 3-16과 같이 광범위하게 응용이 기대되고 있으며, 기술의 발달로 인한 새로운 신소재의 개발로 에너지 대체 및 환경 친화적 조명기술 개발에 많은 관심이 집중되고 있다.

3.4.4 LED 조명기술의 동향

LED 광원의 장점은 효율이 높고 수명이 길며, 색상 및 조광제어가 용이하다. 즉, 발광효율이 높은 반도체 발광 소자를 조명에 사용해 전력소모를 줄여 에너지 절약하고, 환경개선이 가능하며, 수명이 길고 견고하여 유지보수 비용을 줄일 수 있고, 필요에 따라 다른 색과 조합하여 모든 색의 빛의 구현이 가능하고 밝기 제어가 매우 용이하다.

특히, 단색광을 요구하는 신호용 광원에 적용할 경우 80[%] 이상의 에너지 절약과 함께 좁은 파장대의 선명한 빛으로 시인성을 높일 수 있어 안전성 향상에 크게 기여하고 있다. 따라서 기술 동향으로 조명용 광원, 교통 신호 및 철도용, 잔여시간 표시기, 해상용 등 그리고, 전광판 등과 같은 광원으로 시인성 향상을 위한 색도, 광도기준과 옥외환경에서 필요한 전기적, 기계적 성능을 높일 수 있는 기술개발이 이루어지고 있다. 또한, 신호 및 전광판용 LED 구동과 특별한 조명을 고려한 LED 전원장치에 대해서도 많은 연구와 관련 제품이 많아지고, 백색 LED 구동용으로 여러 가지 IC가 있다. 용도로는 수십~수백 개의 LED를 구동할 수 있으며, 기능은 정전압・정전류 또는, 역율 제어를 하는 것도 있다.

LED 기술의 지속적인 발전을 통하여 LED 조명제품의 효율이 향상되고 있으며, 조명 대체용과 신호용 광원의 대체를 위해 색도, 광도 및 전기적 기술기준을 만족하기 위한 연구에서 LED 조명 제품화에 대한 연구가 활발하게 수행되고 있다. LED 조명 제품은 지향성을 가진 수십~수백 개의 이산 LED 광원으로 구성되므로, 조명용으로 사용을 위해서 구동회로, 렌즈, 조명기구 등을 포함한 조명시스템이 개발되고 있다.

연습문제

1. 청색 발광다이오드의 재료는 다음 중 어느 것인가?

㉮ AlGaAs ㉯ GaAsP ㉰ GaP ㉱ SiC

2. LED의 권장 동작전류는 몇 [mA]인가?

㉮ 1~10 ㉯ 10~20 ㉰ 20~30 ㉱ 30~50

3. 에너지를 가하면 가시광선을 발생하는 소자는 다음 중 어느 것인가?

㉮ Diode ㉯ TR ㉰ MOSFET ㉱ LED

4. LED의 발광전압은 최저 몇 [V]인가?

㉮ 1~1.5 ㉯ 1.8~2 ㉰ 2~3 ㉱ 3~5

5. LED의 최대 사용전류는 몇 [mA]인가?

㉮ 10 ㉯ 20 ㉰ 35 ㉱ 50

6. LED의 역전압은 몇 [V]인가?

㉮ 1~2 ㉯ 3~4 ㉰ 4~5 ㉱ 5~6

7. LED의 전류제한 저항값을 구하는 식은 다음 중 어느 것인가?

㉮ $R_l = \frac{\text{전원전압} - \leq D\text{순방향전압}}{\leq D\text{전류}}$ ㉯ $R_l = \frac{D\text{순방향전압} - \leq \text{전원전압}}{\leq D\text{전류}}$

㉰ $R_l = \frac{\text{부하전류} - \leq D\text{도통전류}}{\leq D\text{전원전압}}$ ㉱ $R_l = \frac{D\text{도통전류} - \leq \text{부하전류}}{\leq D\text{전원전압}}$

8. LED 특징이 아닌 것은 다음 중 어느 것인가?

㉮ 발열은 거의 없다. ㉯ 소비전력이 작다.

㉰ 수명이 반영구적이다. ㉱ 응답속도가 늦다.

LED 조명 설계

4.1 LED 모듈의 개요

고효율 LED 모듈 패키지는 LED 광원을 용도에 맞게 유효광원으로 최적화하는 기술로서 패키지 크기를 최소화하며 제조원가를 낮출 수 있는 공정기술을 필요로 하고 있다. LED 모듈 패키지 설계는 열 해석에 따른 패키지 구조 및 방열설계, LED 광원의 방향 및 배광 조절을 위한 광학 설계로 이루어진다. LED 모듈의 기본적인 패키지 형태는 그림 4-1과 같이 SMD(Surface Mount Device)와 COB (Chip on Board)로 구분되며 고출력 고집적 LED 모듈은 COB 패키지 형태가 주종을 이루고 있다.

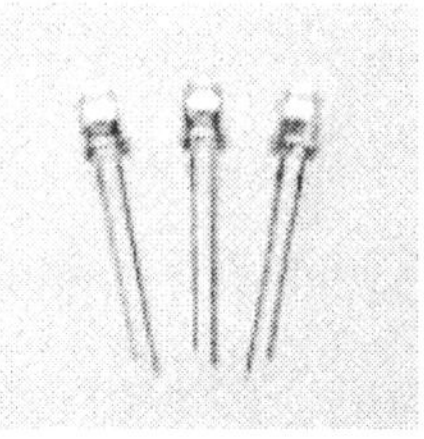

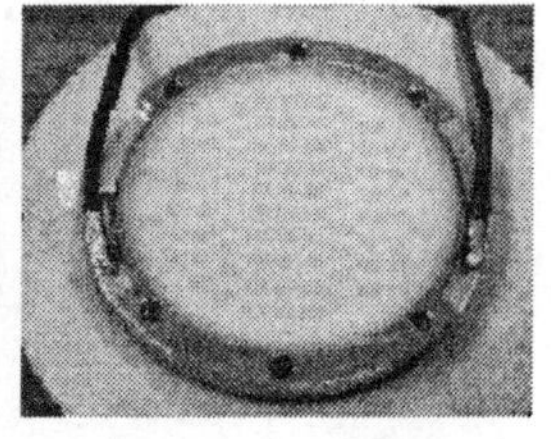

그림 4-1 LED 모듈 패키지 종류 : 램프형, SMD형, COB형

이러한 LED 모듈 패키지는 그림 4-2와 같이 기본적인 다이본딩 및 와이어 본딩 공정 후에 몰딩 과정을 거쳐 광원모듈로 완성된다.

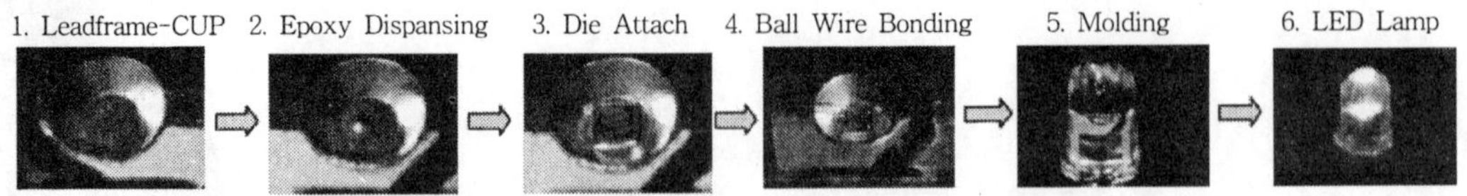

그림 4-2 LED 램프형 패키지의 기본 흐름도

특히, 봉지제 몰딩 공정은 광 특성을 고려한 LED 광원모듈 패키지만의 공정으로 형광체를 배합 적용한 광색조절 기능 및 배광조절을 위한 기본 광학계 구조 형태를 갖도록 한다. COB 패키지는 SMD패키지보다 그림 4-3에서와 같이 기본적인 패키지 구조에서 열전달 면이 적은 방열구조로 연결되어 있어 열 특성이 20[%] 이상 개선할 수 있다는 장점이 있으나, 다양한 응용분야에 따라 램프(1[W]급 이하의 신호용), SMD(1~5[W]급 가전용), COB(5[W]급 이상의 고출력 조명용) 타입의 패키지들이 LED 모듈의 패키지 특성에 따라 적용되고 있다. LED 광원 모듈 패키징 기술은 LED 칩의 광속을 패키지 상태로 시스템에 적용할 수 있도록 제작하는 것으로 LED 광원 모듈의 패키지 설계 효율은 LED 칩을 기준으로 전기, 열, 광학적인 구동조건에 따라서 그림 4-4와 같이 50~70[%] 정도 활용할 수 있다.

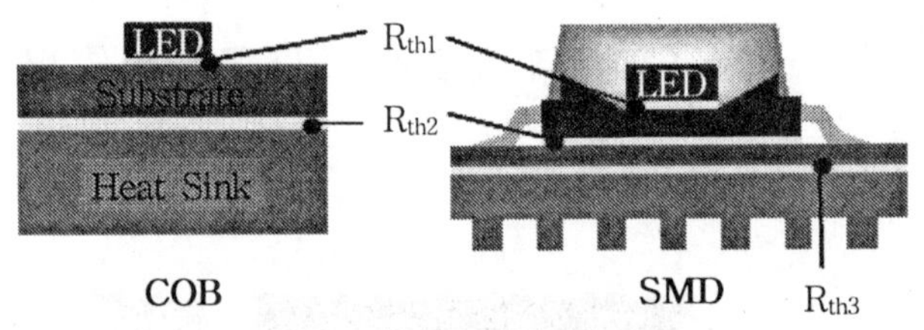

그림 4-3 COB와 SMD 패키지 비교

현재 발표된 가장 높은 효율의 LED는 Nichia사에서 개발한 150[lm/W]급의 LED이며, 이 광속 효율은 실험실 수준의 수치로서, 이러한 LED 칩들은 2년여 간의 양산화 공정을 거쳐 상용화된다는 것을 감안할 때 2010년경에는 75~105[lm/W]의 LED 모듈이 상용화 가능할 것으로 사료된다. 이러한 LED 모듈 COB 패키지의 응용제품별 제조현황 및 성능은 표 4-1과 같다.

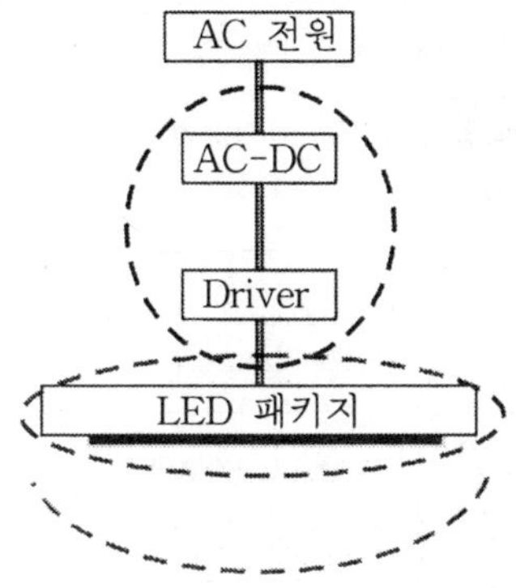

효율[%]	최고	최저
전기	90	80
열	90 (65[℃])	85 (100[℃])
광학	85	75
전체	69	51

그림 4-4 LED 모듈 패키지 설계 효율

표 4-1 COB 패키지 형태의 LED모듈 응용제품 및 주요성능

제조사	제조국	대표적 COB 패키지		주요성능	비고
Lamian Ceramics	미국	BL-2000		108[lm] (white light 5500[K])	LTCC-M (CTE : 6[ppm/℃])
Innovation in Optics	미국	LumiBright		203lm@ 2.15A 20 or 41	Non-imaging CPC
Stocker Yale	미국	COBRA		175, 001lux@8.3W 125mm line	고속스캔용
TIR Systems	캐나다	LEXEL		0-1000[lm]/35[W] 2700[K]~6500[K]	50,000 hours no degradation
Enfis	영국	UNO		360[lm]/18[W] 0.7[cm²]	power package: 5[W/cm²]
Osram OptoSemiconductors	독일	Ostar		420[lm]/15[W](lens) 6 LEDs	Golden Dragon(SMD)
Opto Technology	독일	Shark		250[mW] (50 UV LEDs)	TIR lenses& CPC reflectors

제조사	제조국	대표적 COB 패키지		주요성능	비고
Vossloh-Schwabe Optoelectronics	독일	LJ series		370[lm]/12[W] 60 LEDs	12×300[mm^2] >30[lm/W]
Tridonic Atco	오스트리아	Power LED EOS		840lm@0.7A 30×30[mm^2]	12 white HP LEDs
Sololuce	이태리	Power Giant		560[lm]/15[W] 5×28[mm^2]	16 large-area HP LEDs
NeoPac	대만	Neo Bulb		500[lm]/20[W] 0.49[cm^2]	16 HP LEDs Micro-heat pipe
Lednium/Optek	호주	Turtle		250[lm]/10[W] 33×33×8[mm^2]	3D packaging

4.2 LED 조명 설계

LED 조명 제품 설계의 구성요소는 그림 4-5와 같이 모표배광을 위한 광학계와 신뢰성 확보를 위한 방열이 실현되는 조명기구 설계와 고효율 실현을 위한 구동회로와 LED의 다양한 광색 및 색온도를 구현하기 위한 제어회로를 실현하기 위한 회로설계가 필요하다.

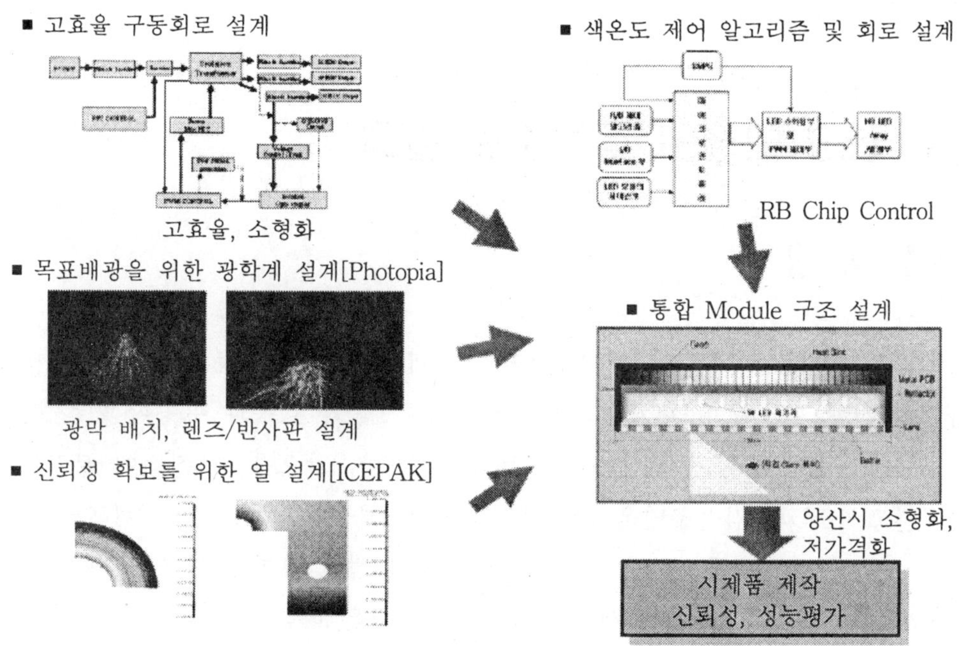

그림 4-5 LED 조명 설계

LED를 조명 용도에 효율적으로 적용하기 위하여 조명 공학적 목표 배광을 설정하고, 이를 실현하기 위한 광학설계 및 광 효율 극대화 기술이 필요하다.

이러한 최적의 목표 배광을 실현하기 위한 광학설계 요소 기술은 다음과 같다.

① 반사판, 글로브(globe), 확산 시트 등의 광 설계기술
② 직간접 조명을 위한 조명설계 기술
③ 광학적 특성 분석 및 개선 기술
④ 색도 및 눈부심 등의 조명 공학적 특성 연구
⑤ 조명렌즈/반사판 개발(LED 조명 등기구 개발)

또한, LED가 조명용으로 사용하기 위하여 대용량화가 필요하며, 이것은 LED 자체 발열량의 증가로 LED 발광효율을 저하시키고, 수명을 감소시킨다. 따라서, LED 조명기구 설계에 있어서 방열 구조의 개선이 매우 중요하다.

이러한 방열 구조를 개선하기 위해서는 LED와 방열판과의 접착 열 저항을 최소화해야 할 것이다. 따라서, 방열 단면적이 최대화 될 수 있는 조명기구 설계가 이뤄져야 하며, 전도된 열이 빠른 시간에 냉각될 수 있는 구조를 형성하여야 한

다.

4.3 LED 모듈의 구동회로 설계

4.3.1 개 요

LED가 조명분야에 적용되면서 LED의 특성에 부합하는 구동회로에 대한 연구가 활발히 진행되고 있다. 현재 LED 패키지 및 모듈의 효율과 수명이 기존 광원보다 높더라도 LED특성에 부합하는 회로가 적용되지 않으면 그 장점이 부각되지 못하게 되고, LED의 감성조명을 실현하고 다양한 기능성을 부가하기 위해서는 구동회로의 설계가 매우 중요하다. 따라서, LED의 특성에 부합하고 조명 환경에 부합되는 회로를 설계하는데 있어서 고려해야 할 사항은 다음과 같다.

(1) LED 동작 개수 결정

LED 조명제품의 사이즈 및 광 출력과 전력을 고려하여 설계해야 한다.

(2) LED 인가전압의 형태

AC, DC, 구형파, 삼각파 등

(3) LED 어레이(Array) 회로 구조

(가) 직렬구조(LCD BLU 등 디스플레이에 주로 사용)

① 각각의 LED에 일정한 전류가 공급되어 LED 어레이의 균일한 휘도가 발생한다.

② 하나의 LED가 소실될 경우 전체 LED 어레이가 소등된다.

(나) 병렬구조(Battery를 이용한 조명분야에 주로 사용)

① 각각의 LED에 일정한 전류가 공급되지 않아 LED 어레이의 불균일한 휘도가 발생된다.

② 하나의 LED가 소실될 경우 전체 LED 어레이에 영향이 없다.

(다) 직·병렬구조(일반조명에 주로 사용)

LED 동작전압과 전류를 고려하여 설계할 경우, 직렬구조와 병렬구조의 장점으로 부각된다.

(4) LED 동작 제어 방식

(가) 정전압제어 방식

① 초기 동작시 LED 접합온도가 낮으므로 낮은 전류가 LED에 인가한다.
② 동작 시간 경과 후 자체 발열량에 의해 접합온도가 상승하여 높은 전류가 LED에 인가한다.
③ 광 출력은 LED 접합온도에 반비례하여 동작 시간 및 온도에 따른 광 출력 변화가 적다.
④ 오랜 시간 점등 동작하는 실내등, 독서등 등에 사용

(나) 정전류제어 방식

동작시간 및 온도에 따른 광 출력 변화가 크다.

① 동작시간 및 온도에 관계없이 항상 일정전류를 제공한다.
② 초기 동작시 LED 접합온도에 비례하여 높은 광 출력을 나타낸다.
③ 동작시간 경과 후 자체 발열량에 의해 접합온도가 상승하여 낮은 광 출력을 나타낸다.
④ 짧은 동작시간을 나타내는 경광등, 인체감지센서, 섬광등 등에 사용된다.

표 4-2 LED의 응용사례

구분	Display용	Traffic Sign용	전장용	광원용	통신용
Set	옥내외 전광판	교통신호등 도로상태 경보등 도로상태 안내등 도로지명 표시등	산업용 특수조명		

구분	Display용	Traffic Sign용	전장용	광원용	통신용
Module & Array	옥내전광판 문자전광판 옥외전광판	도로교통 신호용 모듈 철도교통 신호용 모듈	Stop Lamp 방향지시등 브레이크등 Dash-Board	정밀과학기기 특수조명 의료용장비	IrDA IrDA-Array
Unit	가전제품 산업기기용 표시창 전광판 Pixel 완구류			전구형 Unit 형광등형 Unit Back light (LCD, 단말기, 디지털카메라)	핸드폰 발광 안테나

(5) 디지털 제어(PWM 제어)

다양한 광색 LED의 광 출력을 변화시켜 광색 및 색온도 제어를 통한 감성조명 실현된다.

4.3.2 LED의 기본 구동회로

(1) 구 동

발광 다이오드(LED)는 극성에 적합하게 전원을 인가하면 발광을 하지만, 출력광은 전압 및 주변 온도의 변화 등에 의하여 변화하게 된다.

발광 다이오드(LED)가 단순히 신호의 표시 소자로만 사용되지 않고 그 사용범위가 확장됨에 따라 정광출력을 요구하게 되고 특히, 통신용 등의 신호원으로 사용시 정광출력과 안정화가 필수 요소이며, 전광판 등에 다수의 표시 소자로 사용됨에 따라 전력 소비를 절감하고, 과전압 인가 등으로부터 발광 다이오드(LED) 소자를 보호하기 위하여 정전기 등의 서지전압을 흡수하는 회로 등을 부가하여 수명을 향상시키고, 정광출력을 얻기 위하여 자동전압 조정회로를 부가하는 등의 발광 다이오드(LED) 구동을 위한 기술이 개발되어 사용되고 있다. 이러한 회로의 부가로 인하여 역률(Power Factor), THD(Total Harmonic Distortion)이 증가함에 따라 이를 보상하는 회로가 부가되는 등의 문제점이 발생한다.

발광 다이오드(LED)가 고 휘도화되고 밀폐된 공간에서 사용되는 등으로 인하여 온도에 의한 영향을 많이 받게 된다. 발광 다이오드(LED) 구동에서 사용되는 정전류원 구동 방식에서 주위 온도 변화가 −40도에서 70도까지 변할 경우 광 출력은 40~50[%] 정도로 변동하기 때문에 이를 보상하기 위하여 광 출력을 피드백시켜 전원을 제어 한다든지 또는, 서미스터(Thermistor)등의 온도보상 소자를 이용하여 공급 전력을 제어한다.

(2) DC 구동회로

그림 4-6은 DC전원을 인가하여 LED를 구동하는 기본적인 회로이다. LED는 전압의 작은 변화에 큰 전류 변화를 나타내기 때문에 전압제어시 정확한 설계가 필요하며 DC구동에 대한 3가지 전압제어방식을 나타내고 있다.

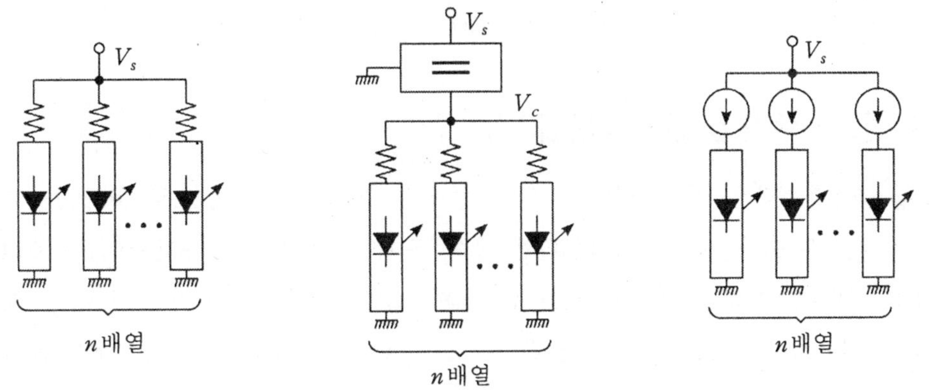

(a) 전압이 조정되지 않는 경우 (b) 전압 레귤레이터(Regulator)를 사용한 경우 (c) 전류원을 사용한 경우

* V_s는 전압이 조정되지 않는 DC 전압이다.

그림 4-6 LED DC 구동회로

(3) AC 구동회로

교류를 이용한 구동은 그림 4-7과 같이 상용전압을 직접 제어하여 사용하는 방법이다. 이러한 경우에 LED에 순간적으로 높은 전압이 공급되기 때문에 LED를 보호하기 위한 수단이 필요하다.

보통 보호 다이오드를 채용하여 LED가 갖는 역방향 전압보다 큰 전압이 걸리는 경우에 LED를 보호한다. 이러한 회로는 회로가 간단하면서도 조광이 가능하기 때문에 많은 연구가 진행되고 있다.

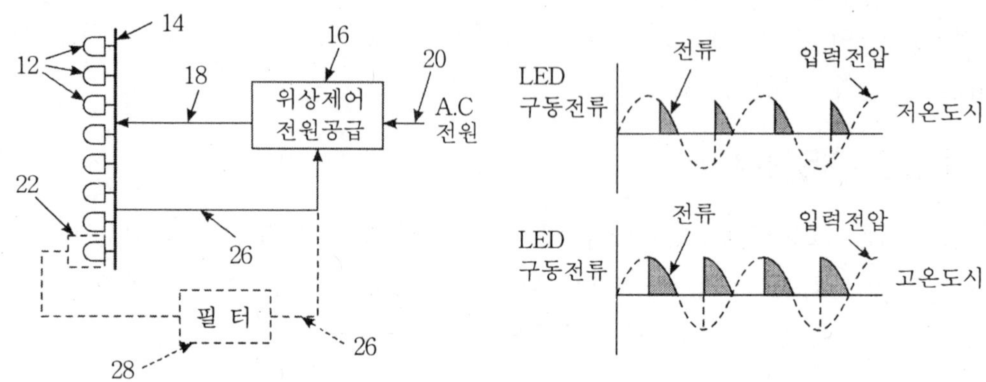

그림 4-7 LED AC 구동회로

(4) 펄스 구동회로(PWM제어)

그림 4-8과 같은 펄스구동회로, 즉 변조된 펄스를 광 신호로 바꾸는 회로는 LED의 접합온도가 감소되어 LED의 광속 유지율의 향상을 가져오고, 변조회로가 전지에 의하여 전력을 공급받을 경우에 변조회로의 전력소모가 감소하기 때문에 전지가 갖고 있는 유효 수명을 늘릴 수 있는 이점이 있다. 따라서, 광범위하게 활용하고 있는 방법이며, 온도보상 및 광 출력제어가 간단하고 세밀한 제어가 가능하지만 상용저압에서는 회로가 복잡하다는 단점이 있다.

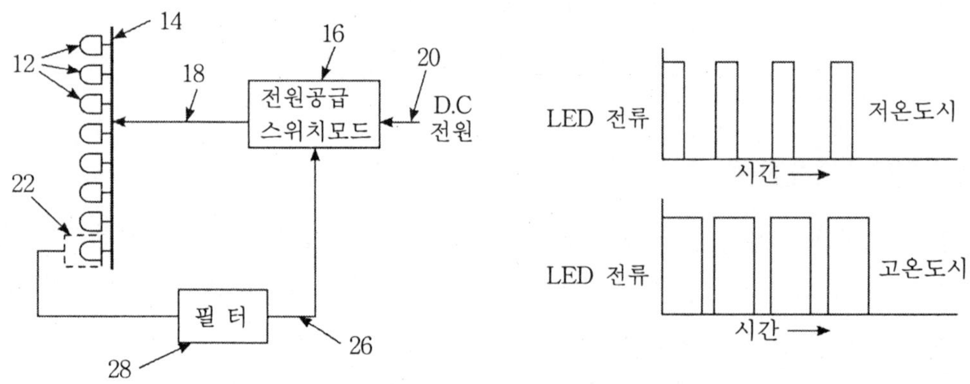

그림 4-8 IC 제어회로를 사용한 LED 펄스 구동회로

(5) LED 스트링(LED String)

조명분야에서 회로는 LED의 개수를 포함할 수 있고, 한 개나 여러 개의 스트링(String)안에 배열(Array)된다. 일반적으로 그림 4-9에 나타낸 것처럼 $n>1$로 병렬 연결된 n개의 LED String($n=1, 2, \cdots$)을 생각할 수 있다. 각 스트링(String)은 그림 4-9와 같이 m개의 LED($m=1, 2, \cdots$)를 직렬 연결한 형태로 나타낼 수 있고, k개의 병렬 서브스트링(Substring)($k=1, 2, \cdots$)을 포함한다. LED의 총 개수는 nmk이고 전체 동작 전류는 nI_F이다.

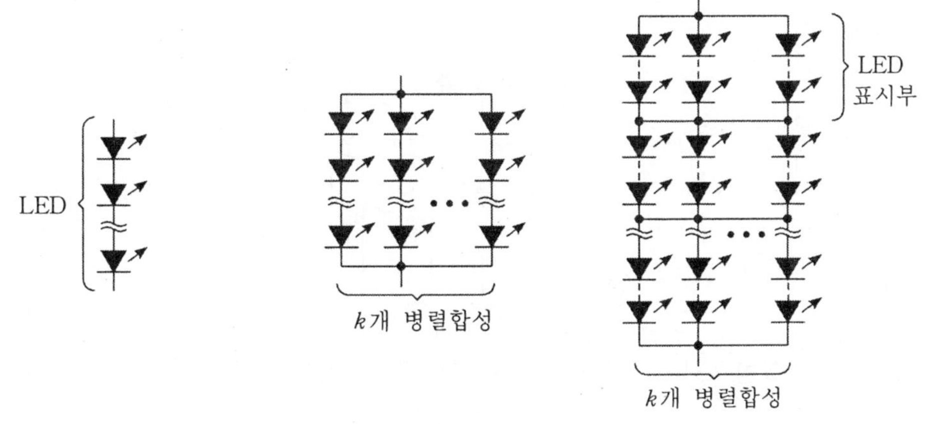

(a) m개의 LED 단일 String (b) k개 병렬 서브스트링(Substring)의 합성 스트링 (c) LED의 가로단을 형성하는 교차 연결 합성 스트링

그림 4-9 정 전류에 의한 LED String 구동

LED 스트링의 설계는 여러 가지 요인에 의존한다. LED 배열내의 소자(저항이나 능동소자에 의한 전류원)의 수를 감소시키기 위하여, 간단한 스트링에 병렬 서브스트링(Substring)을 포함한 합성 스트링으로 대체되고 있다. 하지만, 이러한 합성 스트링은 순방향 전압 특성이 매우 유사한 LED 칩을 사용해야만 한다. 그렇지 않을 경우에는 서브스트링(Substring) 사이의 전류 분포는 균일하지 않게 된다.

전파정류전원에 직접 연결하여 사용하는 것과 같이 매우 긴 합성 스트링의 생존 능력을 향상시키기 위하여, 그림 (c)에서와 같이 스트링 사이를 교차 연결하는 것이다. 여기서, 단일 칩에 대한 임의의 점등 실패는 전체 서브스트링을 파괴시킬 수 없으며, 하나의 LED 세그먼트(Segment)에 영향을 미친다.

(가) 전기적 보호

유도성 부하에 빠른 인터럽트가 발생하는 전기시스템에 LED가 사용될 경우에 높은 과도전압이 유도된다. 순방향 과부하가 LED의 수명을 감소시키는 결과를 가져오고 높은 역전압은 소자 파괴를 유발할 수 있다. 따라서, LED의 전기 안정성을 향상시킬 수 있도록 내부에 과도 서프레서(Transient suppressor)가 포함된 것도 있다. 이러한 사용에도 불구하고 순방향 과부하와 역방향 항복 전압에 대한 보호 수단이 외부 회로에도 필요하다. 그림 4-10은 일반적인 보호회로를 나타내고 있다. 고전압 실리콘 다이오드는 역방향 전류를 억제하고, 과도 서프레서는 LED 스트링의 양단 전압을 직접 제어한다.

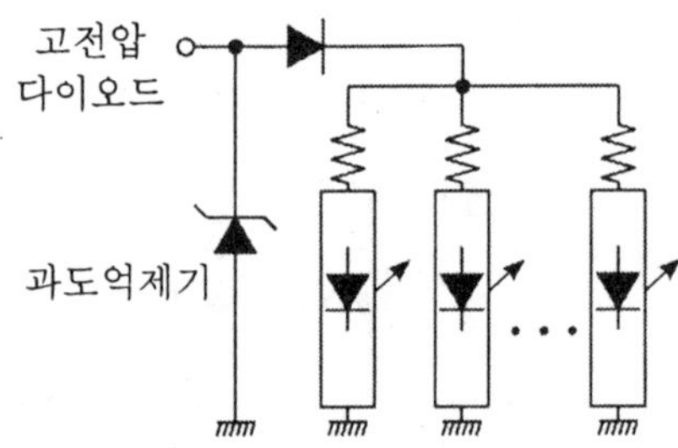

그림 4-10 전기적인 과도현상에 대한 LED 스트링 보호회로

(나) 조광(Dimming)

간단한 응용으로 LED의 구동전류를 감소시킴으로써 최대 광출력에 대해 10[%]까지 조광할 수 있다. 하지만 구동전류의 지나친 감소는 배열 내 LED의 불규칙한 광도와 심각한 색도 변화를 야기한다. 또한, 광출력은 전류에 따라서 매우 비선형적인 특성을 나타낸다. 이러한 단점들은 일정한 구동전류에 펄스폭변조(PWM)를 사용함으로써 제거된다. 전류 펄스의 듀티 싸이클의 변화에 의해 평균 광출력은 3~4배의 크기로 변화한다. 일반적으로 100[Hz] 이상의 반복적인 주파수는 가시적인 불편을 제거하는데 사용된다.

(다) 디지털 제어

LED의 저전압 구동은 대규모의 LED 배열과 등기구에 대한 디지털 제어를 형성하는데 큰 이익을 나타낸다. 내장 프로세서를 포함하거나 외부 컴퓨터에 의해 구동되는 지능형 기구가 사용될 수 있다. LED 스트링의 단일 원격 제어 펄스폭변조(PWM)와 센서 기반 광도 변화가 디지털 제어의 한 예라고 말할 수 있다.

(6) 전류 및 전압 조정 회로의 사용

부하의 변화 또는, 입력전압의 변동에 대해서 LED 배열에 일정 전압 또는, 일정전류를 공급하기 위해서는 능동회로를 사용하여야 한다. 이들 회로는 광 출력이 부하의 상태나 입력전압의 변동에 무관해야 하며 일정하게 유지되어야 하는데, 그림 4-11에 다양한 방식을 소개하였다.

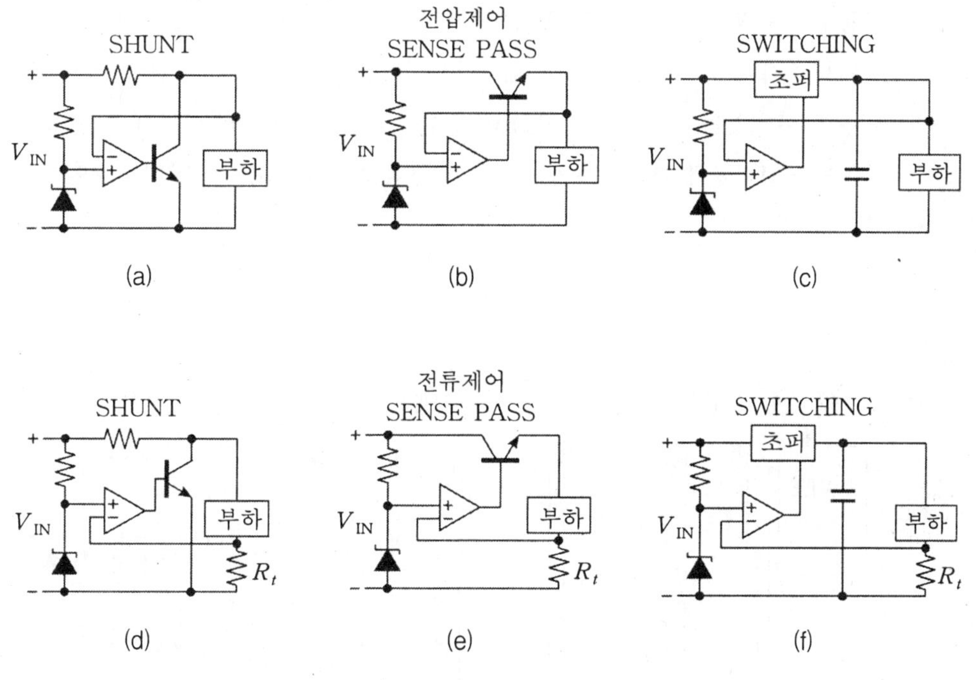

그림 4-11 LED 구동용 능동회로의 여러 방식

그림 (a), (b), (c)는 전압을 일정하게 유지하는 회로이고 (d), (e), (f)는 전류를 일정하게 유지하는 회로이다. 각각 Shunt, Series Pass, 스위칭 방식으로 구성이 가능한데, Shunt와 Series pass방식은 반도체 소자가 능동영역에서 동작한다. 그러나, 스위칭 방식은 반도체 소자가 on-off로만 동작이 되고 효율이 좋은 반면, 구성이 보다 복잡하지만 회로 구조에 따라서, 승압 또는, 강압이 가능하다. 스위칭 방식에서의 회로구조는 다양하게 제시되고 있지만, LED 조명과 관련해서는 주로

Buck형 또는, Boost형이 사용된다.

LED는 전류제어나 전압제어 방식으로 구동이 되는데, 전류제어의 경우 전체전류는 전압, 온도, 순방향전압 불균형 특성과 무관하게 결정된다. 전압제어의 경우는 LED 배열의 순방향전압은 전압변동에 무관하게 유지되게 된다. 그러나, 주변 온도의 변화와 서로 다른 순방향전압 특성을 갖는 LED를 사용할 경우에 순방향 전류에 영향을 줄 수 있다.

(7) LED 구동용 상용 IC와 시스템 구성

LED 구동용으로 다양한 IC가 소개되고 있다. 용도로는 수개에서 수백개의 LED를 구동할 수 있으며, 기능적으로 정전압, 정전류 또는, 역률제어를 포함하여 개발되고 있다. 대부분 유수의 반도체 회사들은 고기능화된 제품으로 수백개의 LED를 구동할 수 있는 제품을 출시하고 있다. 실제 LED 배열에 대한 전원을 구성하는 경우는 그림 4-12의 경우와 같이 정류회로, DC-DC 컨버터회로를 기본으로 하여 구성한다.

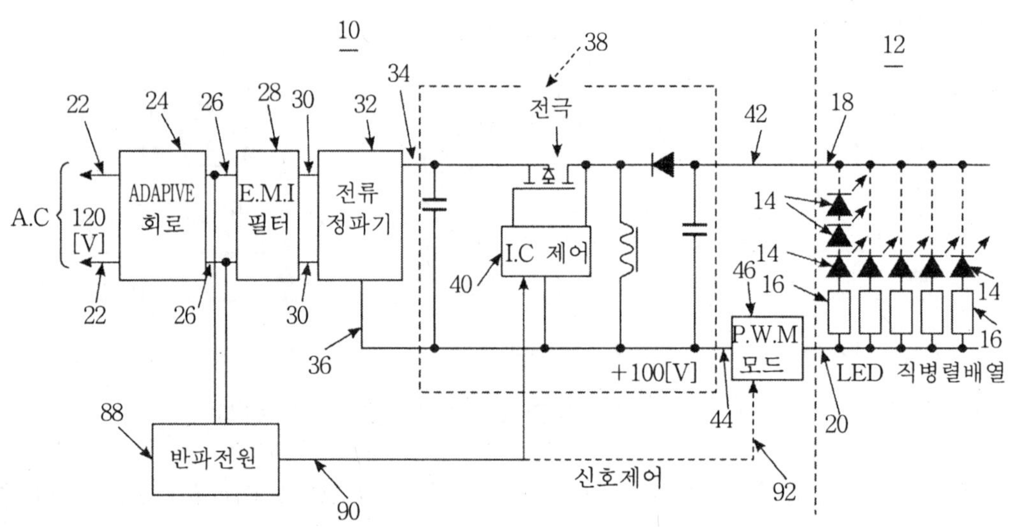

그림 4-12 LED 배열에 대한 구동제어 회로의 구성

입력측에서 고조파 제거와 역률을 강화하기 위하여 입력단에 EMI필터와 역률보상회로가 필요하다. 역률보상회로는 주로 능동소자(IC)를 이용하여 역률을 99 [%] 이상 조절하지만 가격이 상승하는 단점이 있어서 수동소자를 이용한 역률보

상회로에 대한 연구가 진행되고 있다.

이러한 수동소자를 사용하는 경우는 정류기 출력에 밸리필(Valley-Fill)회로를 사용하거나 입력측에 LC filter를 사용하는 방법이 있다. 이 경우는 설계가 잘되는 경우 90~93[%] 정도까지 역률 보상이 가능하다.

(8) 에피 성장 기술

Epitaxy는 epi(on)와 taxy(arrangement)의 합성어로서 기판위에 동일한 격자구조를 갖는 박막을 물리적 또는 화학적 방법을 이용하여 순차적으로 성장시키는 방법이다. MOCVD(metal organic chemical vapor deposition) 방법은 Ⅲ족의 MO 가스와 V족의 hydride 가스가 고온에서 반응하여 Ⅲ-V 고체상태의 화합물 반도체를 성장시키는 방법으로서 가스의 종류와 유량을 제어하여 원하는 재료를 박막형태로 성장하게 되는데, 그림 4-13과 같다.

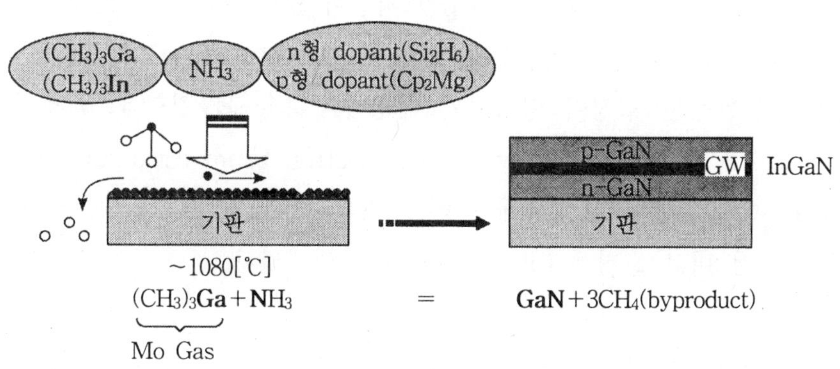

그림 4-13 질화물계 LED 성장을 위한 MOCVD 반응 메카니즘

기판과 에피층의 물리적 성질이 다름에도 불구하고 질화물계 LED의 기술혁신이 일어난 것은 저온 버퍼층 성장기술에 있었다. 그림 4-14에서와 같이 500[℃] 부근의 저온에서 AlxGa1-xN(0≤x≤1) 핵 생성층(nucleation layer)을 얇게(20~30[nm])형성한 뒤 온도를 올려 스스로 합체화(3D 성장)되게 한 후 에피 성장의 기본패턴인 계단성장(2D 성장)으로 진행되게 하는 방법으로서 질화물 에피 성장의 보편적 기술이 되었다. 버퍼층 위에 순차적으로 n-층, 활성층(발광층), p-층의 구조를 성장시켜 p-n다이오드 구조를 형성함으로서 칩 구조가 완성된다. 활성층으로는 효율을 높이기 위해 일반적으로 다중양자우물구조(multiple quantum well

: MQW)를 삽입하는데 우물층과 장벽층의 조성 및 두께를 제어하여 원하는 파장을 방출한다.

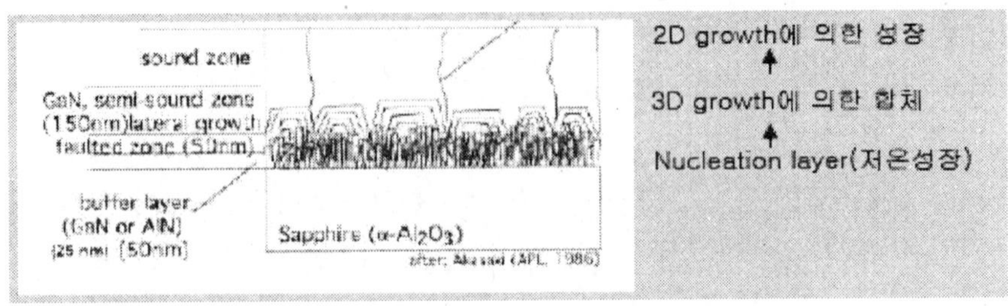

그림 4-14 저온 버퍼층 성장의 단계

도핑 원료로는 n-형의 경우 Si이 가장 많이 사용되며, p-형의 경우 InGaA1P계 재료에서는 Zn, Mg 또는 Te, 질화물계에서는 Mg이 주로 사용되고 있다. 질화물계에서 Mg의 활성화가 충분치 않아 p층 저항이 높은 문제가 있는데 이는 성장분위기 중의 수소가 억셉터 도핑 물질인 Mg과 결합하여 Mg-H 복합체를 형성하며 전기적으로 불활성된 결정이 형성되기 때문이다. Mg-H 결합을 끊어 주기 위해 아카사키 교수에 의해 LEEBI(low-energy electron beam irradiation)방법이 처음 시도되었고 후에 나카무라 박사에 의해 시도된 고온 열처리 방법으로도 큰 효과를 보게 되면서 비로소 청색 LED의 개발이 완성되었다.

4.4 LED 응용

정보통신의 발달과 더불어 화합물 반도체 기술의 발전은 새로운 빛의 혁명을 예고하고 있다. LED로 잘 알려진 발광 다이오드는 전기를 통해주면 전자가 에너지 레벨이 높은 곳에서 낮은 곳으로 이동하면서 특정한 파장의 빛을 내는 화합물 반도체에 의해 만들어진 기본 소자이다.

적색 및 녹색 발광 다이오드는 수십년 전에 개발되어 디스플레이 및 광원용 장치 등에 광범위하게 사용되고 있으나 청색(Blue), 순녹색(Pure green)의 빛을 내는 LED의 개발이 어려워 오랫동안 총천연색을 구현하지 못하였다. 하지만, 1990년대에 일본 S.NAKAMURA가 이끄는 Nichia Chemical의 연구팀을 필두로 HP,

Cree, Toyota Gosei 등 세계 최고의 기술을 가진 몇몇 반도체 회사에 의해 질화칼륨을 이용한 청색 발광 다이오드가 개발되었고, 이에 총천연색의 구현을 갈망하던 램프 및 디스플레이 장치 산업과 짧고 안정된 파장을 요구하는 광메모리 장치 등 여러 LED 응용분야로부터 청색 및 순녹색 LED의 수요는 폭발적으로 증가하게 되었다.

이러한 청색 LED의 생산 역시 고난도의 기술과 고가의 장비가 필요한 분야로서 양산을 하는데에는 막대한 비용과 시간이 걸리며, 기하급수적으로 늘어나는 시장의 수요를 공급이 감당하기 어려운 형편이다. 또한, 청색 LED에 Phpsphor를 도핑하여 백색광을 구현하는 White LED역시 고부가가치 상품으로 소형기기의 광원 및 전구를 대체할 차기 조명시장의 주역으로 떠오르며 시장의 수요는 폭발적으로 늘어날 전망이다.

(1) 표시장치분야(LED full color display)

청색 발광 다이오드의 등장으로 기존의 적녹색 계열의 전광판들은 사라져가고 현재의 총천연색 전광판이 등장하게 되었다. 전광판 한 개를 만들기 위해서는 수백만 개의 LED Lamp가 필요하며 전 세계적으로 급증하는 총천연색 전광판의 수요에 따라 청색 및 순녹색 LED의 수요도 기하급수적으로 증가하고 있으며, 기존의 멀티전광판이 Full color 전광판으로 교체되는 상태이다.

(2) 신호등/자동차 부속품 분야

LED는 전력소비가 전구의 약 1/12에 불과하고 수명은 전구의 100배 이상이며, Input에 대한 반응속도는 기존 전구보다 1000배 이상 빠르다.

저전력에도 고휘도를 내기 때문에 이미 미국 및 일본, 유럽 등 일부 나라에서는 신호등과 자동차 부품 등에 발광 다이오드를 상용화하기 시작하였다. 이러한 LED 신호등의 개발로 기존 신호등 전구의 짧은 수명과 많은 전력소비의 문제점을 해결 할 수 있게 되었다.

(3) 기타 : 핸드폰 Back light, 데이터 저장장치, 정보통신분야

IMT-2000의 기술이 상용화 되면 동영상을 구현하는 IMT-2000 단말기의 Back light용으로 저전력 백색 LED가 필수적이다. 자동차 전장판과 음향기기 및 각종 정보통신 기기에서의 LED 수요도 폭발적으로 증가하고 있으며, 완구시장도 빠른 속도로 성장하고 있다.

(4) LED 응용 분야

LED의 효율의 향상과 기능성 조명의 실현으로 다양한 분야에 LED가 적용되고 있으며, 미래 반도체조명 사회를 이끌어 나갈 것으로 예상되며, 이러한 LED 응용 분야를 구분하면 다음과 같다.

① 일반조명 : 실내외조명기기 및 기타 응용 부분
② 대형 TFT LCD TV용 LED BLU 모듈 부분
③ 수송기기용 실내외 LED모듈 : 자동차 전조등, 해상용 등명기 등
④ 대화면 고해상도 대면적 LED 정보디스플레이 및 사인 모듈
⑤ 모바일 기기용 LED BLU 및 LED프로젝션 디스플레이
⑥ LED 의료 및 농업용 조명 모듈 및 시스템 개발
⑦ LED를 이용한 에너지 절감형 조명모듈 및 시스템 : 태양광 시스템, 디지털 원격제어시스템 등과의 결합을 통한 에너지 절감 효과 극대화

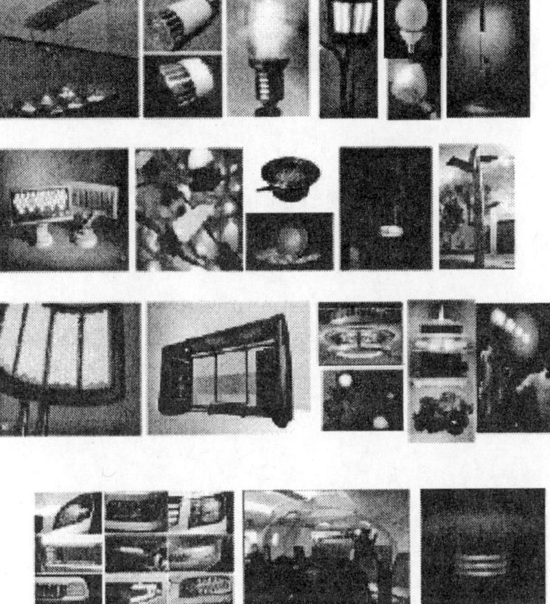

일반조명 분야

실내조명분야
- MR16조명 및 국부조명
- 전구 및 탁상조명
- 면발광 조명

실외조명분야
- Wall washer 및 장식조명
- 정원등 및 보도등
- PV(Photovoltaic) 조명
- 가로등 및 다리조명
- 경기장조명 및 투광기

특수조명분야
- 의료/농업/환경 조명
- 백색기전 조명
- 무대 및 연출 조명
- 엘리베이터 조명
- 해양문이

수송기기조명

- 자동차/기차 조명
 : 독서등, 지시등, 실내등, 전조등
- 선박항공조명
 : 항공장애등, 소형등명기, 탐조등

Mobile/LCD BLU

- 소형 LCD BLU
 : Mobile Phone, Camera, PMP, Notebook 등

대형 LCD BLU
 : 모니터, TV 등

디스플레이

LED 전광판

Sign 조명
 : LED Strip, Lighting Bar, Chamel letter

그림 4-15 LED 응용 분야 및 적용 사례

연 습 문 제

1. LED 조명기구 설계에서 최적의 목표 배광을 실현하기 위한 광학설계 요소 기술에 대하여 설명하시오.

2. 패키지와 PCB에서 열전달 효율에 영향을 미치는 요소에 대하여 설명하시오.

LED 모듈제어

5.1 89S51 하드웨어

5.1.1 89S51 기본 설계

89S51 MICOM의 전체적인 회로도는 그림 5-1과 같다.

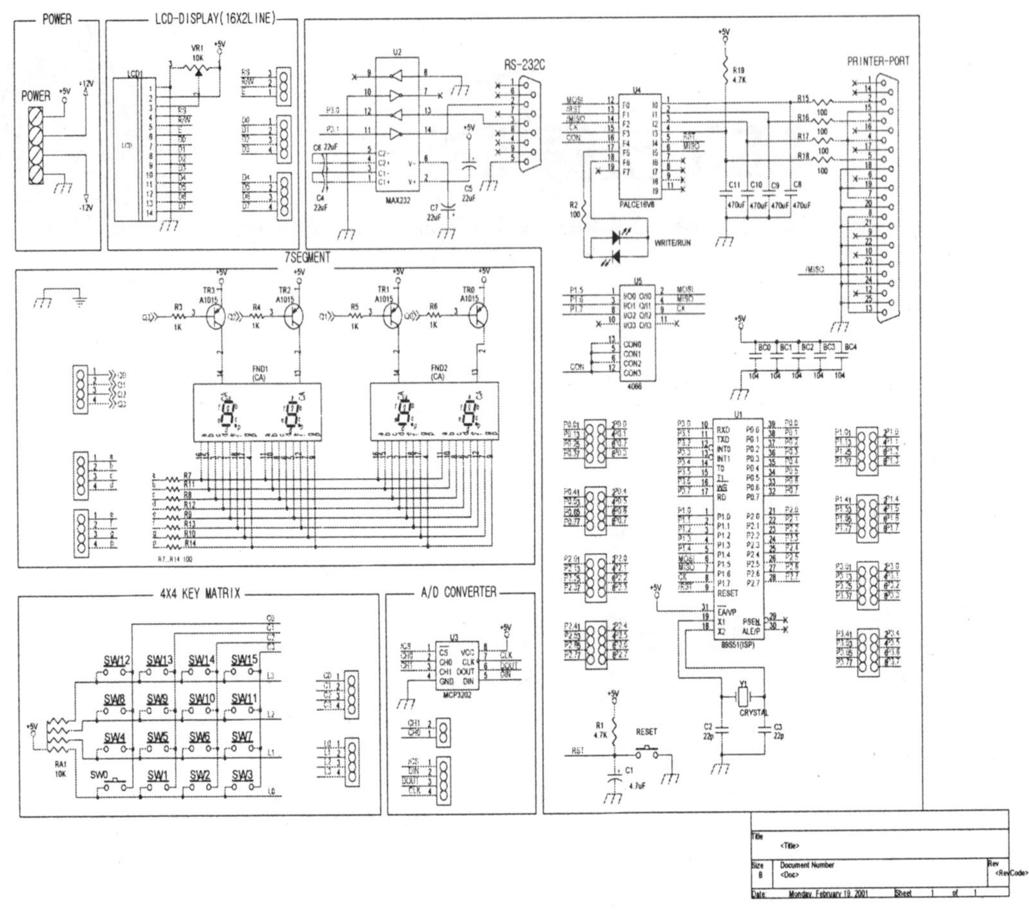

그림 5-1 89S51 MICOM 보드 회로도

89S51의 구동을 위한 가장 기본적인 하드웨어의 설계와 디버깅 소프트웨어는 다음과 같다.

(1) 전 원

89S51의 경우 전원은 외부에서 지원해 주어야 한다. 입력전원은 좌측 상단에 +5[V], GND를 좌측상단에 −12[V], +12[V]를 인가한다.

(2) 크리스탈(오실레이터) 설계

89S51에서는 그림 5-2와 같이 크리스털(X-TAL) 22.1184[MHz]를 사용한다. 일반적으로 크리스털(수정 발진자)은 그림과 같이 콘덴서와 같이 사용하지만, 오실

레이터의 경우 CAN 타입으로 출시되기 때문에 그림 5-3과 같이 접속하면 된다. 그림 5-2와 5-3은 크리스털과 오실레이터를 9S51에 연결하는 방법을 나타내고 있다. 그림 5-2의 C1과 C2는 30[pF]±10[pF]의 범위 안에서 연결해 주면 된다.

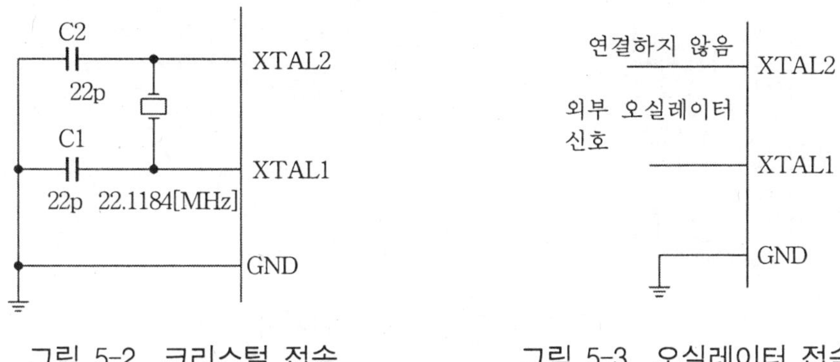

그림 5-2 크리스털 접속 그림 5-3 오실레이터 접속

(3) 리셋회로 설계

89S51의 리셋 회로는 그림 5-4와 같이 설계되어 있다. NOT GATE는 GAL 16V8C에 로직으로 구성되어 있다. 따라서 리셋 신호는 U4의 GAL의 5번 핀으로 입력이 되어 NOT GATE를 거친 후 89S51의 9번 핀으로 입력된다.

※ GAL은 간단한 논리회로를 구성할 수 있는 Programmable IC이다.

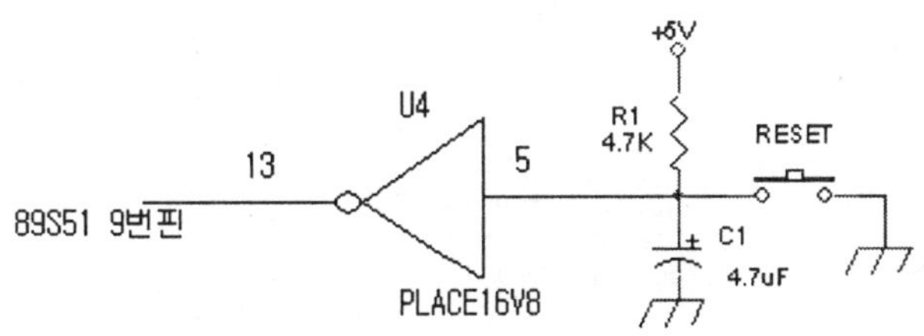

그림 5-4 89S51 리셋회로

(4) RS-232C 인터페이스

89S51에서는 기본적으로 RS-232C 포트를 제공하고 있다. RS-232C 포트를 통하여 PC에 데이터를 송신 또는 수신하게 된다. 따라서, 그림 5-5에서는 89S51에서 채택하고 있는 RS-232C 통신 포트의 하드웨어 부분을 나타내고 있다.

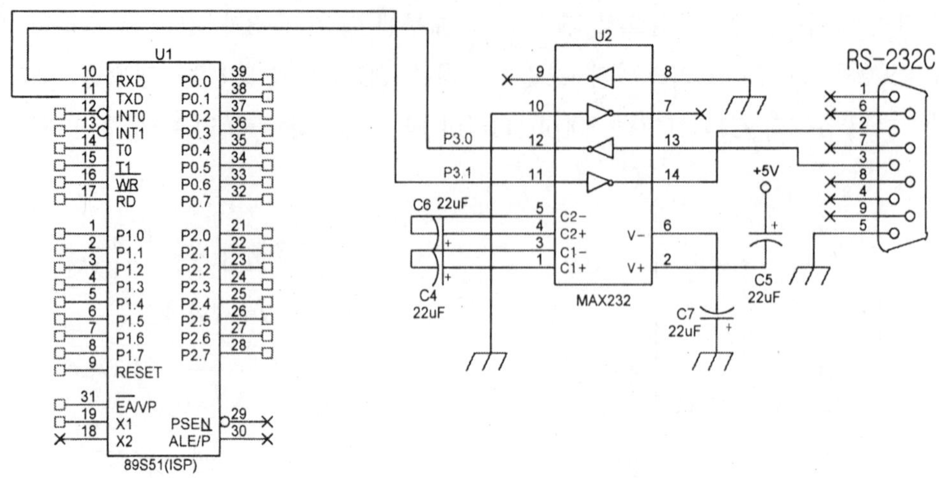

그림 5-5 RS-232C 인터페이스

(5) ISP 회로설계

89S51은 2가지 방법으로 프로그램 할 수 있다.

① 롬 라이터를 이용해서 프로그램 하는 방법

② PC의 병렬프린터 포트를 이용하여 Serial ISP방식으로 프로그램 하는 방법

본 교재에서는 ②의 방식으로 프로그램한다.

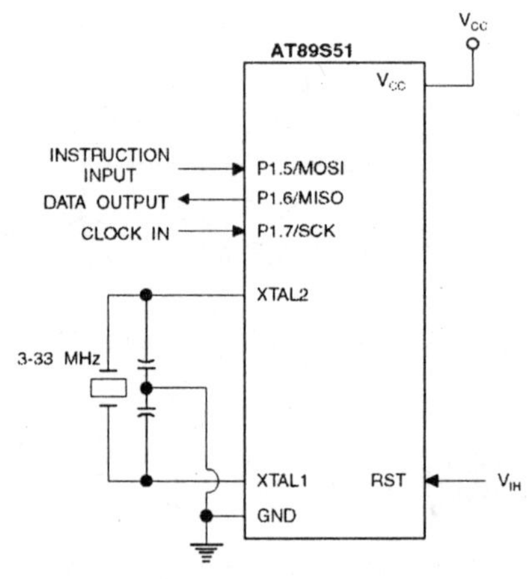

그림 5-6 ISP를 이용한 프로그램 회로

그림 5-6에 ISP를 이용한 89S51의 Flash에 다운로딩 프로그램하는 개략도와 그림 5-7에 본 교재에서 채택한 프로그램 회로를 나타내고 있다. 그림 5-8은 MPU(89S51) 부분의 회로도이다. 그림 5-8에서 BC0~BC4까지의 104(0.1 [μF]) 콘덴서는 바이패스 콘덴서로 IC에서 발생할 수 있는 잡음을 최소화하기 위하여 각 IC마다 하나씩 연결하여 주는 것으로 한꺼번에 모아서 그려 놓았다.

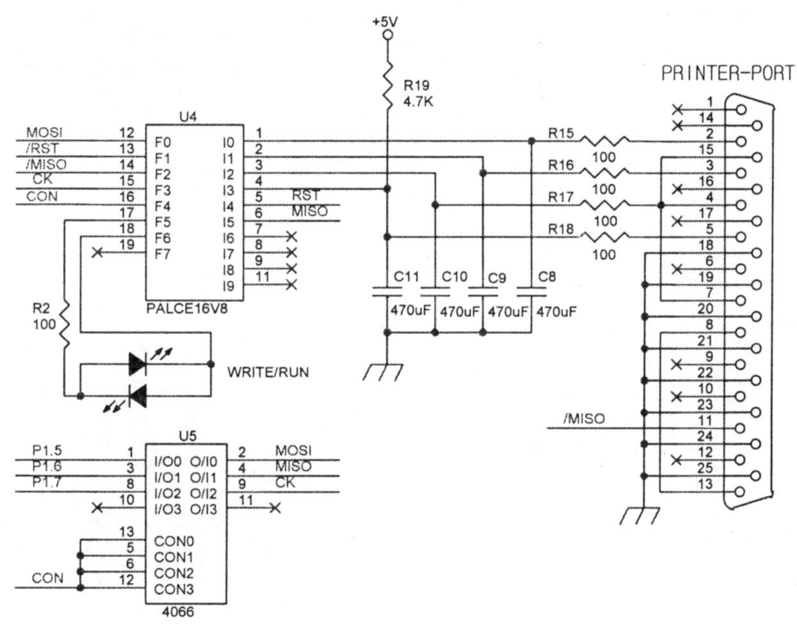

그림 5-7 ISP를 이용한 프로그램 회로

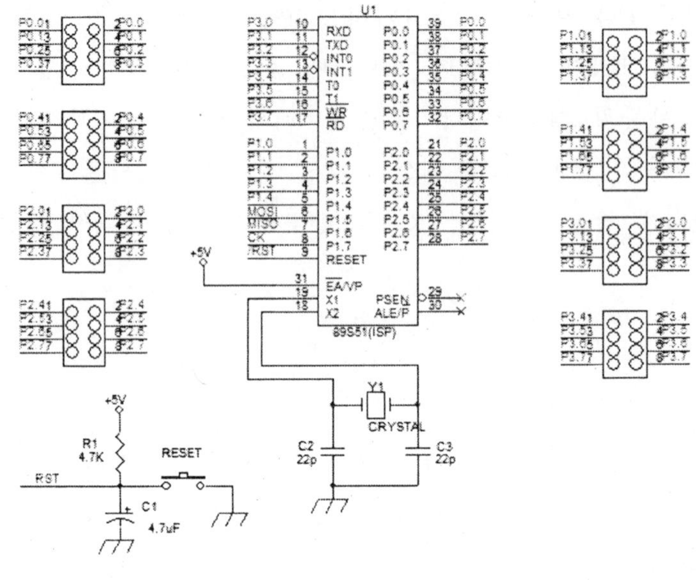
U1
RXD
TXD
INT0
INT1
T0
T1
WR
RD
P0.0
P0.1
P0.2
P0.3
P0.4
P0.5
P0.6
P0.7
P1.0
P1.1
P1.2
P1.3
P1.4
P1.5
P1.6
P1.7
RESET
P2.0
P2.1
P2.2
P2.3
P2.4
P2.5
P2.6
P2.7
EA/VP
X1
X2
PSEN
ALE/P
89S51(ISP)
MOSI
MISO
CK
/RST
+5V
Y1
CRYSTAL
C2
22p
C3
22p
R1
4.7K
RESET
RST
C1
4.7uF

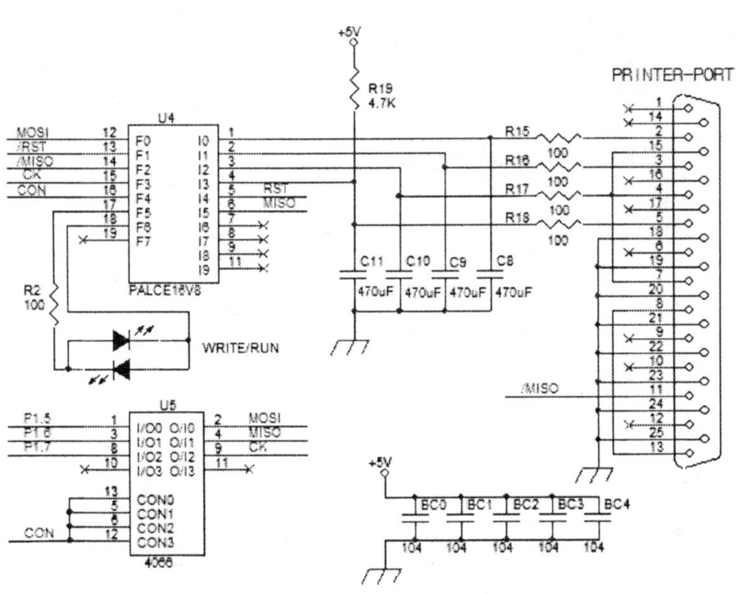
+5V
R19
4.7K
PRINTER-PORT
U4
MOSI
/RST
/MISO
CK
CON
F0
F1
F2
F3
F4
F5
F6
F7
I0
I1
I2
I3
I4
I5
I6
I7
I8
I9
RST
MISO
PALCE16V8
R15
R16
R17
R18
100
C11
C10
C9
C8
470uF
R2
100
WRITE/RUN
/MISO
U5
P1.5
P1.6
P1.7
I/O0
I/O1
I/O2
I/O3
O/I0
O/I1
O/I2
O/I3
MOSI
MISO
CK
CON0
CON1
CON2
CON3
CON
4066
BC0
BC1
BC2
BC3
BC4
104

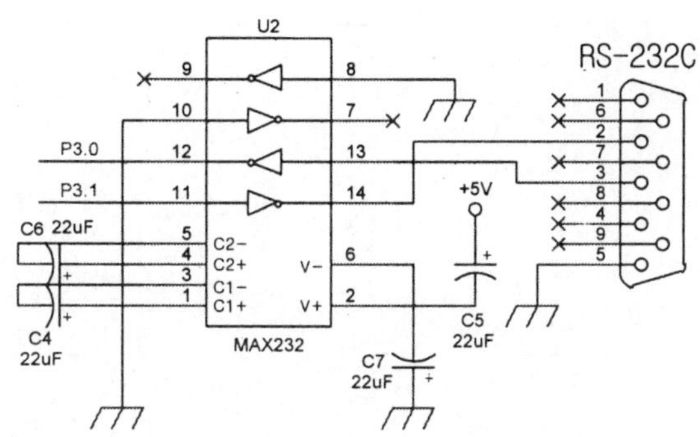

그림 5-8 MPU(89S51)부

5.1.2 89S51 프로그램 방법

(1) P1포트 프로그래밍

기본적으로 전원(+5[V], GND)과 오실레이터, 리셋부의 설계가 끝났으면 마이크로프로세서가 정상적으로 동작을 하는지 프로그램적으로 간단한 시험을 해 보아야 한다. 가장 간단하게 할 수 있는 시험으로는 포트(P0, P1, P2, P3) 중에서 하나를 선택하여 적당한 주기(약 1초)로 'high'---'low'를 무한히 되풀이 하도록 하는 프로그램을 작성하면 오실로스코프나 또는 LED 하나 정도만 연결해도 마이크로프로세서의 동작 상태를 확인해 볼 수 있다. 단, 마이크로프로세서를 프로그램 할 때 반드시 주의할 점은 마이크로프로세서는 무한루프를 이용하여 프로그램이 종료되지 않도록 프로그램 해야 한다. 만약 이렇게 하지 않고 사용자가 프로그램을 할 때 프로그램이 종료되도록 한다면 리셋이 걸리던지 또는, 이상한 번지로 선택되어 마이크로프로세서가 이상한 현상을 보이기 때문에 주의해야 한다.

AT89S51 마이크로프로세서의 동작 여부를 확인하기 위한 프로그램으로 P1포트 전체를 ON/OFF 시키도록 하는 프로그램은 다음과 같다.

```
#include <io51.h>

void main(void)
{
int i ;
  for( ; ; ){
/*
    P1 포트를 전부 1초 간격으로 high-low 펄스가 출력되게 하는 프로그램이다.
    (P1은 io51.h에서 sfr로 선언되어 있으므로 1바이트를 입출력할 수 있는 레지
    스터이다.) */

      P1=0xff ;                          /* P1 포트 전체가 high  */
      for(i=0 ; i<30000 ; i++) ;         /* 약 0.5초간의 delay   */
      P1=0 ;                             /* P1 포트 전체가 low   */
      for(i=0 ; i<30000 ; i++) ;         /* 약 0.5초간의 delay   */
  }
}
```

이 프로그램을 89S51에 다운로딩하면 P1포트 전체가 1초 간격으로 'high-low'를 무한히 계속하게 된다. 반드시 테스트 해야 한다. 이와 같은 부분은 오실로스코프로도 확인해 볼 수 있다. 만약, 이 부분에서 제대로 펄스가 출력되지 않으면 2가지 문제가 있을 수 있다.

① 컴파일러에서 무엇인가를 잘못 했을 수 있다. 따라서, 처음부터 컴파일러 옵션을 다시 주면서 컴파일 하도록 하여 출력파일인 hex 파일이 제대로 출력되는가 확인한다.
② 첫 번째 사항에 문제가 없으면 그림 5-9와 같이 마이컴프로그래머 부분의 포트부분 포트 을 더블 클릭하여 MICOM이 확실하게 동작하는지 검사한다.

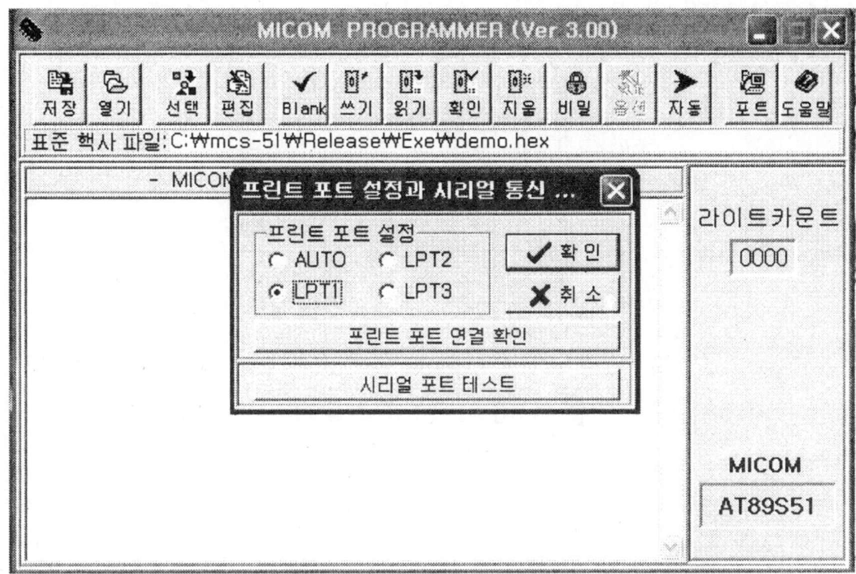

그림 5-9 89S51의 포트를 이용한 자기진단 방법

※ 89S51의 동작에 이상이 발생했을 때 주의사항

① 전원 입력부에 잘못된 전원이 인가되면 89S51이 고장이 발생될 우려가 있으므로 이 부분을 유념하면서 확실하게 전원부분을 검증하고 전원을 인가한다.

② 89S51을 컴퓨터와 연결하여 그림 5-9와 같이 자기진단 프로그램을 실행해 본다.

③ 과제 1을 프로그램 하여 P1포트에서 출력이 발생되는가를 확인한다.

④ 자기진단이 종료된 상태에서 P1포트에서 출력이 나오지 않으면 컴파일러 사용방법에 문제가 있으므로 천천히 컴파일러 옵션을 확인하면서 출력파일인 hex 파일이 나올 때 까지 시도한다.

5.2 LCD 모듈 프로그램

본 교재에서는 일반적으로 많이 사용되고 있는 히다찌(HITACHI)회사의 HD 44780를 내장하고 있는 모듈을 사용하여 LCD 모듈 프로그램을 작성해보기로 한다. 그림 5-10은 LCD 부분의 모듈이고, 그림 5-11은 CPU 부분의 모듈이다.

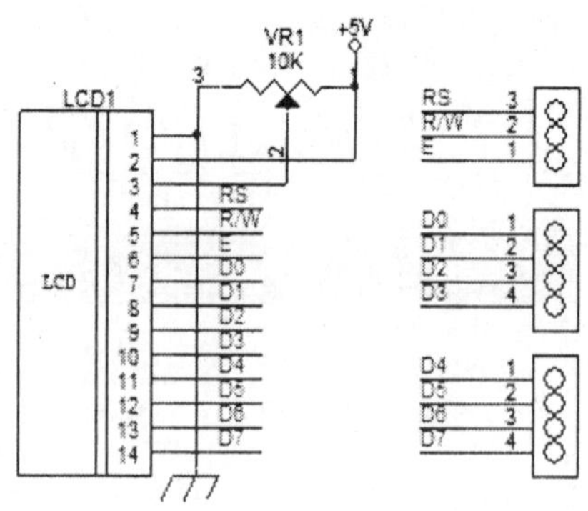

그림 5-10 LCD 디스플레이부

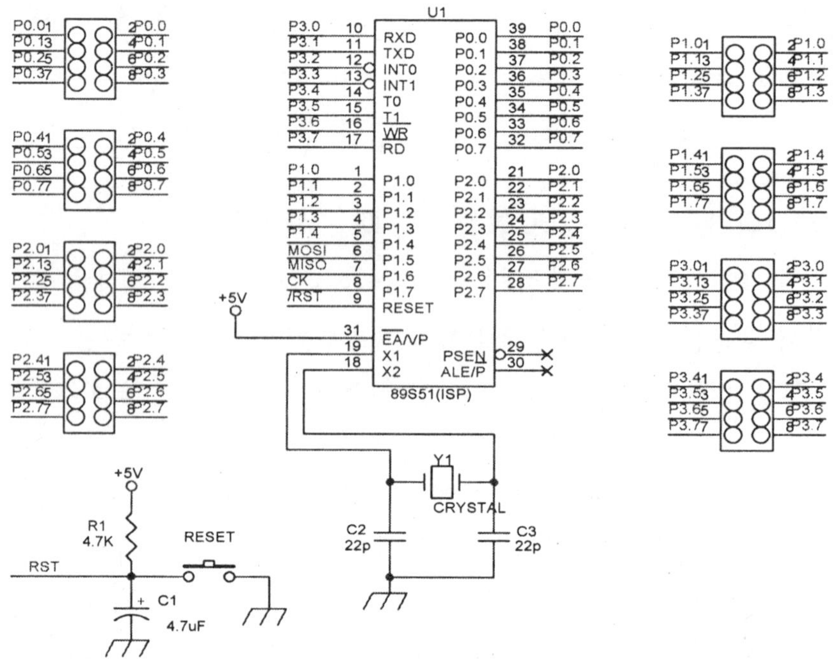

그림 5-11 MPU(89S51)부

LCD를 MPU(89S51)와 연결하여 LCD를 초기화하는 프로그램을 작성하여 프로그램을 실행하면 LCD가 초기화되고 나서 커서는 홈 위치에 자리하게 된다.

LCD를 구동하기 위해서는 먼저 89S51의 PAD와 LCD간의 PAD사이에 어떻게 연결할 것인가를 고려해야 한다. 89S51의 각 포트를 외부와 연결할 때 주의할 점은 다음과 같다.

DCB(89S51)에서는 P3.0과 P3.1이 RS-232C 통신 포트용 RXD, TXD로 사용되기 때문에 가능하면 이 핀은 외부와의 연결을 하지 않아야 한다.

따라서, LCD를 구동하기 위해서 이번 실험에서는 다음과 같이 89S51과 LCD 부분을 연결하도록 한다.

PAD 연결 부위											
LCD	RS	RW	E	D0	D1	D2	D3	D4	D5	D6	D7
89S51	P1.0	P1.1	P1.2	P0.0	P0.1	P0.2	P0.3	P0.4	P0.5	P0.6	P0.7

위와 같이 연결한 후에 89S51에 전원을 투입한다. LCD에 전원을 투입하면 다음과 같은 현상이 발생한다.

① 89S51에 전원을 넣었을 경우 LCD에 까만 줄이 1개(1라인) 나오면 정확하게 접속된 것이다. 89S51에서는 16문자/2줄의 LCD 모듈을 사용하기 때문에 프로그램이 들어 있지 않은 상태에서 전원만 가하였을 경우 글자가 찍힐 자리 1줄이 까맣게 줄로써 나타난다. LCD가 아무런 변화를 보이지 않으면 접속되어 있는 가변 저항(VR1)을 이리저리 돌려보면서 LCD 화면의 까만 줄이 나타나는가 확인한다.

② 만약 까만 줄이 전혀 나타나지 않으면 LCD에 전원부(+5[V], GND) 입력이 정확한가 확인해 보고, 이상이 없으면 LCD 2번에 부착되어 있는 가변저항(VR1)을 다시한번 돌려본다.

위의 ①과 ②의 확인 작업을 거치면 LCD에 까만 줄의 표시가 나타나는데 LCD 모듈은 고장이 아니므로 그대로 사용하면 된다.

```
#include <io51.h>

bit P1_0     = 0x90 ;
bit P1_1     = 0x91 ;
bit P1_2     = 0x92 ;

#define  LCD_RS      P1_0
#define  LCD_RW      P1_1
#define  LCD_E       P1_2

#define  LCD_DATA  P0

void E_Pulse(void) ;
void Func_set(void) ;
void Init_Lcd(void) ;

  /*  앞장에서 알 수 있듯이 LCD로 데이터가 입력되려면 반드시 데이터를
      래치시킨 상태에서 LED Enable신호에 펄스 하나를 내주어야 된다.  */
 void E_Pulse(void)
 {
 char i ;
        /*  LCD Enable 신호 'HIGH'  */
        LCD_E = 1 ;
                /*  LCD Enable 펄스를 어느 시간 이상 지연해 준다.  */
        for (i=0 ; i<10 ; i++) ;
                /*  LCD Enable 신호 'LOW'  */
        LCD_E = 0 ;
  }
  /*  LCD컨트롤러 HD44780의 기능을 설정하는 함수로 데이터 라인을 8비트
      인터페이스, 2라인 디스플레이, 5*7글자 폰트를 설정한다.  */
```

```
void Func_set(void)
{

/* LCD R/W */
LCD_RW = 0 ;

/* LCD RS */
LCD_RS = 0 ;

/* LCD DB0~DB7까지의 값이다. */
LCD_DATA = 0x38 ;
/* 모든 명령(데이터 입력)후 반드시 LCD Enable 펄스를 하나 내주어야 한다. */
 E_Pulse() ;
 }

 /* LCD를 초기화 함수이다. */
 void Init_Lcd(void)
 {
 int i ;
 LCD_E = 0 ;

 /* 전원이 4.5V 이상으로 올라간 후에 15ms 이상을 기다려야 한다. */
 for(i=0 ; i<2000 ; i++) ; /* i값 1000은 컴파일러마다 틀릴 수 있다. */
 Func_set() ;

 /* 4.1ms 이상 기다려야 한다. */
 for(i=0 ; i<1000 ; i++) ; /* i값 500은 컴파일러마다 틀릴 수 있다. */
 Func_set() ;
 /* 100us 이상 기다려야 한다. */
 for(i=0 ; i<200 ; i++) ; /* i값 100은 컴파일러마다 틀릴 수 있다. */
 Func_set() ;
```

```
/* 디스플레이 ON/OFF 제어 : 디스플레이와 커서를 ON하고, 커서는 깜빡이게
   된다. 초기화 직후이기 때문에 글자는 하나도 나타나지 않는다. */

 LCD_DATA = 0x0f ;
 E_Pulse() ;

 /* 엔트리 모드 세트 : 어드레스는 +1, D.D. /C.G.RAM 쓰기 후에 커서는 오른
    쪽으로 시프트하도록 한다. 이때 디스플레이는 시프트하지 않는다. */
 LCD_DATA = 0x06 ;
 E_Pulse() ;
 }
void write_char(char s)
{
 LCD_RS = 1 ;
 LCD_DATA = s ;
 E_Pulse() ;
}

 void main(void)
 {

  Init_Lcd() ;

 }
```

과제 3 LCD를 자유자재로 사용할 수 있게 하는 함수들을 만들어 본다.

① write_char( ) : 1 글자 디스플레이 함수

예 1 write_char(P) : →'P'를 LCD에 디스플레이 한다.

```
void write_char(char s)
{
 LCD_RS = 1 ;
 LCD_DATA = s ;
 E_Pulse() ;
}
```

② lcd_disp() : LCD(16 by 2)에서 원하는 곳에 커서가 위치하기 위한 함수 LCD의 좌표는 다음과 같이 설정한다.

표 5-1 lcd_disp( )에서 변환된 LCD 좌표(16×2)

X : 0 Y : 0	X : 1 Y : 0	X : 2 Y : 0	...	X : 14 Y : 0	X : 15 Y : 0
X : 0 Y : 1	X : 1 Y : 1	X : 2 Y : 1	...	X : 14 Y : 1	X : 15 Y : 1

예 2 lcd_disp(12,3) ; → 커서는 X : 12, Y : 3에 위치하며 다음에 오는 글자도 이 위치부터 디스플레이 된다.

```
void lcd_disp ( char x, char y )
{
  LCD_RS = 0 ;
  LCD_RW = 0 ;

 if (y==0) LCD_DATA = x +0x80 ;
 else if (y==1) LCD_DATA = x + 0xc0 ;
   E_Pulse() ;
}
```

③ write_string() : LCD 모듈상 원하는 위치에 스트링(string)을 디스플레이하는 함수 NULL 문자까지 스트링을 디스플레이한다.

예 3 write_lcd(0, 0, "MCS-51!") ; → "MCS-51"를 LCD 좌표 (0,0)에 디스플레이 한다.

```
void write_lcd(char x, char y, char *str )
{
    lcd_disp(x, y) ;
        while(*str)
        write_char(*str++) ;
}
```

④ clrscr( ) : 디스플레이 전체를 클리어한다.

예 4 clrscr() : → LCD에 디스플레이 되어 있던 모든 글자를 클리어하는 함수

```
void clrscr(void)
{
int i ;

  LCD_RS = 0 ;
  LCD_RW = 0 ;
  LCD_DATA = 0x01 ;
  E_Pulse() ;

        /*  최소한 1.64ms의 시간 지연을 주어야 한다.  */
   for (i = 0 ; i < 600 ; i++) ;
}
```

⑤ move_display() : 디스플레이를 왼쪽 또는 오른쪽으로 시프트하는 함수

예 5 move_display(LEFT) ; move_display(RIGHT) ; →LCD에 디스플레이 되어 있던 모든 글자들을 왼쪽 또는 오른쪽으로 시프트 하는 함수이다.

```
void move_display (char p)
{

    LCD_RS = 0 ;
    LCD_RW = 0 ;

    if (p == LEFT)   LCD_DATA = 0x18 ;
    else if (p == RIGHT)   LCD_DATA = 0x1c ;

    E_Pulse() ;
}
```

⑥ move_cursor() : 커서를 왼쪽 또는 오른쪽으로 시프트하는 함수

예 6 move_cursor(LEFT) ; move_cursor(RIGHT) ; → LCD에서 디스플레이 되어 있던 모든 글자들을 바꾸지 않고 커서만 왼쪽 또는 오른쪽으로 시프트 시키는 함수이다.

```
void move_cursor(char p)
{

    LCD_RS = 0 ;
    LCD_RW = 0 ;

    if(p==RIGHT)   LCD_DATA = 0x14 ;
    else if(p==LEFT)   LCD_DATA = 0x10 ;
    E_Pulse() ;
}
```

⑦ Entry_shift() : 엔트리 모드를 바꾸어 글자를 쓸 때 왼쪽 또는 오른쪽으로 디스플레이를 시프트 시키는 함수이다.

예 7 Entry_shift(LEFT) ; Entry_shift(RIGHT) ; Entry_shift(NO) ; → LCD에

글자를 쓸 때 디스플레이가 왼쪽 시프트, 오른쪽 시프트 아니면 시프트 되지 않게 제어하는 함수이다.

```
void Entry_shift (char p)
{
   LCD_RS = 0 ;
   LCD_RW = 0 ;

   if(p==RIGHT)  LCD_DATA = 0x05 ;
   else if (p==LEFT)  LCD_DATA = 0x07 ;
   else if (p==NO)   LCD_DATA = 0x06 ;
   E_Pulse() ;

}
```

⑧ display_ON_OFF() : 디스플레이 ON/OFF, 커서 ON/OFF, 커서 깜빡임의 ON/OFF를 제어하는 함수

예 8 display_ON/OFF(ON, ON, ON) ; → 디스플레이 ON, 커서 ON, 커서 깜빡임 ON

display_ON_OFF(OFF, ON, ON) ; → 디스플레이 OFF, 커서 ON, 커서 깜빡임 ON

...

...

...

display_ON_OFF(ON, OFF, ON) ; → 디스플레이 ON, 커서 OFF, 커서 깜빡임 ON

display_ON_0FF(ON, ON, OFF) ; → 디스플레이 ON, 커서 ON, 커서 깜빡임 OFF

```
void display_ON_OFF(char d, char c, char b)
{

  unsigned char display = 0x08 ;

    LCD_RS = 0 ;
    LCD_RW = 0 ;

  if(d==ON) d = 0x04 ;
    else d = 0x00 ;

  if(c==ON) c = 0x02 ;
    else c = 0x00 ;

  if(b==ON) b = 0x01 ;
    else b = 0x00 ;

  LCD_DATA = display |d  |c |b ;

    E_Pulse() ;
}
```

⑨ cursor_home() : display_ON_OFF() 함수 사용으로 시프트되었던 디스플레이를 원 상태로 복귀하고 커서를 초기 위치로 이동시킨다. 시프트되어 있지 않은 상태에서도 커서는 초기 위치로 간다.

예 9 cursor_home() ;

```
void cursor_home(void)
{
  int i ;
```

```
    LCD_RS = 0 ;
    LCD_RW = 0 ;
    LCD_DATA = 0x02 ;

    /*  최소 1.64ms 지연  */
    for( i = 0 ; i < 600 ; i++) ;
    E_Pulse() ;
}
```

과제 3의 함수들을 이용하여 작성된 프로그램이다. 사용자들이 직접 실행시켜 보고 LCD에 나타나는 현상들을 알아본다.

```
#include <io51.h>

bit P1_0     = 0x90 ;
bit P1_1     = 0x91 ;
bit P1_2     = 0x92 ;

#define  LCD_RS     P1_0
#define  LCD_RW     P1_1
#define  LCD_E      P1_2

#define  LCD_DATA   P0

#define   ON          1
#define   OFF         2
#define   NO          0
#define   RIGHT       1
#define   LEFT        2
```

```
// 함수를 선언해 준다.
void E_Pulse(void) ;          void Func_set(void) ;
void Init_Lcd(void) ;         void delay (char) ;
void write_char(char) ;       void clrscr (void) ;
void lcd_disp ( char, char ) ;
void write_lcd(char, char, char *) ; void move_display (char) ;
void Entry_shift (char) ;
void move_cursor(char) ;      void cursor_home(void) ;
void display_ON_OFF(char, char, char) ;
   void delay (char p)
  {
  int i, j ;

    for ( j = 0 ; j < p ; j++)

        for ( i = 0 ; i < 20000 ; i++) ;

  }
  /*  앞장에서 알 수 있듯이 LCD로 데이터가 입력되려면 반드시 데이터를 래치시킨
상태에서 LED Enable신호에 펄스 하나를 내주어야 된다.  */
 void E_Pulse(void)
 {
 char i ;
        /*  LCD Enable 신호 'HIGH'  */
        LCD_E = 1 ;
               /*  LCD Enable 펄스를 어느 시간 이상 지연해 준다.  */
        for (i=0 ; i< 20 ; i++) ;
               /*  LCD Enable 신호 'LOW'  */
        LCD_E = 0 ;

    }
```

```
/* LCD컨트롤러 HD44780의 기능을 설정하는 함수로 데이터 라인을 8비트 인터페
이스, 2라인 디스플레이, 5*7글자 폰트를 설정한다. */
void Func_set(void)
{

/* LCD R/W */
LCD_RW = 0 ;

/* LCD RS */
LCD_RS = 0 ;

/* LCD DB0~DB7까지의 값이다. */
LCD_DATA = 0x38 ;

/* 모든 명령(데이터 입력)후 반드시 LCD Enable 펄스를 하나 내주어야 한다. */
E_Pulse() ;
}

/* LCD를 초기화 함수이다. */
void Init_Lcd(void)
{
int i ;
LCD_E = 0 ;

/* 전원이 4.5V 이상으로 올라간 후에 15ms 이상을 기다려야 한다. */
for ( i=0 ; i<2000 ; i++) ; /* i값 1000은 컴파일러마다 틀릴 수 있다. */
Func_set() ;

/* 4.1ms 이상 기다려야 한다. */
for ( i=0 ; i<1000 ; i++) ; /* i값 500은 컴파일러마다 틀릴 수 있다. */
Func_set() ;
```

```
  /* 100us 이상 기다려야 한다. */
  for ( i=0 ; i<200 ; i++) ; /* i값 100은 컴파일러마다 틀릴 수 있다. */
  Func_set() ;


  /*  디스플레이 ON/OFF 제어 : 디스플레이와 커서를 ON하고, 커서는 깜빡이
 게 된다. 초기화 직후이기 때문에 글자는 하나도 나타나지 않는다. */

   LCD_DATA = 0x0f ;
   E_Pulse() ;


   /* 엔트리 모드 세트 : 어드레스는 +1, D.D. /C.G.RAM 쓰기 후에 커서는 오른쪽
으로 시프트하도록 한다.이때 디스플레이는 시프트하지 않는다. */
  LCD_DATA = 0x06 ;
  E_Pulse() ;
  }

void write_char(char s)
{
 LCD_RS = 1 ;
 LCD_DATA = s ;
 E_Pulse() ;
}
 void clrscr(void)
{
int i ;

   LCD_RS = 0 ;
   LCD_RW = 0 ;

   LCD_DATA = 0x01 ;
```

```
    E_Pulse() ;

         /* 최소한 1.64ms의 시간 지연을 주어야 한다.  */
     for (i = 0 ; i < 600 ; i++ ) ;

 }

void lcd_disp ( char x, char y )
{
  LCD_RS = 0 ;
  LCD_RW = 0 ;

 if (y==0) LCD_DATA = x +0x80 ;
 else if (y==1) LCD_DATA = x + 0xc0 ;
   E_Pulse() ;
}

void write_lcd(char x, char y, char *str )
{
     lcd_disp(x, y) ;
          while(*str)
          write_char(*str++) ;
}

 void display_ON_OFF(char d, char c, char b)
  {

  unsigned char display = 0x08 ;

    LCD_RS = 0 ;
    LCD_RW = 0 ;
```

```
   if(d==ON) d = 0x04 ;
   else d = 0x00 ;

   if(c==ON) c = 0x02 ;
   else c = 0x00 ;

   if(b==ON) b = 0x01 ;
   else b = 0x00 ;

   LCD_DATA = display |d  |c |b ;

   E_Pulse() ;
  }

  void Entry_shift (char p)
  {
     LCD_RS = 0 ;
   LCD_RW = 0 ;

  if(p==RIGHT)  LCD_DATA = 0x05 ;
  else if (p==LEFT)  LCD_DATA = 0x07 ;
  else if (p==NO)   LCD_DATA = 0x06 ;
  E_Pulse() ;

  }
 void move_cursor(char p)
  {

   LCD_RS = 0 ;
   LCD_RW = 0 ;

   if(p==RIGHT)   LCD_DATA = 0x14 ;
```

```
    else if(p==LEFT)    LCD_DATA = 0x10 ;
    E_Pulse() ;
  }

void move_display (char p)
  {

   LCD_RS = 0 ;
   LCD_RW = 0 ;

   if (p == LEFT)   LCD_DATA = 0x18 ;
   else if (p == RIGHT)   LCD_DATA = 0x1c ;

   E_Pulse() ;
  }

void cursor_home(void)
  {
int i ;
    LCD_RS = 0 ;
    LCD_RW = 0 ;
    LCD_DATA = 0x02 ;

    /* 최소 1.64ms 지연 */
    for( i = 0 ; i < 600 ; i++) ;
    E_Pulse() ;
  }

  void main(void)
  {
  char t ='A' ;
  int i ;
```

```
  Init_Lcd() ;
  clrscr() ;

 write_lcd (0, 0, "MCS- 51") ;
 write_lcd (0, 1, "Welcom MCS-51 ") ;

 delay(5) ;

 //커서를 초기 위치로
  lcd_disp(0,0) ;

  /*  디스플레이를 OFF시킨다.  */
  display_ON_OFF(OFF, ON, ON) ;
  delay(10) ;
 /*  디스플레이를 ON시킨다.  */
  display_ON_OFF(ON, ON, ON) ;
  delay(10) ;

  /*  커서를 오른쪽, 왼쪽으로 시프트 시킨다.  */
  for (i = 0 ; i< 10 ; i++) {

          if(i<5) move_cursor(RIGHT) ;
          else move_cursor(LEFT) ;
        delay(2) ;
  }
/*디스플레이 전체를 오른쪽, 왼쪽으로 시프트시킨다.  */
  for( i = 0 ; i <10 ; i++) {

          if(i<5) move_display(RIGHT) ;
          else move_display(LEFT) ;
          delay(2) ;
  }
```

```
/*  커서 깜빡임을 OFF시킨다.  */
display_ON_OFF(ON, ON, OFF) ;
delay(10) ;
/*  커서 깜빡임을 ON시킨다.  */
display_ON_OFF(ON, ON, ON) ;
delay(10) ;

clrscr() ;

/*
  엔트리 모드를 사용하여 글자를 쓰면서
  디스플레이를 왼쪽으로 시프트시킨다.
*/
lcd_disp(10,0) ;
for(i = 0 ; i < 10 ; i++) {
   Entry_shift(LEFT) ;
        write_char(t++) ;
        if(t>'Z') t = 'A' ;
        delay(2) ;
}

/*
엔트리 시프트를 본래대로 환원하고 디스플레이를 클리어한다.
*/
Entry_shift(NO) ;
clrscr() ;
write_lcd(0, 1, "End Of Demo.") ;
cursor_home() ;

}
```

5.3 7-Segment와 키보드제어

5.3.1 7-Segment 제어

마이크로프로세서에서 표시장치로 가장 많이 사용하는 소자가 7-Segment이다. 7-Segment는 LED를 글자형태로 배열하여 간단한 포트 조작으로 사용자가 원하는 글자를 표시하도록 되어 있는 소자이다. 7-Segment에는 Common Cathode(음극을 공통으로 연결한 것)와 Common Anode(양극을 공통으로 연결한 것)이 있는데, 그림 5-12와 같은 Common Anode 타입의 7-Segment를 구동하는 방법에 대한 하드웨어 설계 및 제어 프로그램에 대하여 알아보기로 한다.

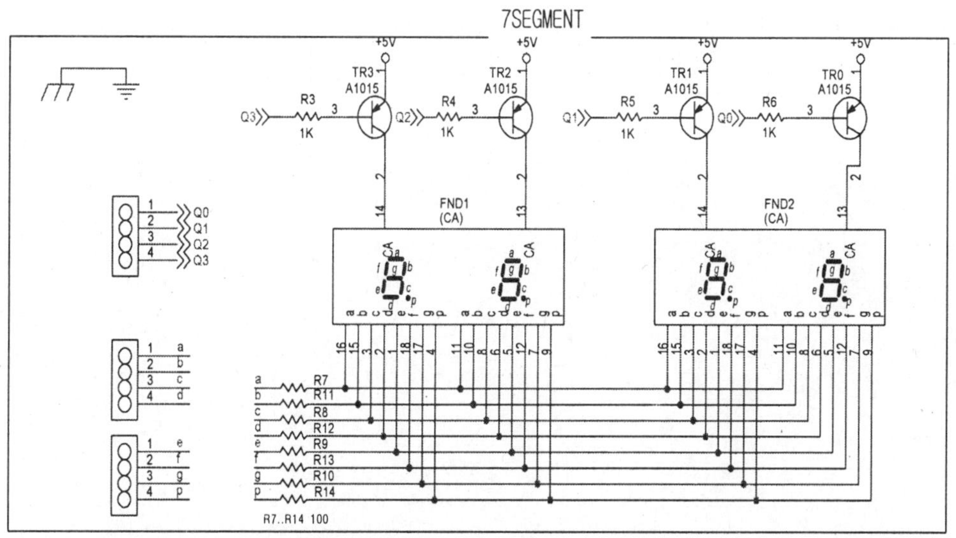

그림 5-12 7-Segment 회로

7-Segment 구동방식은 Dynamic 구동방식과 Static 구동방식이 있다. Dynamic 구동방식이란 7-Segment 전체를 한꺼번에 점등하는 것이 아니라 한 글자씩 번갈아 가면서 7-Segment를 점등시키는 방법이다. 이 방법은 사람의 눈의 착시현상을 이용하여 여러개의 7-Segment가 있을 경우 한번에 하나씩 돌아가면서 빠르게 점등하는 방법이다. 이 방법의 장점은 한번에 하나의 7-Segment만 점등하게 되므로 7-Segment에서 소모되는 전류를 최소화 할 수 있다는 장점 등이 있다. 반

면에 프로그램적인 부담이 Static 방식보다 커진다.(프로그램이 Static 방법보다 어렵다.)

Static 방법은 모든 7-Segment를 포트 혹은 플립플롭을 통하여 한꺼번에 점등시키는 방법이다. 이 방법은 간단한 포트조작만으로 이루어지기 때문에 프로그램하기는 쉬우나 모든 7-Segment를 한꺼번에 점등해야하기 때문에 7-Segment의 전류 소모가 Dynamic 방식보다 많다.

7-Segment 4자리에 글자를 써보도록 하는 프로그램을 작성하도록 한다. 각각의 자리에 있는 모든 LED를 번갈아 가면서 1초 단위로 점등하도록 한다.

7-Segment PAD 연결 부위												
7-Segment	Q0	Q1	Q2	Q3	a	b	c	d	e	f	g	p
89S51	P1.0	P1.1	P1.2	P1.3	P0.0	P0.1	P0.2	P0.3	P0.4	P0.5	P0.6	P0.7

```
#include <io51.h>

void delay (char) ;

 // 시간 지연을 주는 함수이다.
void delay (char p)
{
  int i, j ;
  for ( j = 0 ; j < p ; j++)
          for ( i = 0 ; i < 20000 ; i++) ;
  }

void main(void)
{
   for( ; ; ) {
  /*  (Q0) P1.0 = 1, (Q1) P1.1 = 1, (Q2)P1.2 = 1, Q(3)P1.3 = 0
```

```
     이므로 PNP TR3가 구동되고 TR0, TR1, TR2는 구동되지 않는다.
     따라서 맨 왼쪽의 7-Segment의 모든 LED가 켜진다. */
   P1 = 0x07 ;
   P0 = 0x00 ; // a,b,c,d,e,f,g,p를 모두 0으로 해주어 모든 LED가 켜지게 한다.
   delay(10) ; // 육안으로 확인할 수 있도록 약 1초 정도의 시간 딜레이를 준다. */

  /*  (Q0) P1.0 = 1, (Q1) P1.1 = 1, (Q2)P1.2 = 0, Q(3)P1.3 = 1
     이므로 PNP TR2가 구동되고 TR0, TR1, TR3는 구동되지 않는다.
     따라서 두번째 7-Segment의 모든 LED가 켜진다. */
   P1 = 0x0b ;
   P0 = 0x00 ;
   delay(10) ;

  /*  (Q0) P1.0 = 1, (Q1) P1.1 = 0, (Q2)P1.2 = 1, Q(3)P1.3 = 1
     이므로 PNP TR1이 구동되고 TR0, TR2, TR3는 구동되지 않는다.
     따라서 세번째 7-Segment의 모든 LED가 켜진다. */

   P1 = 0x0d ;
   P0 = 0x00 ;
   delay(10) ;

/*  (Q0) P1.0 = 0, (Q1) P1.1 = 1, (Q2)P1.2 = 1, Q(3)P1.3 = 1
     이므로 PNP TR0가 구동되고 TR1, TR2, TR3는 구동되지 않는다.
     따라서 네번째 7-Segment의 모든 LED가 켜진다. */
   P1 = 0x0e ;
   P0 = 0x00 ;
   delay(10) ;

   }
 }
```

a, b, c, d, e, f, g, p가 7-Segment의 어느 LED를 구동하는지를 알아보기 위하여 7-Segment에서 각 LED를 하나씩 점등하는 프로그램을 작성한다.

```
#include <io51.h>

void delay (char) ;

void delay (char p)
{
  int i, j ;
    for ( j = 0 ; j < p ; j++)
          for ( i = 0 ; i < 20000 ; i++) ;
}

void main(void)
{
   for( ; ; ) {

   P1 = 0x07 ; // 맨 왼쪽의 7-Segment 만 키도록 한다.
   P0 = 0xfe ; //a 만 키도록 한다.
   delay(10) ; // 육안으로 확인할 수 있도록 약 1초 정도의 시간 딜레이를 준다. */

   P1 = 0x07 ;
   P0 = 0xfd ; //b 만 키도록 한다.
   delay(10) ; // 육안으로 확인할 수 있도록 약 1초 정도의 시간 딜레이를 준다. */

   P1 = 0x07 ;
   P0 = 0xfb ; //c 만 키도록 한다.
   delay(10) ; // 육안으로 확인할 수 있도록 약 1초 정도의 시간 딜레이를 준다. */

   P1 = 0x07 ;
```

```
    P0 = 0xf7 ; //d 만 키도록 한다.
    delay(10) ; // 육안으로 확인할 수 있도록 약 1초 정도의 시간 딜레이를 준다. */

    P1 = 0x07 ;
    P0 = 0xef ; //e 만 키도록 한다.
    delay(10) ; // 육안으로 확인할 수 있도록 약 1초 정도의 시간 딜레이를 준다. */

    P1 = 0x07 ;
    P0 = 0xdf ; //f 만 키도록 한다.
    delay(10) ; // 육안으로 확인할 수 있도록 약 1초 정도의 시간 딜레이를 준다. */

    P1 = 0x07 ;
    P0 = 0xbf ; //g 만 키도록 한다.
    delay(10) ; // 육안으로 확인할 수 있도록 약 1초 정도의 시간 딜레이를 준다. */

    P1 = 0x07 ;
    P0 = 0x7f ; //p 만 키도록 한다.
    delay(10) ; // 육안으로 확인할 수 있도록 약 1초 정도의 시간 딜레이를 준다. */
    }
}
```

위의 프로그램을 89S51에서 실행시켜보면 7-Segment가 그림 5-13과 같은 구조로 되어 있음을 알 수 있다.

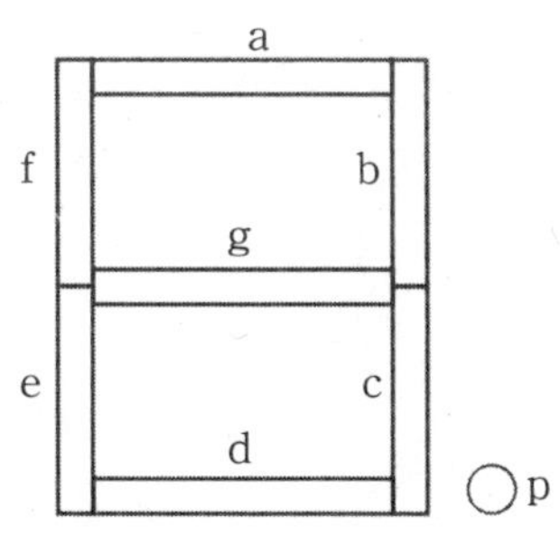

그림 5-13 7-Segment 구성

과제 6을 실행시켜서 7-Segment의 구성을 알아보았다. 이것을 기초로 0~F까지의 글자 폰트를 만들어 보면 표 5-2와 같이 실행된다는 것을 알 수 있다.

표 5-2 7-Segment 폰트 구성

표시 숫자	P0.7 (p)	P0.6 (g)	P0.5 (f)	P0.4 (e)	P0.3 (d)	P0.2 (c)	P0.1 (b)	P0.0 (a)	Hex 값
0	1	1	0	0	0	0	0	0	0XC0
1	1	1	1	1	1	0	0	1	0XF9
2	1	0	1	0	0	1	0	0	0XA4
3	1	0	1	1	0	0	0	0	0XB0
4	1	0	0	1	1	0	0	1	0X99
5	1	0	0	1	0	0	1	0	0X92
6	1	0	0	0	0	0	1	0	0X82
7	1	1	1	1	1	0	0	0	0XF8
8	1	0	0	0	0	0	0	0	0X80
9	1	0	0	1	0	0	0	0	0X90
a	1	0	0	0	1	0	0	0	0X88
b	1	0	0	0	0	0	1	1	0X83
c	1	1	0	0	0	1	1	0	0XC6
d	1	0	1	0	0	0	0	1	0XA1
e	1	0	0	0	0	1	1	0	0X86
f	1	0	0	0	1	1	1	0	0X8E
.	0	1	1	1	1	1	1	1	0X7F

과제 7 두 번째 7-Segment에 '0'~'F' 그리고 '.'을 표시하는 프로그램을 작성한다.

```
#include <io51.h>

void delay (char) ;

void delay (char p)
{
  int i, j ;

    for ( j = 0 ; j < p ; j++)

        for ( i = 0 ; i < 20000 ; i++) ;

}

void main(void)
{
   for( ; ; ) {

   P1 = 0x0b ;  // 두 번째 7-Segment를 켜준다.
   P0 = 0xc0 ;  // '0'을 써 준다.
   delay(10) ; // 육안으로 확인할 수 있도록 약 1초 정도의 시간 딜레이를 준다.  */

   P1 = 0x0b ;
   P0 = 0xf9 ; // '1'을 써 준다.
   delay(10) ;

   P1 = 0x0b ;
   P0 = 0xa4 ; // '2'를 써 준다.
```

```
delay(10) ; //

P1 = 0x0b ;
P0 = 0xb0 ; // '3'을 써 준다.
delay(10) ;

P1 = 0x0b ;
P0 = 0x99 ; // '4'를 써 준다.
delay(10) ;

P1 = 0x0b ;
P0 = 0x92 ; // '5'를 써 준다.
delay(10) ;

P1 = 0x0b ;
P0 = 0x82 ; // '6'을 써 준다.
delay(10) ;

P1 = 0x0b ;
P0 = 0xf8 ; // '7'을 써 준다.
delay(10) ;

P1 = 0x0b ;
P0 = 0x80 ; // '8'을 써 준다.
delay(10) ;

P1 = 0x0b ;
P0 = 0x90 ; // '9'를 써 준다.
delay(10) ;

P1 = 0x0b ;
```

```
    P0 = 0x88 ; // 'A'를 써 준다.
    delay(10) ;

    P1 = 0x0b ;
    P0 = 0x83 ; // 'b'를 써 준다.
    delay(10) ;

    P1 = 0x0b ;
    P0 = 0xc6 ; // 'C'를 써 준다.
    delay(10) ;

    P1 = 0x0b ;
    P0 = 0xa1 ; // 'd'를 써 준다.
    delay(10) ;

    P1 = 0x0b ;
    P0 = 0x86 ; // 'E'를 써 준다.
    delay(10) ;

    P1 = 0x0b ;
    P0 = 0x8e ; // 'F'를 써 준다.
    delay(10) ;

    P1 = 0x0b ;
    P0 = 0x7f ; // '.'를 써 준다.
    delay(10) ;

    }
}
```

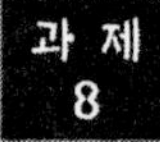

과제 8 왼쪽에서 세 번째, 네 번째 7-Segment를 이용하여 '0' 부터 'F' 까지 약 1초 단위로 변화하는 프로그램을 작성한다.

```
#include <io51.h>

#define S7_1   0x07 // 첫 번째 7-Segment 드라이빙 신호 TR3 도통
#define S7_2   0x0b // 두 번째 7-Segment 드라이빙 신호 TR2 도통
#define S7_3   0x0d // 세 번째 7-Segment 드라이빙 신호 TR1 도통
#define S7_4   0x0e // 세 번째 7-Segment 드라이빙 신호 TR0 도통

/* P0 포트에서 7-Segment 글자를 써주기 위한 데이터이다. const char 로 선언
   하면 아래 데이터가 89S51의 내부 FLASH ROM으로 들어가고, char 로 선언하
   면 내부 RAM으로 들어가게 된다. 이 선언은 작성할 프로그램의 양과 데이터
   사용량에 따라 사용자가 적절하게 선언하면 된다. */

const char Font[17]  = {  0xc0, 0xf9, 0xa4, //'0', '1', '2'
                          0xb0, 0x99, 0x92, // '3', '4', '5'
                          0x82, 0xf8, 0x80, // '6', '7', '8'

                          0x90, 0x88, 0x83, // '9', 'A', 'b'
                          0xc6, 0xa1, 0x86, // 'C', 'd', 'E'
                          0x8e, 0x7f } ;     // 'F', '.'

void Control_7Seg(char) ;

/* 3, 4번째 7-Segment의 경우 89S51 보드에서 한번에 하나밖에 켜지 못하므로
   눈의 착시현상을 이용해서 연속적으로 켜 주어야 두 개가 모두 켜 있는 것처럼
   보인다. 7000은 1초 정도의 딜레이가 된다. */
```

```
void Control_7Seg(char N)
{
   unsigned int  I, d ;
   for ( i = 0 ; i < 7000 ; i ++ ) {
            P1 = S7_3 ;      // 세번째  7-Segment를 켜준다.
            P0 = Font[N] ;  // '0'을 써 준다.
   /*  7-Segment 의 P1출력에 의해 TR1이 구동되는 시간이 있기 때문에 약간의
     딜레이를 준다. 또 이 딜레이를 줌으로써 7-Segment의 밝기가 일정해 진다.  */
            for(d= 0 ; d < 10 ; d ++ ) ;

            P1 = S7_4 ;      // 네번째  7-Segment를 켜준다.
            P0 = Font[N] ; // '0'을 써 준다.
            for(d = 0 ; d < 10 ; d ++) ;
     }
}

void main(void)
 {
    unsigned char Number = 0 ;

      for( ; ; ) {
                  Control_7Seg(Number) ;
                  Number ++ ;
                  if(Number > 0x0f )
                              Number = 0 ;

    }
 }
```

왼쪽에서 세 번째, 네 번째 7-Segment를 이용하여 '0' 부터 '99' 까지 약 1초 단위로 카운트하는 프로그램을 작성한다.

```
#include <io51.h>

#define S7_1   0x07 // 첫 번째 7-Segment 드라이빙 신호 TR3 도통
#define S7_2   0x0b // 두 번째 7-Segment 드라이빙 신호 TR2 도통
#define S7_3   0x0d // 세 번째 7-Segment 드라이빙 신호 TR1 도통
#define S7_4   0x0e // 세 번째 7-Segment 드라이빙 신호 TR0 도통

/*  P0 포트에서 7-Segment 글자를 써주기 위한 데이터이다. const char 로 선언하
   면 아래 데이터가 89S51의 내부 FLASH ROM으로 들어가고, char 로 선언하면
   내부 RAM으로 들어가게 된다. 이 선언은 작성할 프로그램의 양과 데이터 사용량
   에 따라 사용자가 적절하게 선언하면 된다.  */

const char Font[17]  = { 0xc0, 0xf9, 0xa4, // '0', '1', '2'
                         0xb0, 0x99, 0x92, // '3', '4', '5'
                         0x82, 0xf8, 0x80, // '6', '7', '8'
                         0x90, 0x88, 0x83, // '9', 'A', 'b'
                         0xc6, 0xa1, 0x86, // 'C', 'd', 'E'
                         0x8e, 0x7f } ;    // 'F', '.'

void Control_7Seg(char) ;

/*  3, 4번째 7-Segment의 경우 89S51이 한 번에 하나밖에 켜지 못하므로
   눈의 착시현상을 이용해서 연속적으로 켜 주어야 두 개가 모두 켜 있는 것
   처럼 보인다. 7000은 1초 정도의 딜레이가 된다.  */

 void Control_7Seg(char N)
{
  unsigned int  i, d ;
```

```
  unsigned char N10, N1 ;

  N10 = N / 10 ; // 10의 자리를 계산한다.
  N1 =  N % 10 ; // 1의 자리를 계산한다.

 for ( i = 0 ; i < 7000 ; i ++ ) {
          P1 = S7_3 ;     // 세번째 7-Segment를 켜준다.
          P0 = Font[N10] ; // 십의 자리를 써 준다.
          for(d = 0 ; d < 10 ; d++ ) ;

          P1 = S7_4 ;    // 네번째 7-Segment를 켜준다.
          P0 = Font[N1] ; // 일의 자리를 써 준다.
          for(d = 0 ; d < 10 ; d++ ) ;
  }
}

void main(void)
 {
   unsigned char Number = 0 ;

         for( ; ; ) {
                Control_7Seg(Number) ;
                Number ++ ;
                if(Number > 99)
                         Number = 0 ;

    }
 }
```

4개의 7-Segment를 모두 이용해서 0~9999까지 빠르게 카운트하는 프로그램을 작성한다.

```
#include <io51.h>

#define S7_1    0x07
#define S7_2    0x0b
#define S7_3    0x0d
#define S7_4    0x0e
 const char Font[17]  = { 0xc0, 0xf9, 0xa4, // '0', '1', '2'
                          0xb0, 0x99, 0x92, // '3', '4', '5'
                          0x82, 0xf8, 0x80, // '6', '7', '8'
                          0x90, 0x88, 0x83, // '9', 'A', 'b'
                          0xc6, 0xa1, 0x86, // 'C', 'd', 'E'
                          0x8e, 0x7f } ;    // 'F', '.'

void Control_7Seg(int) ;

/*  0~9999 까지 이므로 1바이트 자리 변수인 char를 사용하면 안된다.
   따라서 int로  N을 선언해야 한다.  */
void Control_7Seg(int N)
{
  unsigned int  i, d, Buff ;
  unsigned char N1000, N100, N10, N1  ;

  N1000 = N / 1000 ;
  Buff =  N % 1000 ;

  N100 = Buff / 100 ;
  Buff = Buff % 100 ;

  N10 = Buff / 10 ;
```

```
  N1 =  Buff % 10 ;

 for ( i = 0 ; i < 100 ; i ++ ) {
       P1 = S7_1 ;            // 첫번째  7-Segment를 켜준다.
       P0 = Font[N1000] ;  // 천의 자리를 써 준다.
       for(d = 0 ; d < 10 ; d++ ) ;

       P1 = S7_2 ;           // 두번째  7-Segment를 켜준다.
       P0 = Font[N100] ;  // 백의 자리를 써 준다.
       for(d = 0 ; d < 10 ; d++ ) ;

       P1 = S7_3 ;            // 세번째  7-Segment를 켜준다.
       P0 = Font[N10] ;      // 십의 자리를 써 준다.
       for(d = 0 ; d < 10 ; d++ ) ;

       P1 = S7_4 ;          // 네번째  7-Segment를 켜준다.
       P0 = Font[N1] ;    // 일의 자리를 써 준다.
       for(d = 0 ; d < 10 ; d++ ) ;
   }
 }

void main(void)
  {
    int Number = 0 ;

          for( ; ; ) {
                  Control_7Seg(Number) ;
                  Number ++ ;
                  if(Number > 9999)
                             Number = 0 ;
     }
  }
```

5.3.2 4×4 키보드제어

마이크로프로세서를 응용한 시스템에서 키보드는 필수적으로 사용된다. 따라서, 마이크로프로세서를 이용하여 키보드를 구동하는 것은 반드시 알고 넘어가야 한다. 89S51 MICOM 보드에서 키보드를 이용하여 여러 가지 장치를 제어 할 수 있도록 시스템을 구성하고 있다. 따라서, 키보드를 활용할 수 있는 방안에 대하여 알아보기로 한다. 89S51 MICOM보드의 키보드 구성은 그림 5-14와 같다.

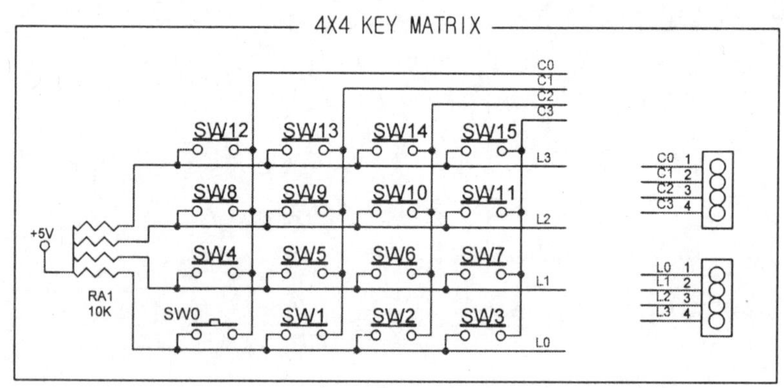

그림 5-14 89S51 키보드 구성

키보드를 구동하는 키보드 스캔 알고리즘은 방법은 생각보다 간단하다. 그림 5-15에서 보면 C0, C1, C2, C3는 마이크로프로세서의 출력포트와 연결하고, L0, L1, L2, L3는 마이크로프로세서 입력포트와 연결하여 사용한다.

마이크로프로세서가 키 스캔을 할 때는 한 줄씩 키를 인식한다. 처음에 SW0, SW4, SW8, SW12를 인식하기 위하여 C0=0, C1=1, C2=1, C3=1을 출력한다. 그리고 나서 L0, L1, L2, L3를 읽어 들인다. 이때, 만약 SW0가 눌리면 L0=0, L1=1, L2=1, L3=1이 나온다. 이것을 마이크로프로세서에서 인식하여 SW0가 눌린 것을 알게 되는 것이다. 표 5-3에 이와 같은 관계를 나타내고 있다.

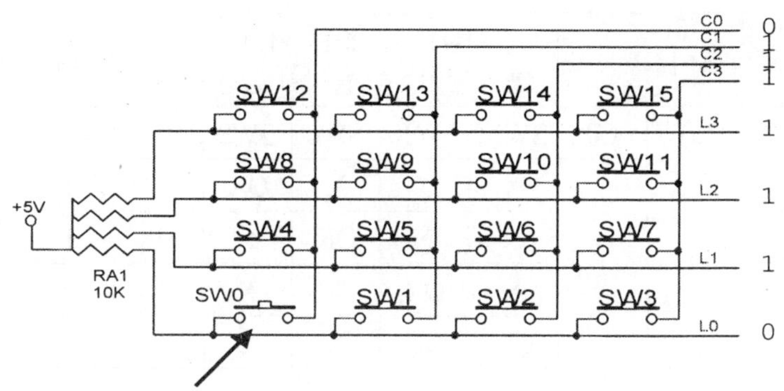

그림 5-15 SW0이 눌린 경우

표 5-3 키보드 입출력 테이블

출력포트 (출력값)				인식할 수 있는 키 OK : 눌림, X : 눌리지 않음				입력포트(입력값)			
C3	C2	C1	C0	SW12	SW8	SW4	SW0	L3	L2	L1	L0
1	1	1	0	X	X	X	OK	1	1	1	0
				X	X	OK	X	1	1	0	1
				X	OK	X	X	1	0	1	1
				OK	X	X	X	0	1	1	1

출력포트 (출력값)				인식할 수 있는 키 OK : 눌림, X : 눌리지 않음				입력포트(입력값)			
C3	C2	C1	C0	SW13	SW9	SW5	SW1	L3	L2	L1	L0
1	1	0	1	X	X	X	OK	1	1	1	0
				X	X	OK	X	1	1	0	1
				X	OK	X	X	1	0	1	1
				OK	X	X	X	0	1	1	1

출력포트(출력값)				인식할 수 있는 키 OK : 눌림, X : 눌리지 않음				입력포트(입력값)			
C3	C2	C1	C0	SW14	SW10	SW6	SW2	L3	L2	L1	L0
1	0	1	1	X	X	X	OK	1	1	1	0
				X	X	OK	X	1	1	0	1
				X	OK	X	X	1	0	1	1
				OK	X	X	X	0	1	1	1

출력포트(출력값)				인식할 수 있는 키 OK : 눌림, X : 눌리지 않음				입력포트(입력값)			
C3	C2	C1	C0	SW15	SW11	SW7	SW3	L3	L2	L1	L0
0	1	1	1	X	X	X	OK	1	1	1	0
				X	X	OK	X	1	1	0	1
				X	OK	X	X	1	0	1	1
				OK	X	X	X	0	1	1	1

과제 11 키보드와 4개의 7-Segment를 활용해서 첫 번째 스캔 라인(SW0, SW4, SW8, SW12)만 인식해 보도록 한다. SW0을 누르면 0000, SW4을 누르면 4444, SW8을 누르면 8888, SW12를 누르면 CCCC가 7-Segment에 나타나는 프로그램을 작성한다.

위와 같은 프로그램을 작성하기 위해서는 89S51과 KEY보드 사이에 연결을 아래와 같이 해주어야 한다.

☞ 주의 : P0, P1, P2, P3포트를 일부 혹은 전체를 입력포트로 사용할 때는 반드시 프로그램 초기에 0xff 출력을 한번 내주어 입력으로 설정해야 한다. 왜냐하면 각 포트들이 입출력 공용으로 사용하기 때문에 입력으로 사용시 이러한 설정을 반드시 해 주어야 한다.

KEY PAD 연결 부위								
KEY	C0	C1	C2	C3	L0	L1	L2	L3
89S51	P2.0	P2.1	P2.2	P2.3	P2.4	P2.5	P2.6	P2.7

```
#include <io51.h>

 //* 키보드 입출력 포트를 정의한다. */
bit C0     = 0xA0 ;
bit C1     = 0xA1 ;
bit C2     = 0xA2 ;
bit C3     = 0xA3 ;

bit L0     = 0xA4 ;
bit L1     = 0xA5 ;
bit L2     = 0xA6 ;
bit L3     = 0xA7 ;

#define S7_1   0x07
#define S7_2   0x0b


#define S7_3   0x0d
#define S7_4   0x0e

const char Font[17]  = {   0xc0, 0xf9, 0xa4, //'0', '1', '2'
                           0xb0, 0x99, 0x92, // '3', '4', '5'
                           0x82, 0xf8, 0x80, // '6', '7', '8'
                           0x90, 0x88, 0x83, // '9', 'A', 'b'
                           0xc6, 0xa1, 0x86, // 'C', 'd', 'E'
                           0x8e, 0x7f } ;    // 'F', '.'

unsigned char KeyValue ;

void Control_7Seg(int) ; char KeyScan(void) ;
```

```
void Control_7Seg(int N)
{
  unsigned int  i, d ;

   for ( i = 0 ; i < 100 ; i ++ ) {
       P1 = S7_1 ;            // 첫번째  7-Segment를 켜준다.
       P0 = Font[N] ;
       for(d = 0 ; d < 10 ; d++ ) ;

       P1 = S7_2 ;           // 두번째  7-Segment를 켜준다.
       P0 = Font[N] ;
       for(d = 0 ; d < 10 ; d++ ) ;

       P1 = S7_3 ;            // 세번째  7-Segment를 켜준다.
       P0 = Font[N] ;
       for(d = 0 ; d < 10 ; d++ ) ;

       P1 = S7_4 ;          // 네번째  7-Segment를 켜준다.
       P0 = Font[N] ;
       for(d = 0 ; d < 10 ; d++ ) ;
   }
}

char KeyScan(void)
{
 unsigned char Inkey = 0, key = 0 ; ;

  // 첫 번째 라인 SW0, SW4, SW8, SW12를 인식하기 위한 출력
   C0 = 0 ; C1 = 1 ; C2 = 1 ; C3= 1 ;

 // 키 값을 읽어 들인다.
   Inkey = L3 ; key =Inkey << 3 ;
```

```
  Inkey = L2 ; key = key | (Inkey << 2 ) ;
  Inkey = L1 ; key = key | (Inkey << 1 ) ;
  Inkey = L0 ; key = key | Inkey ;

// 각각의 키 값을 보내준다.
  if(key==0x0e) return 0 ;            // SW0
  else if (key==0x0d) return 4 ;      // SW4
  else if (key == 0x0b) return 8 ;    // SW8
  else if (key == 0x07) return 12 ; // SW12
  else return 0xff ; // 키 값이 없을 때는 0xff를 보내 준다.
}

void main(void)
{

 /* P2포트의 일부분을 입력으로 사용하기 위해서는 반드시 처음에 0xff를 출력해
    주어 P2포트가 입력으로 설정되도록 초기화 해 준다. */
  P2 = 0xff ;

        for( ; ; ) {
                KeyValue = KeyScan( ) ;
                Control_7Seg(KeyValue) ;

    }
}
```

과제 12

과제 11의 프로그램을 좀 더 다듬어서 나중에 16개의 키보드를 전부 사용할 때 활용할 수 있도록 함수화 해 보기로 한다. 내용은 과제 11과 같다.

```
#include <io51.h>

bit C0     = 0xA0 ;
bit C1     = 0xA1 ;
bit C2     = 0xA2 ;
bit C3     = 0xA3 ;

bit L0     = 0xA4 ;
bit L1     = 0xA5 ;
bit L2     = 0xA6 ;
bit L3     = 0xA7 ;


#define S7_1   0x07
#define S7_2   0x0b
#define S7_3   0x0d
#define S7_4   0x0e

 const char Font[17]  = { 0xc0, 0xf9, 0xa4, //'0', '1', '2'
                          0xb0, 0x99, 0x92, // '3', '4', '5'
                          0x82, 0xf8, 0x80, // '6', '7', '8'
                          0x90, 0x88, 0x83, // '9', 'A', 'b'
                          0xc6, 0xa1, 0x86, // 'C', 'd', 'E'
                          0x8e, 0x7f } ;    // 'F', '.'

unsigned char KeyValue ;
```

```
void Control_7Seg(int) ; char KeyScan(void) ;
void KeyOut(char ) ; char KeyIn(void) ;

void Control_7Seg(int N)
{
  unsigned int  i, d ;

 /*  만약 N이 0xff 면 키가 입력되지 않은 것이므로 7-Segment를 모두 끄고 함수를
   실행하지 않는다. */
      if(N==0xff)  {   P1 = 0x0f ;
                  return ;
      }

      for ( i = 0 ; i < 100 ; i ++ ) {
              P1 = S7_1 ;            // 첫번째  7-Segment를 켜준다.
              P0 = Font[N] ;
              for(d = 0 ; d < 10 ; d++ ) ;

              P1 = S7_2 ;            // 두번째  7-Segment를 켜준다.
              P0 = Font[N] ;
              for(d = 0 ; d < 10 ; d++ ) ;

              P1 = S7_3 ;            // 세번째  7-Segment를 켜준다.
              P0 = Font[N] ;
              for(d = 0 ; d < 10 ; d++ ) ;

              P1 = S7_4 ;            // 네번째  7-Segment를 켜준다.
              P0 = Font[N] ;
              for(d = 0 ; d < 10 ; d++ ) ;
      }
}
```

```
 // C0, C1, C2, C3로 출력을 내보내기 위한 함수이다.
void KeyOut(char ot)
{
  C0 = ot ;
  ot = ot >> 1 ;

  C1 = ot ;
  ot = ot >> 1 ;

  C2 = ot ;
  ot = ot >> 1 ;

  C3 = ot ;

 }

/*  L0, L1, L2, L3로 입력된 키 값을 함수 KeyScan으로 보내주기 위한 함수이다.
*/
char KeyIn(void)
{
 unsigned char Inkey, NibbleP2 ;

   Inkey = L3 ; NibbleP2 = Inkey << 3 ;
   Inkey = L2 ; NibbleP2 |= (Inkey << 2 ) ;
   Inkey = L1 ; NibbleP2 |= (Inkey << 1 ) ;
   Inkey = L0 ; NibbleP2 |= Inkey ;

   return NibbleP2 ;
 }
```

```
char KeyScan(void)
{

 unsigned char  key = 0 ;
 unsigned char OTkey = 0x0e ;

   KeyOut(OTkey) ;
   key = KeyIn() ;

    if(key==0x0e) return 0 ;
   else if (key==0x0d) return 4 ;
   else if (key == 0x0b) return 8 ;
   else if (key == 0x07) return 12 ;
   else return 0xff ;

 }

 void main(void)
  {

    P2 = 0xff ;

              for( ; ; ) {
                        KeyValue = KeyScan() ;
                        Control_7Seg(KeyValue) ;

       }
  }
```

과 제 13 키보드 16개를 전부 활용하여 누르는 키 값이 4개의 7-Segmen에 출력되도록 프로그램을 작성한다.(예 SW0 : 0000 ~ SW15 : FFFF)

```
#include <io51.h>

bit C0    = 0xA0 ;
bit C1    = 0xA1 ;
bit C2    = 0xA2 ;
bit C3    = 0xA3 ;

bit L0    = 0xA4 ;
bit L1    = 0xA5 ;
bit L2    = 0xA6 ;
bit L3    = 0xA7 ;

#define S7_1   0x07
#define S7_2   0x0b
#define S7_3   0x0d
#define S7_4   0x0e

 const char Font[17]  = { 0xc0, 0xf9, 0xa4, //'0', '1', '2'
                          0xb0, 0x99, 0x92, // '3', '4', '5'
                          0x82, 0xf8, 0x80, // '6', '7', '8'
                          0x90, 0x88, 0x83, // '9', 'A', 'b'
                          0xc6, 0xa1, 0x86, // 'C', 'd', 'E'
                          0x8e, 0x7f } ;    // 'F', '.'

unsigned char KeyValue ;

void Control_7Seg(int) ; char KeyScan(void) ;
void KeyOut(char ) ; char KeyIn(void) ;
```

```
void Control_7Seg(int N)
{
  unsigned int  i, d ;

   if(N==0xff)  {  P1 = 0x0f ;
                   return ;
   }

  for ( i = 0 ; i < 100 ; i ++ ) {
              P1 = S7_1 ;           // 첫번째  7-Segment를 켜준다.
              P0 = Font[N] ;
              for(d = 0 ; d < 10 ; d++ ) ;

              P1 = S7_2 ;           // 두번째  7-Segment를 켜준다.
              P0 = Font[N] ;
              for(d = 0 ; d < 10 ; d++ ) ;

              P1 = S7_3 ;           // 세번째  7-Segment를 켜준다.
              P0 = Font[N] ;
              for(d = 0 ; d < 10 ; d++ ) ;

              P1 = S7_4 ;           // 네번째  7-Segment를 켜준다.
              P0 = Font[N] ;
              for(d = 0 ; d < 10 ; d++ ) ;
     }
   }

void KeyOut(char ot)
{
  C0 = ot ;
  ot = ot >> 1 ;
```

```
  C1 = ot ;
  ot = ot >> 1 ;

  C2 = ot ;
  ot = ot >> 1 ;

  C3 = ot ;
 }

/*  L0, L1, L2, L3로 입력된 키 값을 함수 KeyScan으로 보내주기 위한 함수이다.
*/
char KeyIn(void)
{
 unsigned char Inkey, NibbleP2 ;

   Inkey = L3 ; NibbleP2 = Inkey << 3 ;
   Inkey = L2 ; NibbleP2 |= (Inkey << 2 ) ;
   Inkey = L1 ; NibbleP2 |= (Inkey << 1 ) ;
   Inkey = L0 ; NibbleP2 |= Inkey ;

   return NibbleP2 ;
 }
/*  키 16개를 모두 스캔하는 프로그램이다. SW0를 눌렀으면 0이, SW1을 눌렀으면
  1이 SW15를 눌렀으면 0x0f가 리턴되는 함수이다.  */

char KeyScan(void)
{
 unsigned char  key = 0, key_cnt ;
 unsigned char OTkey = 0x0e ;

   for (key_cnt = 0 ; key_cnt < 4 ; key_cnt ++ ) {
```

```
            KeyOut(OTkey) ;
            key = KeyIn() ;

            if(key==0x0e) return (0 + key_cnt) ;
            else if (key==0x0d) return (4 + key_cnt) ;
            else if (key == 0x0b) return (8 + key_cnt) ;
            else if (key == 0x07) return (12 + key_cnt) ;
            OTkey = (OTkey << 1) + 1 ;
    }

    return (0xff) ;

  }

void main(void)
{
   /*  P2포트의 일부분을 입력으로 사용하기 위해서는 반드시 처음에 0xff를 출력해
      주어 P2포트의 일부가 입력으로 설정되도록 초기화 해 준다.  */
    P2 = 0xff ;

            for( ; ; ) {
                    KeyValue = KeyScan() ;
                    Control_7Seg(KeyValue) ;

      }
  }
```

이전까지의 실험에서는 키보드를 누르고 있을 때만 7-Segment가 점등되도록 하였다. 그러나, 이번 실험에서는 일단 특정키를 누르면 다른 키를 누르기 전까지 그 키 값을 7-Segment에서 계속 표시하도록 프로그램을 작성한다.

```
#include <io51.h>

bit C0    = 0xA0 ;
bit C1    = 0xA1 ;
bit C2    = 0xA2 ;
bit C3    = 0xA3 ;

bit L0    = 0xA4 ;
bit L1    = 0xA5 ;
bit L2    = 0xA6 ;
bit L3    = 0xA7 ;

#define S7_1   0x07
#define S7_2   0x0b
#define S7_3   0x0d
#define S7_4   0x0e

/*  키가 들어오지 않았을 때(초기에) 갖는 키 값으로 0xff면 키가 들어오지 않은 것
   으로 간주한다.  */
#define NoKey   0xff

 const char Font[17]  = { 0xc0, 0xf9, 0xa4, // '0', '1', '2'
                          0xb0, 0x99, 0x92, // '3', '4', '5'
                          0x82, 0xf8, 0x80, // '6', '7', '8'
                          0x90, 0x88, 0x83, // '9', 'A', 'b'
                          0xc6, 0xa1, 0x86, // 'C', 'd', 'E'
                          0x8e, 0x7f } ;    // 'F', '.'
```

```
unsigned char KeyValue = NoKey

// KeyScan 함수를 void로 변경하였다.
void Control_7Seg(int) ; void KeyScan(void) ;
void KeyOut(char) ; char KeyIn(void) ;

void Control_7Seg(int N)
{
   unsigned int  i, d ;
   if(N==NoKey)  { P1 = 0x0f ;
                    return ;
   }
   for ( i = 0 ; i < 100 ; i ++ ) {
            P1 = S7_1 ;              // 첫번째  7-Segment를 켜준다.
            P0 = Font[N] ;
            for(d = 0 ; d < 10 ; d++ ) ;
              P1 = S7_2 ;            // 두번째  7-Segment를 켜준다.
            P0 = Font[N] ;
            for(d = 0 ; d < 10 ; d++ ) ;
              P1 = S7_3 ;             // 세번째  7-Segment를 켜준다.
            P0 = Font[N] ;
            for(d = 0 ; d < 10 ; d++ ) ;
            P1 = S7_4 ;              // 네번째  7-Segment를 켜준다.
            P0 = Font[N] ;
            for(d = 0 ; d < 10 ; d++ ) ;
   }
}

void KeyOut(char ot)
{
  C0 = ot ;
```

```
  ot = ot >> 1 ;

  C1 = ot ;
  ot = ot >> 1 ;

  C2 = ot ;
  ot = ot >> 1 ;

  C3 = ot ;
}

char KeyIn(void)
{
 unsigned char Inkey, NibbleP2 ;

   Inkey = L3 ; NibbleP2 = Inkey << 3 ;
   Inkey = L2 ; NibbleP2 |= (Inkey << 2 ) ;
   Inkey = L1 ; NibbleP2 |= (Inkey << 1 ) ;
   Inkey = L0 ; NibbleP2 |= Inkey ;

   return NibbleP2 ;
}

//  이 부분을 void 함수로 수정 하였다.  */

void KeyScan(void)
{
 unsigned char  key = 0, key_cnt ;
 unsigned char OTkey = 0x0e, KeyBuff ;

 KeyBuff = NoKey ;
```

```
    for (key_cnt = 0 ; key_cnt < 4 ; key_cnt ++ ) {

            KeyOut(OTkey) ;
            key = KeyIn() ;

            if(key==0x0e) KeyBuff =  0 + key_cnt ;
            else if (key==0x0d) KeyBuff = 4 + key_cnt ;
            else if (key == 0x0b) KeyBuff = 8 + key_cnt ;
            else if (key == 0x07) KeyBuff = 12 + key_cnt ;
            OTkey = (OTkey << 1) + 1 ;
    }

    if(KeyBuff != NoKey)
      // 만약 키가 들어오면 해당 키 값을 KeyValue에 대피시킨다.
             KeyValue = KeyBuff ;
}

void main(void)
{

     P2 = 0xff ;

            for( ; ; ) {
                    KeyScan() ;
                    Control_7Seg(KeyValue) ;
     }
}
```

5.4 타이머/카운터 모드 0, 모드1 인터럽트 제어

5.4.1 타이머/카운터 0, 1

80S51은 타이머/카운터를 2개 내장하고 있다. 타이머/카운터에 사용되는 입력 클록은 내부클록 즉, 클록 발진자를 1/12(1머신 사이클)로 하는 것이 있고 외부의 T0(P3.4 핀), T1(P3.5)에 펄스를 입력시켜 계수하는 방식이 있다. 내부의 클록 발진자를 1/12(1머신 사이클)해서 계수하는 것을 **타이머**라고 하고, 외부의 펄스 입력을 받아 계수하는 것을 **카운터**라고 한다. 이때, 사용되는 타이머/카운터 0은 TH0와 TL0를 사용한다. 또 타이머/카운터 1은 TH1과 TL1이 사용된다.

타이머/카운터 0, 1의 기본 동작은 8비트로 타이머 또는 카운터로 설정하였을 때 TH 레지스터가 0xff에서 0x00이 되는 시기에 TF(Timer over flow)가 1로 되어 오버플로가 발생하게 되고, 16비트 타이머 또는, 카운터로 설정하였을 때는 0xffff에서 0x0000으로 되는 시기에서 TF가 1로 된다.

타이머/카운터 0, 1은 모드 0부터 모드 3까지 전부 네 개의 모드를 가지고 있다. 그 일반적인 내용은 다음과 같다.

① 모드 0 : 13 Bit 타이머/카운터
② 모드 1 : 16 Bit 타이머/카운터
③ 모드 2 : 오토 리로드(Auto-Reload) 8비트 타이머/카운터
④ 모드 3 : 2개의 8bit 타이머/카운터(타이머 0), 시리얼 포트로 출력되는 타이머/카운터(타이머 1)

타이머/카운터 0, 1의 설정 방법은 TMOD 내의 $C/\overline{T}$비트를 설정함에 따라 정해지게 된다. 즉, 이 비트를 1로 하면 카운터가 되고 이 비트를 0으로 하면 타이머가 되는 것이다. 모드 역시 TMOD의 M1, M0 비트를 설정함에 따라서 모드 0부터 모드 3까지 결정된다. 또한, TCON(타이머 컨트롤 레지스터), IE(인터럽트 인에이블 레지스터) 및 IP(인터럽트 프라이어리티 레지스터)를 함께 사용하여 프로그램하게 되는 것이다.

5.4.2 TMOD 레지스터

TMOD 레지스터는 타이머/카운터 0, 1의 입력 클록 및 모드 설정과 타이머/카운터 ON/OFF제어를 외부에서 해줄 것인가 아니면 내부에서 해줄 것인가를 결정해 주는 역할을 하는 레지스터이다.

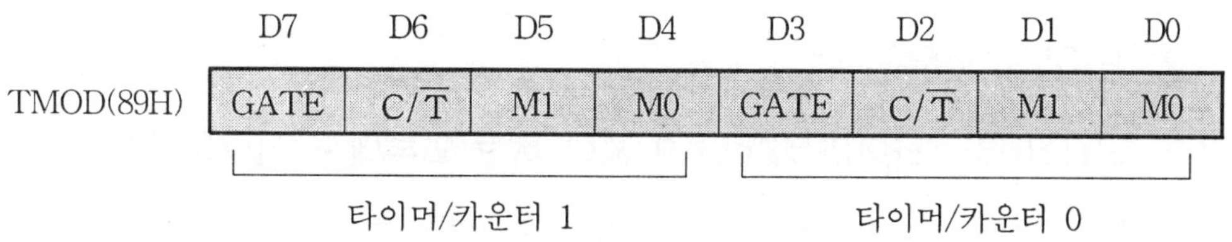

(1) 타이머/카운터 1

(가) GATE(D7) : 타이머/카운터 1 제어 비트(외부에서 제어할 때 사용됨)

GATE가 '1'일 때는 외부에서 카운터를 제어한다. 즉, 외부에 카운터 스타트 스위치와 스톱 스위치가 있다고 생각하면 편리할 것이다. 이 스타트 스위치 역할을 해주는 것이INT1(13번 핀)에 HIGH 입력을 주는 것이고(카운트 시작) 스톱 스위치 역할을 하는 것이 INT1(13번 핀)에 LOW 입력을 주는 것이다(카운트 정지).

GATE가 '0'일 때는 외부 핀의 제어 명령을 받지 않게 된다.

(나) C/$\overline{T}$(D6) : 타이머/카운터 1의 입력 클록을 결정하는 비트

입력 클록으로 내부 클록을 사용할 것인가 아니면, T1(15번 핀)에서 입력되는 외부 클록을 사용할 것인가를 결정하는 비트이다. 이 비트가 '0'이면 타이머 모드가 되어 내부클록 즉 '발진 주기/12'의 머신 사이클을 계수하게 되는 것이다.

이 비트가 '1'이면 카운터 모드가 되어 T1(15번 핀)에서 입력되는 클록을 계수하게 된다.

(다) M1, M0(D5, D4) : 타이머/카운터 1의 모드를 설정하는 비트

각 모드에 따른 M1, M0는 다음과 같다.

M1	M0	모드
0	0	0
0	1	1
1	0	2
1	1	3

(2) 타이머/카운터 0

(가) GATE(D3) : 타이머/카운터 0 제어 비트(외부에서 제어할 때 사용됨)

GATE가 '1'일 때는 외부에서 카운터를 제어한다. 즉, 외부에 카운터 스타트 스위치와 스톱 스위치가 있다고 생각하면 편리할 것이다. 이 스타트 스위치 역할을 해주는 것이 INT0(12번 핀)에 HIGH 입력을 주는 것이고(카운트 시작) 스톱 스위치 역할을 하는 것이 INT0(12번 핀)에 LOW 입력을 주는 것이다(카운트 정지).

GATE가 '0'일 때는 외부 핀의 제어 명령을 받지 않게 된다.

(나) C/T(D2) : 타이머/카운터 0의 입력 클록을 결정하는 비트

입력 클록으로 내부 클록을 사용할 것인가 아니면, T0(14번 핀)에서 입력되는 외부 클록을 사용할 것인가를 결정하는 비트이다. 이 비트가 '0'이면 타이머 모드가 되어 내부 클록 즉 '발진 주기/12'의 머신 사이클을 계수하게 되는 것이다. 이 비트가 '1'이면 카운터 모드가 되어 T0(14번 핀)에서 입력되는 클록을 계수하게 된다.

(다) M1, M0(D1, D0) : 타이머/카운터 0의 모드를 설정하는 비트

각 모드에 따른 M1, M0는 타이머/카운터 1과 같다.

5.4.3 TCON 레지스터(88H)

TCON 레지스터는 타이머/카운터 제어에 상위 4비트가 사용되고 외부 인터럽트 제어에 하위 4비트가 사용된다.

	D7	D6	D5	D4	D3	D2	D1	D0
TCON(88H)	TF1	TR1	TF0	TR0	IE1	IT1	IE0	IT0

(가) TF1 : 타이머/카운터 오버플로 플래그 비트

타이머/카운터가 오버플로 되었을 때 자동적으로 '1'로 되고 프로그램이 인터럽트 서브루틴 안으로 점프해 들어갔을 때 자동적으로 '0'이 된다. 따라서 우리는 이 비트를 건드릴 필요가 없다.

(나) TR1 : 타이머 카운터 1동작 제어 비트

이 비트가 '1'이면 카운트 시작, '0'이면 카운트 정지한다.

(다) TF0 : 타이머 카운터 0 오버플로 플래그 비트

TF1의 경우와 같이 작동한다.

(라) TR0 : 타이머 카운터 0 동작 제어 비트

TR1의 경우와 같이 작동한다.

(마) IE1 : INT1(13번 핀) 에지 플래그 비트

INT1이 에지 트리거 모드로 되어 있을 때만 입력 펄스의 하강 에지에서 '1'로 되고 인터럽트가 처리될 때 '0'으로 된다.

(바) IT1 : INT1(13번 핀) 인터럽트 타입 제어 비트

이 비트가 '1'이 되면 INT1으로 입력되는 펄스의 에지에서 인터럽트를 발생시키겠다는 것이고 '0'이 되면 INT1으로 LOW가 입력될 때 인터럽트를 발생시키겠다는 것이다.

만약 IT1이 '0' 즉, LOW 레벨 인터럽트 발생으로 프로그램 되어 있으면 IE1은 에지 트리거일 때만 사용하므로 IE1은 아무런 영향도 받지 않는다. 에지 트리거 인터럽트의 경우 각 명령의 10클록 때 내부에 래치되기 때문에 최저 12클록 이상 LOW 레벨을 유지할 필요가 있다. 12클록 이상 LOW 레벨을 유지한 후에는 HIGH 레벨로 계속 유지시켜 주는 것이 좋다. 그러나 HIGH 레벨에서 LOW 레벨로 떨어질 때까지는 최저 12클록 이상 유지시켜 주어야 한다.

(사) IE0 : INT0(12번 핀) 에지 플래그 비트

IE1의 경우와 같이 작동한다.

(아) IT0 : INT0(12번 핀) 인터럽트 타입 제어 비트

IT1의 경우와 같이 작동한다.

5.4.4 IE(A8H) 레지스터

각 인터럽트를 사용할 것인가 아니면 무시할 것인가를 결정하는 레지스터이다.

	D7	D6	D5	D4	D3	D2	D1	D0
IE(A8H)	EA	-	ET2	ES	ET1	EX1	ET0	EX0

(가) EA(D7) : 전체 인터럽트 인에이블 비트

전체 인터럽트를 사용할 것인가 아니면 사용하지 않을 것인가를 결정하는 비트로 '0'이면 전체 인터럽트를 사용하지 못하게 되고 '1'이면 인터럽트를 선별적으로 사용할 수 있게 된다.

(나) -(D6)

일반적으로 사용하지 않는 비트이다.

(다) ET2(D5) : 타이머 2 인터럽트 제어 비트

8052에서만 사용하므로 우리는 사용할 필요가 없다.

(라) ES(D4) : 시리얼 포트 인터럽트 제어 비트

시리얼 통신을 하기 위한 인터럽트로 '1'일 경우에는 시리얼 통신시 인터럽트가 발생하지만, '0'일 경우에는 시리얼 통신시 인터럽트가 발생하지 않는다. 하지만 일반적으로 시리얼 통신을 할 때에는 항상 '1'로 하여 인터럽트를 사용한다.

(마) ET1(D3) : 타이머/카운터 1 인터럽트 제어 비트

'1'일 경우에는 오버플로 발생시 인터럽트가 발생한다.

'0'일 경우에는 오버플로 발생시에도 인터럽트가 발생하지 않는다.

(바) EX1(D2) : INT1(외부 인터럽트 1) 제어 비트

INT1 인터럽트를 사용할 경우에는 '1'로 놓는다. '0'일 경우에는 인터럽트가 발생하지 않는다.

(사) ET0(D1) : 타이머/카운터 0 인터럽트 제어 비트

ET1의 경우와 같다.

(아) EX0(D0) : INT0(외부 인터럽트 0) 제어 비트

EX1의 경우와 같다.

즉, 이것들은 모두 '0'이면 인터럽트를 사용하지 않겠다는 것이고 (Disable) '1'이면 인터럽트를 사용하겠다는 것이다(Enable).

그림 5-16에 인터럽트 제어 레지스터(IE)와 각 인터럽트의 관계를 제시하였다.

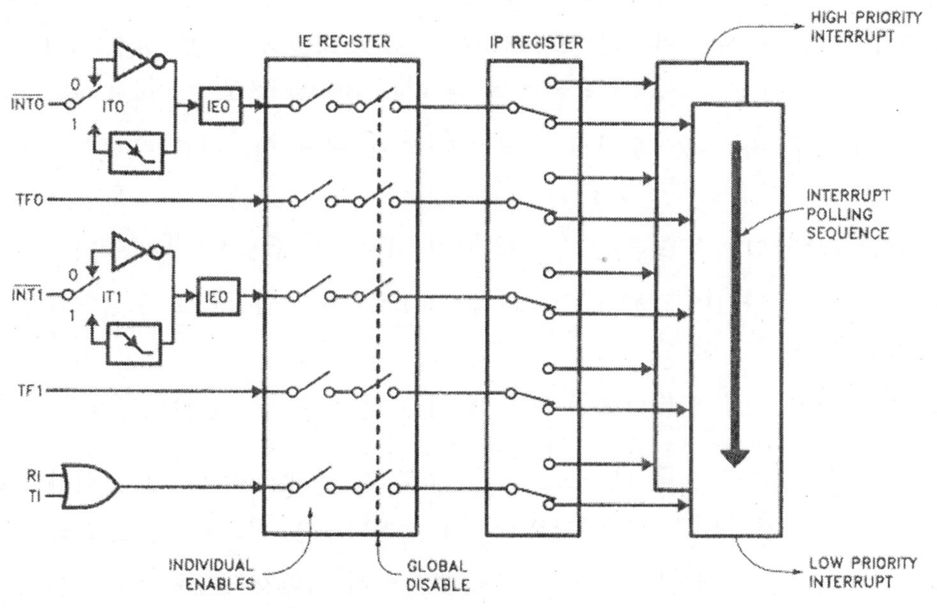

그림 5-16 IE 레지스터와 각 인터럽트

5.4.5 IP(B8H) 레지스터

IP 레지스터는 인터럽트 우선순위를 결정하는 레지스터이다. 즉, 동시에 2개 이

상의 인터럽트 요청이 들어올 경우 어느 것을 우선적으로 처리하고 어느 것을 후에 처리하겠는가 하는 것을 결정해 주는 레지스터이다.

우선순위가 높은 인터럽트와 낮은 인터럽트 신호 두개가 동시에 입력되었을 경우 우선순위가 높은 인터럽트 서부루틴을 먼저 수행하고 다음에 우선순위가 낮은 인터럽트 서브루틴을 수행하게 된다. 이때, 우선순위가 높은 인터럽트가 수행될 동안 낮은 것은 대기 상태로 있게 된다. 각각의 인터럽트들은 우선순위를 IP 레지스터의 해당 비트를 '1'로 하면 우선순위가 높게 되고 '0'으로 하면 우선순위가 낮게 된다.

	D7	D6	D5	D4	D3	D2	D1	D0
IP(B8H)	-	-	PT2	PS	PT1	PX1	PT0	PX0

① D7, D6 : 예약되어 있는 비트이다.

② PT2(D5) : 타이머/카운터 2의 인터럽트 설정 비트이나 8032/8052에만 있다.

③ PS(D4) : 시리얼 포트 인터럽트, '1'로 하면 인터럽트 우선순위가 높아진다.

④ PT1(D3) : 타이머/카운터 1 인터럽트, '1'로 하면 인터럽트 우선순위가 높아진다.

⑤ PX1(D2) : 외부 인터럽트 1, '1'로 하면 인터럽트 우선순위가 높아진다.

⑥ PT0(D1) : 타이머/카운터 0 인터럽트, '1'로 하면 인터럽트 우선순위가 높아진다.

⑦ PX0(D0) : 외부 인터럽트 0, '1'로 하면 인터럽트 우선순위가 높아진다.

"그럼 모두 '0'으로 했을 때 또는, 모두 '1'로 했을 때는 어느 것이 인터럽트 우선순위가 높을 것인가?" 마이크로프로세서 설계자들은 이러한 점도 고려하여 마이크로프로세서를 설계하였다. 표 5-4를 보면 쉽게 이해가 될 것이다.

표 5-4 인터럽트 우선 순위

인터럽트 우선순위 레벨	인터럽트 SOURCE	내 용
1	IE0	외부 인터럽트 0
2	TF0	타이머/카운터 0
3	IE1	외부 인터럽트 1
4	TF1	타이머/카운터 1
5	RI+TI	시리얼 인터럽트

만약, 사용자가 IP 레지스터의 D0부터 D4까지 모두 '0'으로 해 놓으면 인터럽트들은 위와 같은 우선순위를 갖게 된다. 또, 모두 '1'로 설정을 해 놓아도 위와 같은 우선 순위를 갖는다. 그런데 만약 RI+TI(D4)비트만 '1'로 설정해 놓으면 시리얼 인터럽트가 가장 높은 우선 순위를 갖게 된다.

여기서, 한 가지 참고할 것은 일반적으로 시리얼 통신 인터럽트의 경우는 비교적 높은 인터럽트를 갖도록 설정해 주는 것이 좋다. 왜냐하면 시리얼 통신(수신)의 경우, 외부에서 전송되는 데이터가 입력되었을 때 시리얼 인터럽트가 바로 수행되지 않으면 외부에서 전송되는 데이터를 잃어버릴 수 있기 때문이다.

이제 다시 TMOD로 돌아가서 타이머/카운터 0, 1의 모드에 대해서 공부하여 보자.

5.4.6 타이머/카운터 모드 0

먼저 타이머/카운터 0, 1의 두 경우 모두 모드 0인 경우 13비트 타이머/카운터가 된다.

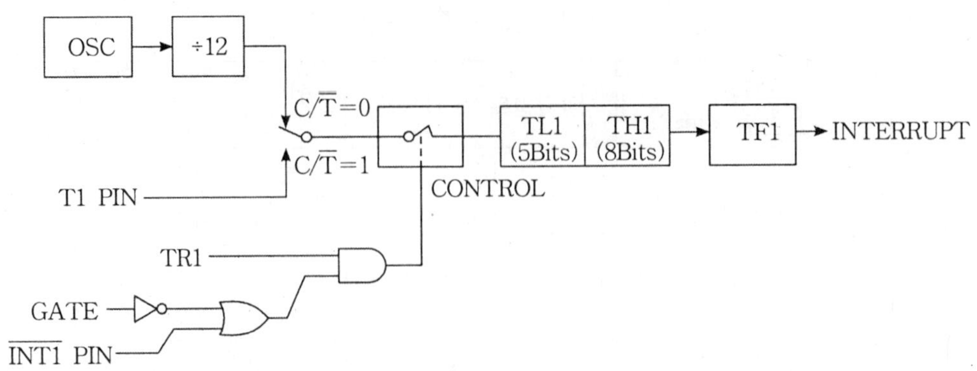

그림 5-17 타이머/카운터 0, 모드 0(13비트 카운터)

모드 0에서 TL의 상위 3비트(D7, D6, D5)를 사용하지 못하게 된다. 그래서 TL의 경우는 32분주용으로 되고, TH는 8비트 모두를 사용하여 전부 13비트로 된다. 위의 그림을 자세히 보면 좀 더 잘 이해할 수 있을 것이다.

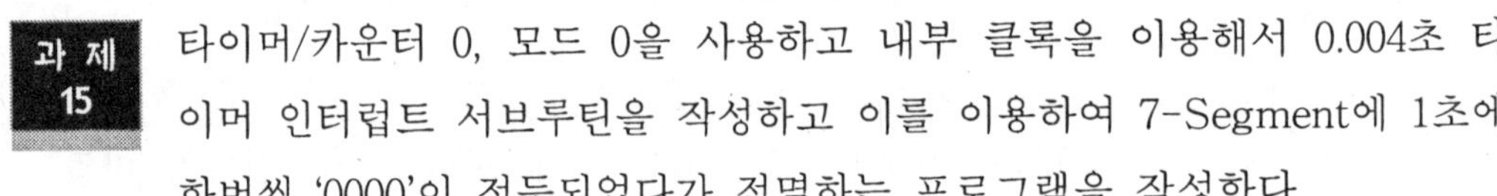
과제 15 타이머/카운터 0, 모드 0을 사용하고 내부 클록을 이용해서 0.004초 타이머 인터럽트 서브루틴을 작성하고 이를 이용하여 7-Segment에 1초에 한번씩 '0000'이 점등되었다가 점멸하는 프로그램을 작성한다.

먼저 TH0와 TL0에 설정할 값을 계산해야 할 것이다. 이를 계산하는 방법은 다음과 같다.

① T=1/f이고 머신 사이클(내부 클록) 주파수는 22118400/12이므로

내부 클록 1개당 주기=1/머신 사이클=0.00000054253초

② 인터럽트 주기를 0.004초로 설정하려 하므로

내부 클록수=0.004/0.00000054253=7372.864

반올림하여 보면 7373개의 내부 클록이 발생해야 0.004초가 된다. 따라서, 7373번의 내부 클록이 입력되면 오버플로가 발생하도록 하기 위해 13비트 타이머에 이 숫자를 빼주면 된다.

다시 한 번 설명하면 13비트 타이머/카운터는 0x1fff가 되고 나서 그 다음 클록이 입력되면 오버플로가 발생하여 TF0가 '1'이 된다. 그러면, 프로그램은 인터럽

트 처리루틴으로 점프하게 되는 것이다. 따라서, 우리가 내부 클록 1개가 발생될 때마다 즉, 0.00000054253초마다 인터럽트를 발생시키고자 하면 TH0와 TL0에 0x1fff를 설정하면 되는 것이다. 만약, 내부 클록 2개 발생될 때마다 인터럽트를 발생시키려면 TH0와 TL0에 0x1ffe를 설정하면 된다.

n개의 클록이 발생될 때 인터럽트를 발생시키려고 한다면

TH0, TL0 설정 개수 = (0x1fff + 1) - n개 내부 클록 발생수

따라서, 7373개의 내부 클록 발생 후 인터럽트가 발생되게 프로그램 하려면 그 식은 다음과 같다. 7373의 Hex값은 0x1ccd이므로

③ TH0, TL0 설정 개수 = (0x1fff + 1) - 0x1ccd = 0x0333
따라서 TH0, TL0 설정 개수는 0x0333이 된다.
0x0333을 2진법으로 표시하면 아래와 같다.

D15	D14	D13	D12	D11	D10	D9	D8
0	0	0	0	0	0	1	1

D7	D6	D5	D4	D3	D2	D1	D0
0	0	1	1	0	0	1	1

이제 이것을 TH0와 TL0에 옮겨 놓아야 한다. 여기서, 또 하나의 문제가 발생한다. 왜냐하면 TL0의 상위 3비트를 우리가 사용하지 못하기 때문이다. 따라서, 우리는 이것을 고려하여 조심스럽게 D0부터 D12까지를 TL0와 TH0에 옮겨 놓아야 할 것이다. 아래 그림이 이것을 옮겨 놓은 것이다.

TH0

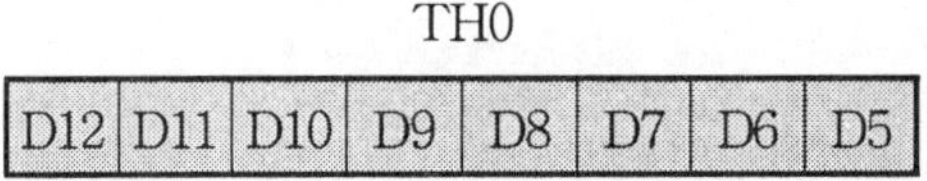

D12	D11	D10	D9	D8	D7	D6	D5

TL0

X	X	X	D4	D3	D2	D1	D0

또한, 이것을 다시 2진법으로 표시하면 다음과 같다.

TH0

0	0	0	1	1	0	0	1

TL0

X	X	X	1	0	0	1	1

이것을 HEX로 표시하면 TH0는 0x19, TL0는 0x13이다. 물론 TL0 경우 상위 3비트가 Don't Care이므로 사용자 마음대로 정의할 수 있다. 그러나, 우리는 일단

이것을 0으로 생각하고 TL0를 0x13이라고 하면, 이제까지 계산하고 고려했던 것들의 프로그램은 다음과 같다.

```
#include <io51.h>

bit C0    = 0xA0 ;
bit C1    = 0xA1 ;
bit C2    = 0xA2 ;
bit C3    = 0xA3 ;

bit L0    = 0xA4 ;
bit L1    = 0xA5 ;
bit L2    = 0xA6 ;
bit L3    = 0xA7 ;

#define S7_1   0x07
#define S7_2   0x0b
#define S7_3   0x0d
#define S7_4   0x0e

 const char Font[17]  = { 0xc0, 0xf9, 0xa4, //'0', '1', '2'
                          0xb0, 0x99, 0x92, // '3', '4', '5'
                          0x82, 0xf8, 0x80, // '6', '7', '8'
                          0x90, 0x88, 0x83, // '9', 'A', 'b'
                          0xc6, 0xa1, 0x86, // 'C', 'd', 'E'
                          0x8e, 0x7f } ;    // 'F', '.'

unsigned char count = 0 ;
unsigned char SecondFlag = 0 ;

void Control_7Seg(int) ;
```

```
void Control_7Seg(int N)
{
  unsigned int  i, d ;

   if(N==0xff)  { P1 = 0x0f ;
                  return ;
   }
       for ( i = 0 ; i < 100 ; i ++ ) {
               P1 = S7_1 ;          // 첫번째  7-Segment를 켜준다.
               P0 = Font[N] ;
               for(d = 0 ; d < 10 ; d++ ) ;

               P1 = S7_2 ;          // 두번째  7-Segment를 켜준다.
               P0 = Font[N] ;
               for(d = 0 ; d < 10 ; d++ ) ;

               P1 = S7_3 ;          // 세번째  7-Segment를 켜준다.
               P0 = Font[N] ;
               for(d = 0 ; d < 10 ; d++ ) ;

               P1 = S7_4 ;          // 네번째  7-Segment를 켜준다.
               P0 = Font[N] ;
               for(d = 0 ; d < 10 ; d++ ) ;
       }
}

/*  ET0의 인터럽트 절대 번지는 0x0b이다. 따라서 인터럽트 서브루틴은 아래와 같
   다.  */

  interrupt[0x0b] void T0_int(void)
  {
```

```
	/* 일단 오버플로가 되면 TH0와 TL0가 다시 0이 되므로 처음 값을 다시 LOAD
	   시킨다. */
	TH0 = 0x19 ;
	TL0 = 0x13 ;
	count++ ;

	/* 만약 0.004초 인터럽트 루틴인 이 함수를 250번 CALL했다면 즉, 이 뜻은
	   0.004*250 = 1초가 되면 */
	if(count >=250){
		count = 0 ;

		/* 이전에 7-Segmnet가 OFF되어 있으면 ON되게 끔 7-Segmnet제어 플래
		   그를 '1'로 한다. */
	if(SecondFlag==0) SecondFlag=1 ;

	  /* 이전에 7-Segmnet가 ON되어 있으면 OFF되게 끔 7-Segmnet제어 플래그
		 를 '0'로 한다. */
	else if(SecondFlag==1) SecondFlag=0 ;

	}
}

void main(void)
{

	/* 우리는 Timeer/Counter 0만 사용하나 TMOD에서는 Timer/Counter 1도
	   설정하게 되어 있으므로 일단 TMOD의 상위 4비트를 0으로 해놓자.
	   Timer/Counter 0의 GATE=0 : 외부 핀의 영향을 받지 않는다.
	   = 0 : 내부 클록을 계수한다. M1, M0=0 모드 0, 13비트 타이머이다. */
	TMOD = 0x00 ;
```

```
/* 위의 계산한 값을 설정한다. */
 TH0 = 0x19 ;
 TL0 = 0x13 ;

   /* 타이머 0 카운터 시작( TR0는 io51.h에 1비트로 선언되어 있다.
      따라서, 이 변수는 0 또는 1밖에 사용하지 못한다. 또한 TR0는 TCON
      내에 있는 비트이므로 TCON = 0x10으로 사용하여도 무방하다). */
 TR0 = 1 ;

 /* 아래에서 사용하는 EA,ET 변수 또한, io51.h에서 1 비트변수로 선언
    되어 있다. 또한, EA와 ET는 IE 레지스터 내에 있는 비트이므로
    IE = 0x82로 사용하여도 무방하다. */

 /* 인터럽트를 사용하기 위하여 먼저 EA 비트를 Enable시키고 */
EA = 1 ;

 /* Timer/Counter 0의 오버플로 인터럽트를 사용하겠다. */
ET0 = 1 ;

    while(1) {
        // 7-Segment를 모두 0000 으로 켜준다.
        if(SecondFlag ==1 ) Control_7Seg(0) ;

       // 7-Segment를 모두 꺼준다.
        else if(SecondFlag==0) Control_7Seg(0xff) ;

    }
}
```

5.4.7 타이머/카운터 모드 1

타이머/카운터 모드 1인 경우는 타이머/카운터 모드 0의 경우와 모든 것이 흡사하다. 모드 0과 모드 1의 한 가지 차이점이라면 모드 0은 13비트 타이머/카운터이고 모드 1은 16비트 타이머/카운터라는 점이다. 따라서, 모드 0에서 사용하지 못했던 TL의 상위 3비트까지 사용할 수 있어 전부 16비트가 되는 것이다.

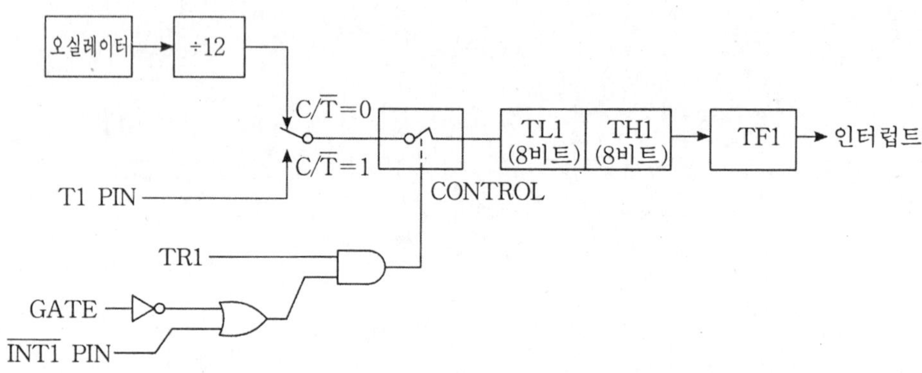

그림 5-18 타이머/카운터 1, 모드 1(16비트 카운터)

타이머/카운터1, 모드 1을 사용하고 내부 클록을 이용해서 0.02초 타이머 인터럽트 서브루틴을 작성하고 이를 사용하여 7-Segment에 '0000'을 1초에 한번씩 깜빡이는 프로그램을 작성한다.

이 경우에도 과제 15와 같이 가장 먼저 TH1과 TL1에 설정할 값을 계산하면 다음과 같다.

내부 클록 1개당 주기는 앞서의 계산값이 0.00000054253이고 인터럽트 주기가 0.02초이므로 내부 클록수는 0.02/0.0000054253=36864.3208 즉, 36864개의 내부 클록이 발생되어야 인터럽트 주기가 0.02초가 된다. 따라서, 우리는 (36864)번의 내부 클록이 입력되면 오버플로가 발생하도록 하기 위해 16비트 타이머에다 이 숫자를 빼주면 된다.

16비트 타이머/카운터는 0xffff가 되고 나서 그 다음 클록이 입력되면 오버플로가 발생하여 TF1(타이머/카운터 1일 경우)이 '1'이 된다. 그러면 프로그램은 인터럽트 처리루틴으로 점프하게 되는 것이다. 따라서 우리가 내부 클록 1개가 발생될 때마다 즉, 0.00000054253초마다 인터럽트를 발생시키려 한다면 모드 0과는 달리 모드 1에서는 0xffff를 초기값으로 설정하면 된다. 또한 n개의 클록이 발생될 때 인터럽트를 발생시키려고 한다면

① TH1, TL1 설정 개수=(0xffff+1)-n개 내부 클록 발생 수
따라서 36864개의 내부 클록 발생 후 인터럽트가 발생되게 프로그램 하려면 그 식은 다음과 같다. 36864의 Hex값은 0x9000이므로

② TH1, TL1 설정 개수=(0xffff+1)-0x9000=0x7000
0x7000을 2진법으로 표시하면 아래와 같다.

D15	D14	D13	D12	D11	D10	D9	D8
0	1	1	1	0	0	0	0

D7	D6	D5	D4	D3	D2	D1	D0
0	0	0	0	0	0	0	0

따라서 TH1과 TL1의 값이 위의 값은 그대로이므로

TH1

0	1	1	1	0	0	0	0

TL1

0	0	0	0	0	0	0	0

이것을 HEX로 표시하면 TH1은 0x70 TL1은 0x00이다.

이제까지 모드 1에 대하여 기술된 것들을 모드 0과 계산방법이 거의 흡사하다. 그러나, 유저들의 혼란을 방지하기 위하여 다시 한번 자세히 계산과정을 설명한 것이다. 모드 0은 13비트 타이머/카운터, 모드 1은 16비트 타이머/카운터 이 두 가지를 혼동하지 않기를 바라면서……. 이제 지금까지 우리가 계산하고 생각했던 것들을 프로그램은 다음과 같다.

```
#include <io51.h>

bit C0    = 0xA0 ;
bit C1    = 0xA1 ;
bit C2    = 0xA2 ;
bit C3    = 0xA3 ;
```

```
bit L0    = 0xA4 ;
bit L1    = 0xA5 ;
bit L2    = 0xA6 ;
bit L3    = 0xA7 ;

#define S7_1   0x07
#define S7_2   0x0b
#define S7_3   0x0d
#define S7_4   0x0e

 const char Font[17]  = { 0xc0, 0xf9, 0xa4, //'0', '1', '2'
                          0xb0, 0x99, 0x92, // '3', '4', '5'
                          0x82, 0xf8, 0x80, // '6', '7', '8'
                          0x90, 0x88, 0x83, // '9', 'A', 'b'
                          0xc6, 0xa1, 0x86, // 'C', 'd', 'E'
                          0x8e, 0x7f } ;    // 'F', '.'

unsigned char count = 0 ;
unsigned char SecondFlag = 0 ;

void Control_7Seg(int) ;

void Control_7Seg(int N)
{
  unsigned int  i, d ;

   if(N==0xff)  { P1 = 0x0f ;
                  return ;
   }

for ( i = 0 ; i < 100 ; i ++ ) {
             P1 = S7_1 ;          // 첫번째  7-Segment를 켜준다.
```

```
            P0 = Font[N] ;
            for(d = 0 ; d < 10 ; d++ ) ;

            P1 = S7_2 ;          // 두번째 7-Segment를 켜준다.
            P0 = Font[N] ;
            for(d = 0 ; d < 10 ; d++ ) ;

            P1 = S7_3 ;          // 세번째 7-Segment를 켜준다.
            P0 = Font[N] ;
            for(d = 0 ; d < 10 ; d++ ) ;

            P1 = S7_4 ;          // 네번째 7-Segment를 켜준다.
            P0 = Font[N] ;
            for(d = 0 ; d < 10 ; d++ ) ;
        }
    }

/* ET1의 인터럽트 절대 번지는 0x1b이다. 따라서, 인터럽트 서브루틴은 아래와 같
   다. */

  interrupt[0x1b] void T1_int(void)
  {
   /* 일단 오버플로가 되면 TH1와 TL1가 다시 0이 되므로 처음 값을 다시 LOAD
      시킨다. */
   TH1 = 0x70 ;
   TL1 = 0x00 ;
   count++ ;
   /* 만약 0.02초 인터럽트 루틴인 이 함수를 50번 CALL했다면 즉 이 뜻은 0.02*50
      = 1초가 되면 */
   if(count >= 50){
       count = 0 ;
```

```
        /* 이전에 7-Segment가 OFF되어 있으면 ON되게끔 7-Segment제어 플래그
           를 '1'로 한다. */
   if(SecondFlag==0) SecondFlag=1 ;

        /* 이전에 7-Segment가 ON되어 있으면 OFF되게끔 7-Segment제어 플래그
           를 '0'로 한다. */
   else if(SecondFlag==1)SecondFlag=0 ;

 }
}

void main(void)
 {

  /* 우리는 Timer/Counter 1만 사용하나 TMOD에서는 Timer/Counter 0도
     설정하게 되어 있으므로 일단 TMOD의 하위 4비트를 0으로 해놓자 */
   TMOD = 0x10 ;

  /* 위의 계산한 값을 설정한다. */
   TH1 = 0x70 ;
   TL1 = 0x00 ;

 /* 타이머 1 카운터 시작 */
   TR1 = 1 ;

  /* 인터럽트를 사용하기 위하여 먼저 EA 비트를 Enable시키고 */
   EA = 1 ;

  /* Timer/Counter 1의 오버플로 인터럽트를 사용하겠다. */
 ET1 = 1 ;
```

```
        while(1) {
            // 7-Segment를 모두 OFF
            if(SecondFlag ==1 ) Control_7Seg(0) ;
            // 7-Segment를 모두 ON
            else if(SecondFlag==0) Control_7Seg(0xff) ;

        }
    }
```

과 제 17 타이머/카운터 0, 1을 전부 사용하여 프로그램을 작성해 보도록 하자. 왼쪽 두 자리 7-Segment는 타이머 0를 이용하여 0.5초마다 카운트가 '1'씩 증가하도록 하고, 3, 4번째 자리의 7-Segment는 타이머 1을 이용하여 1초에 한번씩 카운트가 증가하도록 한다. 단, 타이머 0은 0.004초의 인터럽트 주기를 사용하여 작성하고 타이머 1은 0.02초 인터럽트 주기를 사용한다. 또한, 인터럽트 우선순위는 타이머 1이 타이머 0보다 높아야 된다.

```
#include <io51.h>

bit C0    = 0xA0 ;
bit C1    = 0xA1 ;
bit C2    = 0xA2 ;
bit C3    = 0xA3 ;

bit L0    = 0xA4 ;
bit L1    = 0xA5 ;
bit L2    = 0xA6 ;
bit L3    = 0xA7 ;

#define S7_1    0x07
```

```
#define S7_2    0x0b
#define S7_3    0x0d
#define S7_4    0x0e

 const char Font[17]  = { 0xc0, 0xf9, 0xa4, //'0', '1', '2'
                          0xb0, 0x99, 0x92, // '3', '4', '5'
                          0x82, 0xf8, 0x80, // '6', '7', '8'
                          0x90, 0x88, 0x83, // '9', 'A', 'b'
                          0xc6, 0xa1, 0x86, // 'C', 'd', 'E'
                          0x8e, 0x7f } ;    // 'F', '.'

unsigned char count0 = 0, count1 = 0 ;
unsigned char SevenFlag0 = 0, SevenFlag1 = 0 ;

void Control_7Seg(unsigned char, unsigned char ) ;

void Control_7Seg(unsigned char N1, unsigned char N2)
{
  unsigned int  i, d ;
  unsigned char N1_10, N1_1, N2_10, N2_1  ;

  N1_10 = N1 / 10 ;
  N1_1 =  N1 % 10 ;
  N2_10 = N2 / 10 ;
  N2_1 =  N2 % 10 ;

   for ( i = 0 ; i < 100 ; i ++ ) {
       P1 = S7_1 ;           // 첫번째  7-Segment를 켜준다.
       P0 = Font[N1_10] ;  // 십의 자리를 써 준다.
       for(d = 0 ; d < 10 ; d++ ) ;

       P1 = S7_2 ;           // 두번째  7-Segment를 켜준다.
```

```
        P0 = Font[N1_1] ;   // 일의 자리를 써 준다.
        for(d = 0 ; d < 10 ; d++ ) ;

        P1 = S7_3 ;           // 세번째  7-Segment를 켜준다.
        P0 = Font[N2_10] ;      // 십의 자리를 써 준다.
        for(d = 0 ; d < 10 ; d++ ) ;

        P1 = S7_4 ;          // 네번째  7-Segment를 켜준다.
        P0 = Font[N2_1] ;    // 일의 자리를 써 준다.
        for(d = 0 ; d < 10 ; d++ ) ;
    }
 }

interrupt[0x0b] void T0_int(void)
 {

  /*  일단 오버플로가 되면 TH0와 TL0가 다시 0이 되므로 처음 값을 다시 LOAD
     시킨다.  */
  TH0 = 0x19 ;
  TL0 = 0x13 ;
  count0++ ;

 /*  만약 0.004초 인터럽트 루틴인 이 함수를 125번 CALL했다면 즉 이 뜻은
    0.004*125 = 0.5초가 되면  */
  if(count0 >=125){
        count0 = 0 ;
        SevenFlag0 ++ ;
        if(SevenFlag0 > 99 ) SevenFlag0 = 0 ;
   }
}

/*  ET1의 인터럽트 절대 번지는 0x1b이다. 따라서, 인터럽트 서브루틴은 아래와 같
```

```
  다. */

interrupt[0x1b] void T1_int(void)
 {

  /* 일단 오버플로가 되면 TH1와 TL1가 다시 0이 되므로 처음 값을 다시 LOAD
     시킨다. */

  TH1 = 0x70 ;
  TL1 = 0x00 ;
  count1++ ;

  /* 만약 0.02초 인터럽트 루틴인 이 함수를 50번 CALL했다면 즉 이 뜻은
     0.02*50 = 1초가 되면 */
  if(count1 >=50){
       count1 = 0 ;
       SevenFlag1 ++ ;
       if(SevenFlag1 > 99 ) SevenFlag1 = 0 ;
 }
}

void main(void)
 {

  /* 타이머 1은 모드 1(16비트 타이머)로 설정하고 타이머 0은 모드 0(13비트
     타이머)로 설정한다. */
   TMOD = 0x10 ;

   /* 앞의 과제 15, 16에서 계산한 값을 설정한다. */
   TH0 = 0x19 ;
   TL0 = 0x13 ;
```

```
  TH1 = 0x70 ;
  TL1 = 0x00 ;

/*  타이머0, 1 카운터 시작 */
  TR0 = 1 ;
  TR1 = 1 ;

 /*  인터럽트를 사용하기 위하여 먼저 EA 비트를 Enable시키고 */
  EA = 1 ;
 /*  Timer/Counter 0, 1의 오버플로 인터럽트를 사용하겠다. */
ET0 = 1 ;
ET1 = 1 ;

/*  타이머 1의 우선순위를 높이겠다.*/
PT1 = 1 ;

    while(1) {
        Control_7Seg(SevenFlag0, SevenFlag1) ;
    }
}
```

5.4.8 타이머/카운터 모드 2

타이머/카운터 모드 2가 다른 모드와 크게 차이나는 점은 오토 리로드(Auto Reload)가 된다. 그림 5-19와 같이 TL을 8비트 카운터로 사용하고 오버플로가 발생되면 TH에 설정되어 있던 값은 리로드(Reload)된 후에도 변하지 않는다.

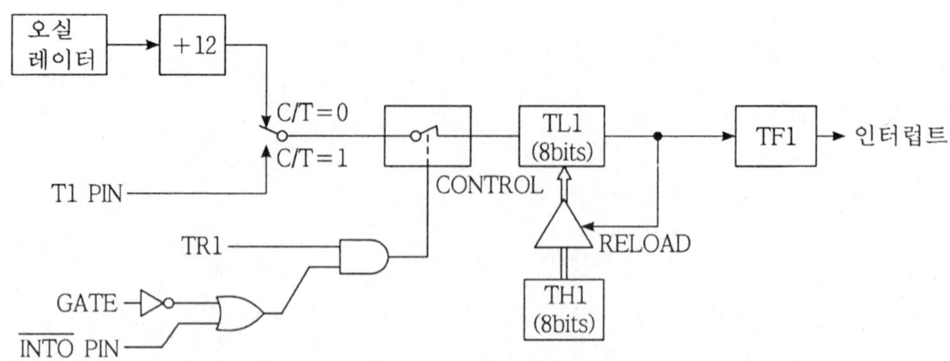

그림 5-19 타이머/카운터 모드 2(8bit Auto Reload)

타이머/카운터 1은 시리얼 포트와 연결되어 있다. 시리얼 통신을 하기 위해서는 뒤에 다시 언급되겠지만, 보레이트(Baud rate)를 발생시켜야 한다. 보레이트를 발생시킬 때 만약 모드 0, 1, 3을 사용한다면 시리얼 통신에 에러가 발생할 수 있다. 왜냐하면 모드 0, 1, 3을 사용하면 오버플로가 발생되고 TH, TL 레지스터에 초기값을 프로그램상에서 리로드시켜 주어야 한다. 과제 17의 인터럽트 함수 내에서 오버플로 된 후 TH, TL 값을 다시 설정해 준다. 이 때 이 프로그램 명령 TH, TL 값을 프로그램상에서 리로드를 마이크로프로세서가 실행하고 있는 사이에 발생되는 시리얼 통신 중에는 보레이트가 정확하게 제공되지 않으므로 에러가 발생되므로 시리얼 통신용 보레이트 발생은 타이머/카운터 모드 2(오토로드 모드)를 주로 사용하여 통신을 한다. 8비트 오토 리로드 프로그램의 작성은 다음과 같다.

간단한 형태의 프로그램으로 타이머/카운터 0을 모드 2로 사용하여 0.1ms마다 인터럽트가 발생하게 해서 7-Segmnet에서 1초마다 하나씩 카운트하는 프로그램을 작성한다.

과제 15에서와 같이 내부 클록 1개의 주기는 0.000000542534초이므로 0.1ms마다 인터럽트를 발생시키면 0.0001/0.00000054253=184.3216 즉, 184개의 내부 클록이 입력되면 인터럽트가 발생된다. 이것을 16진 HEX 값으로 변환시키면 0xb8이다.

모드 2는 8비트 타이머/카운터이므로 내부 클록을 레지스터가 0xff까지 계수된 그 다음 순간 (0xff+1)에서 오버플로가 발생된다. 따라서 레지스터에 설정할 값은 (0xff+1)−0xb8=0x48이다. 여기서는 타이머/카운터 0을 모드 2로 사용하므로

TH0에 0x48을 설정하면 되는 것이다. 이 값은 모드 2가 오토 리로드이므로 앞의 프로그램들과는 달리 인터럽트 함수 내에서 프로그램적으로 로드(Load)해 줄 필요는 없다. 왜냐하면 이것은 하드웨어적으로 자동적으로 로드되기 때문이다. 그래서 이런 모드를 오토 리로드 모드라고 한다.

```
#include <io51.h>

bit C0    = 0xA0;
bit C1    = 0xA1;
bit C2    = 0xA2;
bit C3    = 0xA3;

bit L0    = 0xA4;
bit L1    = 0xA5;
bit L2    = 0xA6;
bit L3    = 0xA7;

#define S7_1   0x07
#define S7_2   0x0b
#define S7_3   0x0d
#define S7_4   0x0e

const char Font[17]  = { 0xc0, 0xf9, 0xa4, //'0', '1', '2'
                         0xb0, 0x99, 0x92, // '3', '4', '5'
                         0x82, 0xf8, 0x80, // '6', '7', '8'
                         0x90, 0x88, 0x83, // '9', 'A', 'b'
                         0xc6, 0xa1, 0x86, // 'C', 'd', 'E'
                         0x8e, 0x7f } ;    // 'F', '.'

unsigned int count0 = 0, SevenFlag = 0;

void Control_7Seg(unsigned int );
```

```
void Control_7Seg(unsigned int N)
{
  unsigned int  i, d , Buff;
  unsigned char N1000, N100, N10, N1  ;

  N1000 = N / 1000;
  Buff =  N % 1000 ;

  N100 = Buff / 100 ;
  Buff = Buff % 100;
  N10 = Buff / 10 ;
  N1 =  Buff % 10 ;

   for ( i = 0 ; i < 100 ; i ++ ) {
       P1 = S7_1 ;            // 첫번째  7-Segmnet를 켜준다.
       P0 = Font[N1000] ;    // 천의 자리를 써 준다.
       for(d = 0 ; d < 10; d++ ) ;

       P1 = S7_2 ;           // 두번째  7-Segmnet를 켜준다.
       P0 = Font[N100] ;    // 백의 자리를 써 준다.
       for(d = 0 ; d < 10; d++ ) ;

       P1 = S7_3;            // 세번째  7-Segmnet를 켜준다.
       P0 = Font[N10];       // 십의 자리를 써 준다.
       for(d = 0 ; d < 10; d++ ) ;

       P1 = S7_4 ;          // 네번째  7-Segmnet를 켜준다.
       P0 = Font[N1] ;     // 일의 자리를 써 준다.
       for(d = 0 ; d < 10; d++ ) ;
   }
}
```

```
interrupt[0x0b] void T0_int(void)
{
/* 일단 오버플로가 발생하여 인터럽트가 생성되면 count0를 증가하라.
   과제 17과 다른 점은 이 부분에서 다시 레지스터값을 LOAD하지 않아도
   모드 2에서는 하드웨어적으로 자동 리로드 된다. */

   count0++;

 /* 만약 증가한 count0값이 10000을 넘으면 즉 1초가 되면 */
 if(count0>10000) {
            count0 =0;
            SevenFlag ++ ;
            if(SevenFlag > 9999 ) SevenFlag = 0;
   }
}

void main(void)
{

  /* 타이머/카운터 1을 모드 0으로 설정하고
      타이머/카운터 0을 모드 2(AUTO-RELAOD)로 설정  */
   TMOD = 0x02;

  /* 8비트 타이머이므로 위에서 계산된 값을 가지고 TH0 값만 설정했다. */
   TH0 = 0x48;

  /* 타이머 0 카운터 시작 */
   TR0 =1 ;

  /* 인터럽트를 사용하기 위하여 먼저 EA 비트를 Enable시키고 */
   EA = 1;
```

```
/* Timer/Counter 0의 오버플로 인터럽트를 사용한다. */
  ET0 = 1 ;
    while(1) {
          Control_7Seg(SevenFlag);

    }
}
```

5.4.9 타이머/카운터 모드 3

타이머/카운터 모드 3에서는 타이머 0과 타이머 1의 동작이 서로 다르다. 타이머 0의 경우 TH0과 TL0이 서로 독립된 두 개의 카운터로 동작한다. 이 때 상위 8비트(TH0) 타이머/카운터 제어는 타이머/카운터 1에서 사용하던 TF1과 TR1을 사용하고 하위 8비트(TL0)의 타이머/카운터 제어는 타이머/카운터 0에서 사용되었던 TF0와 TR0을 사용한다.

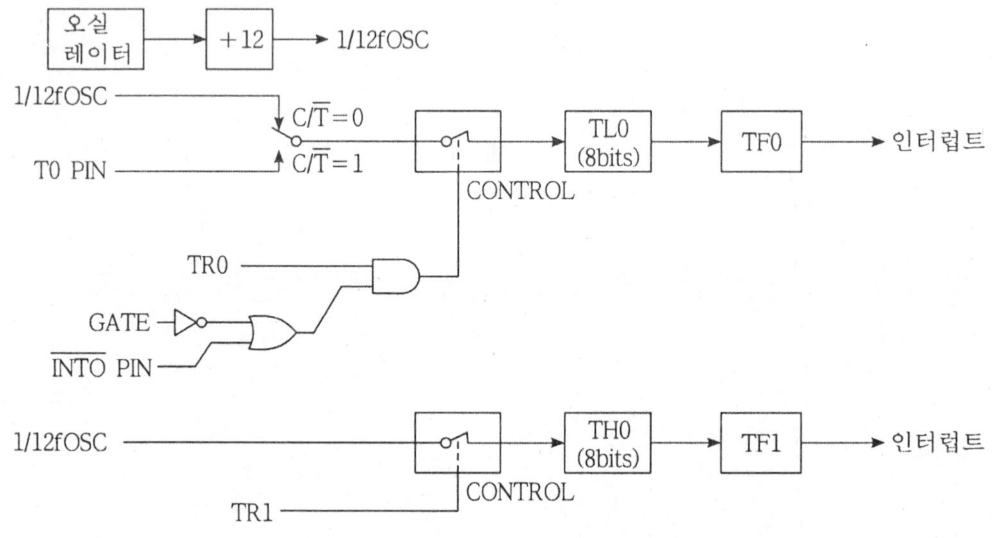

그림 5-20 타이머/카운터 모드 3(2개의 8bit counter)

타이머/카운터 1의 경우는 타이머/카운터 0을 모드 3으로 설정할 때 TH0의 제어비트로 TF1과 TR1이 사용되기 때문에 타이머/카운터 1에서는 사용할 수 없게 된다. 따라서 타이머/카운터 1에서는 동작을 제어할 비트들이 없어서 직접적으로 타이머/카운터 1을 제어할 수 없다.

한 가지 유의할 점은 타이머/카운터 1이 시리얼 포트와 연결되어 있고 보레이트 설정에서 인터럽트가 필요하지 않다고 해서 타이머/카운터 0을 모드 3으로 설정한 상태에서 타이머/카운터 1을 보레이트와 같은 용도로 사용한다면 이것은 큰 잘못이다. 왜냐하면 앞에서 기술되었던 것과 같이 시리얼 통신을 하는데 필수적인 보레이트 발생 장치는 오토 리로드가 되어야 통신 에러가 발생되지 않는다. 따라서 타이머/카운터 0을 모드 3로 한 상태에서 타이머/카운터 1을 보레이트 발생 장치로 사용하는 오류는 범하지 않는 것이 좋다.

과제 19 타이머/카운터 0을 모드 3으로 설정한 상태에서 상위 8비트(TH0)는 0.1ms마다 인터럽트를 발생시켜 0.5초 주기로 첫 번째 두 번째 7-Segment를 카운트하고 하위 8비트(TL0)는 0.05ms마다 인터럽트를 발생시켜 마찬가지로 1초 주기로 세 번째 네 번째 7-Segment에서 카운트하도록 한다.

내부 클록이 0.000000542534이므로 TH0의 경우 0.1ms이면 0.0001/0.00000054253=184.3216 즉, 184개의 내부 클록이 입력되면 인터럽트가 발생된다. 이것을 16진 HEX값으로 변환시키면 0xb8이다. 또한 TL0의 경우 0.05ms이면 0.00005/0.00000054253=92.1608 즉, 92개의 내부 클록이 입력되면 인터럽트가 발생된다. 이것을 16진 HEX값으로 변환시키면 0x5c이므로 이 값들을 TH0와 TL0에 넣어주면 된다.

```
#include <io51.h>

bit C0    = 0xA0;
bit C1    = 0xA1;
bit C2    = 0xA2;
bit C3    = 0xA3;
```

```
bit L0    = 0xA4;
bit L1    = 0xA5;
bit L2    = 0xA6;
bit L3    = 0xA7;

#define S7_1   0x07
#define S7_2   0x0b
#define S7_3   0x0d
#define S7_4   0x0e


const
char Font[17]  = { 0xc0, 0xf9, 0xa4, //'0', '1', '2'
                   0xb0, 0x99, 0x92, // '3', '4', '5'
                   0x82, 0xf8, 0x80, // '6', '7', '8'
                   0x90, 0x88, 0x83, // '9', 'A', 'b'
                   0xc6, 0xa1, 0x86, // 'C', 'd', 'E'
                   0x8e, 0x7f } ;    // 'F', '.'

unsigned int count0 = 0, count1 = 0;
unsigned char SevenFlag0 = 0 , SevenFlag1 = 0;

void Control_7Seg(unsigned char, unsigned char );

void Control_7Seg(unsigned char N1, unsigned char N2)
{
  unsigned int  i, d ;
  unsigned char N1_10, N1_1, N2_10, N2_1  ;

  N1_10 = N1 / 10 ;
  N1_1 =  N1 % 10 ;
  N2_10 = N2 / 10 ;
```

```
  N2_1 =  N2 % 10 ;

   for ( i = 0 ; i < 100 ; i ++ ) {
        P1 = S7_1 ;              // 첫번째  7-Segmnet를 켜준다.
        P0 = Font[N1_10] ;   // 십의 자리를 써 준다.
        for(d = 0 ; d < 10; d++ ) ;

        P1 = S7_2 ;              // 두번째  7-Segmnet를 켜준다.
        P0 = Font[N1_1] ;   // 일의 자리를 써 준다.
        for(d = 0 ; d < 10; d++ ) ;

        P1 = S7_3;               // 세번째  7-Segmnet를 켜준다.
        P0 = Font[N2_10];       // 십의 자리를 써 준다.
        for(d = 0 ; d < 10; d++ ) ;

        P1 = S7_4 ;             // 네번째  7-Segmnet를 켜준다.
        P0 = Font[N2_1] ;     // 일의 자리를 써 준다.
        for(d = 0 ; d < 10; d++ ) ;
   }
}

 /* 타이머/카운터 0의 모드 3에서 하위 바이트(TL0),
     0.1ms 인터럽트를 사용하기 위한 함수이다 */
interrupt[0x0b] void T0_int(void)
{
/* 초기값을 다시 리로드(RELOAD)시키고 */
TL0 = 0x5c;
count0++;
/* 만약 0.1ms 인터럽트가 5000번 발생하면, 즉 0.5초가 되면 */
if ( count0> 5000) {
        count0 = 0;
        SevenFlag0++ ;
```

```
        if(SevenFlag0 > 99 ) SevenFlag0 = 0 ;
  }


}
/* 타이머/카운터 0의 모드 3에서 상위 바이트(TH0),
     0.02ms 인터럽트를 사용하기 위한 함수이다  */

interrupt[0x1b] void T1_int(void)
{
  /* 초기값을 다시 리로드(RELOAD)시키고 */
   TH0 = 0xb8;

   count1++;
  /* 만약 0.02ms인터럽트가 20000번 발생하면, 즉 1초가 되면  */
   if(count1 >= 20000) {

        count1 = 0;

        SevenFlag1++ ;
        if(SevenFlag1 > 99 ) SevenFlag1 = 0 ;
    }
}

void main(void)
{

/* 타이머/카운터 0을 모드 3으로 설정하고
   타이머/카운터 1을 Don't Care로 놓는다 */
 TMOD = 0x03;

/* 0.02ms 주기에 맞추어 TH0값을 설정한다. */
 TH0 = 0xb8;
```

```
/* 0.01ms 주기에 맞추어 TL0값을 설정한다. */
 TL0 = 0x5c;

/* 타이머/카운터 0의 하위 바이트(TL0) 카운트 시작 */
 TR0 = 1;

/* 타이머/카운터 1의 상위 바이트(TH0) 카운트 시작 */
 TR1 = 1;

/* 상위 바이트(TH0), 하위 바이트(TL0) 인터럽트 enable */
 ET0 = 1;
 ET1 = 1;

/* 인터럽트 사용하기 위해 EA 비트를 Enable시키고 */
 EA = 1;

   while( 1) {
              Control_7Seg(SevenFlag0, SevenFlag1 );
              }
}
```

5.5 외부 인터럽트

89S51은 두 개의 외부 인터럽트 입력(INT0, INT1)을 가지고 있다. 이 2개의 외부 인터럽트 핀은 TCON 레지스터의 하위 4비트의 설정에 따라 입력 펄스의 하강에지 또는, 입력 펄스의 레벨(LOW 레벨)을 선택해서 받을 수 있다.

외부 인터럽트를 직접 제어할 수 있는 TCON 레지스터(하위 4비트)의 실제 프로그램 및 프로그램에 따른 실험에 대하여 알아본다.

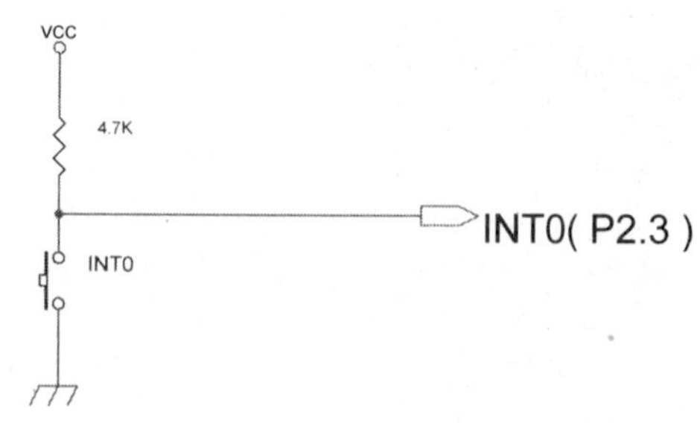

그림 5-21 INT0에 연결된 스위치

과제 20 그림 5-21과 같이 외부에 스위치를 설치하고 스위치와 INT0 (P2.3)를 연결한다. 스위치를 누를 때마다 스위치에서 출력되는 펄스의 하강에지에서 외부인터럽트를 발생시켜 신호의 누계만큼 7-Segment에 표시하는 프로그램을 작성하도록 한다. (TCON 레지스터의 IEO 비트는 인터럽트 발생시 하드웨어상에서 자동적으로 '1'로 되었다가 인터럽트 함수 수행이 끝나면 자동적으로 '0'이 되므로 프로그램 상에서 이 비트를 건드릴 필요가 없다는 점에 유의한다.)

```
#include <io51.h>

bit C0    = 0xA0 ;
bit C1    = 0xA1 ;
bit C2    = 0xA2 ;
bit C3    = 0xA3 ;

bit L0    = 0xA4 ;
bit L1    = 0xA5 ;
bit L2    = 0xA6 ;
bit L3    = 0xA7 ;

#define S7_1   0x07
#define S7_2   0x0b
#define S7_3   0x0d
```

```
#define S7_4    0x0e

const char Font[17]  = { 0xc0, 0xf9, 0xa4, //'0', '1', '2'
                         0xb0, 0x99, 0x92, // '3', '4', '5'
                         0x82, 0xf8, 0x80, // '6', '7', '8'
                         0x90, 0x88, 0x83, // '9', 'A', 'b'
                         0xc6, 0xa1, 0x86, // 'C', 'd', 'E'
                         0x8e, 0x7f } ;    // 'F', '.'

/*  외부 인터럽트가 몇 번 입력되었는가를 카운팅하기 위해 지정된 변수  */
unsigned int SevenFlag= 0 ;

void Control_7Seg(unsigned int ) ;

void Control_7Seg(unsigned int N)
{
  unsigned int  i, d, Buff ;
  unsigned char N1000, N100, N10, N1  ;

  N1000 = N / 1000 ;
  Buff =  N % 1000 ;

  N100 = Buff / 100 ;
  Buff = Buff % 100 ;

  N10 = Buff / 10 ;
  N1 =  Buff % 10 ;

   for ( i = 0 ; i < 100 ; i ++ ) {
       P1 = S7_1 ;            // 첫번째  7-Segment를 켜준다.
       P0 = Font[N1000] ;  // 천의 자리를 써 준다.
```

```
        for(d = 0 ; d < 10 ; d++ ) ;

        P1 = S7_2 ;          // 두번째  7-Segment를 켜준다.
        P0 = Font[N100] ;    // 백의 자리를 써 준다.
        for(d = 0 ; d < 10 ; d++ ) ;

        P1 = S7_3 ;          // 세번째  7-Segment를 켜준다.
        P0 = Font[N10] ;     // 십의 자리를 써 준다.
        for(d = 0 ; d < 10 ; d++ ) ;

        P1 = S7_4 ;          // 네번째  7-Segment를 켜준다.
        P0 = Font[N1] ;      // 일의 자리를 써 준다.
        for(d = 0 ; d < 10 ; d++ ) ;
    }
  }
   /*  EX0의 인터럽트 절대 번지는 0x03.
       따라서 인터럽트 서브루틴은 아래와 같다.  */

interrupt [0x03] void EX0_int (void)
{
     /*  인터럽트 함수 안에서는 단지 외부 인터럽트가 몇 번 입력되었는가만
         카운트한다.  */
       SevenFlag++ ;
}

void main(void)
{

      /*  INTO의 입력이 하강에지가 될 때마다 인터럽트를 발생시켜 준다.
          이것 대신 비트 변수 ITO=1으로 처리해도 무방하다.  */
        TCON=0x01 ;
```

```
        /* 인터럽트를 사용하기 위하여 해당 인터럽트를 인에이블(Enable)시
          켜준다. 이것 대신 바이트 변수 IE=0x81로 처리해도 무방하다.
          왜냐하면 EA는 IE의 D7비트, EXO는 IE의 D0 비트이기 때문이다. */
        EA=1 ;
        EX0=1 ;
        SevenFlag = 0 ;
  /* 처음에 외부 인터럽트가 하나도 입력되지 않았을 때는 0으로 표시되다 외부인터
    럽트가 들어오면 외부 인터럽트 회수 만큼 7-Segment에 표시한다. */
  for( ; ; ) {

        Control_7Seg(SevenFlag) ;
    }
}
```

과제 20을 실행시키다 보면 의문점이 발생할 것이다. 외부 인터럽트 스위치를 한 번씩 눌렀는데 가끔 7-Segment의 표시는 1이상의 값이 증가한다. 7-Segment의 값이 이상하게 증가한다는 것은 Seven Flag가 이상하게 증가한다는 것과 같은 말이기 때문에 당연히 의문점을 갖게 될 것이다. 그 이유는 채터링 현상 때문이다.

그림 5-22에서 실제 사람은 스위치를 한 번 누르는 것 같지만 전기적으로는 때로 여러 번 스위치가 눌려지게 된다. 따라서, 이렇게 채터링이 발생되어 스위칭 회수만큼 인터럽트가 발생된다. 채터링을 방지하기 위해서는 채터링 방지회로를 설계해야 되는데, 그림 5-22에서는 채터링 방지회로가 장착되어 있지 않다. 따라서, 채터링을 방지할 수 있는 알고리즘을 생각해 보자.

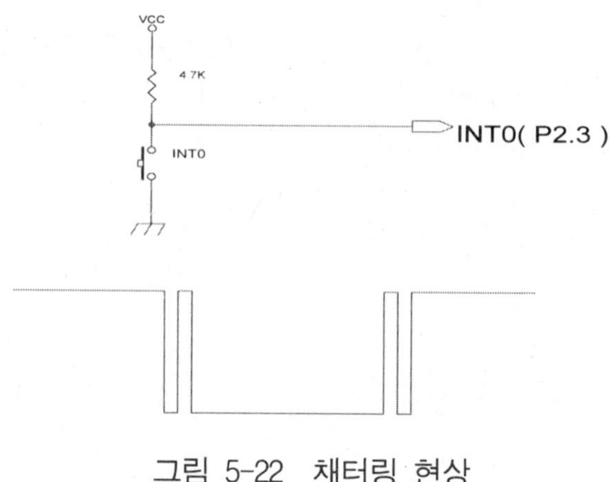

그림 5-22 채터링 현상

과 제 21 외부 인터럽트신호의 LOW레벨을 검출하여 보자. 인터럽트 스위치에서 입력되는 LOWf레벨을 감지하여 7-Segment에 표시한다.

```
#include <io51.h>

bit C0    = 0xA0 ;
bit C1    = 0xA1 ;
bit C2    = 0xA2 ;
bit C3    = 0xA3 ;

bit L0    = 0xA4 ;
bit L1    = 0xA5 ;
bit L2    = 0xA6 ;
bit L3    = 0xA7 ;

#define S7_1   0x07
#define S7_2   0x0b
#define S7_3   0x0d
#define S7_4   0x0e
```

```
const char Font[17]  = { 0xc0, 0xf9, 0xa4, //'0', '1', '2'
                         0xb0, 0x99, 0x92, // '3', '4', '5'
                         0x82, 0xf8, 0x80, // '6', '7', '8'
                         0x90, 0x88, 0x83, // '9', 'A', 'b'
                         0xc6, 0xa1, 0x86, // 'C', 'd', 'E'
                         0x8e, 0x7f } ;    // 'F', '.'

/*  외부 인터럽트가 몇 번 입력되었는가를 카운팅하기 위해 지정된 변수  */
unsigned int SevenFlag= 0 ;

void Control_7Seg(unsigned int ) ;

void Control_7Seg(unsigned int N)
{
  unsigned int  i, d, Buff ;
  unsigned char N1000, N100, N10, N1  ;

  N1000 = N / 1000 ;
  Buff =  N % 1000 ;

  N100 = Buff / 100 ;
  Buff = Buff % 100 ;

  N10 = Buff / 10 ;
  N1 =  Buff % 10 ;

   for ( i = 0 ; i < 100 ; i ++ ) {
       P1 = S7_1 ;             // 첫번째  7-Segment를 켜준다.
       P0 = Font[N1000] ;  // 천의 자리를 써 준다.
       for(d = 0 ; d < 10 ; d++ ) ;

       P1 = S7_2 ;           // 두번째  7-Segment를 켜준다.
```

```
        P0 = Font[N100] ;  // 백의 자리를 써 준다.
        for(d = 0 ; d < 10 ; d++ ) ;

        P1 = S7_3 ;          // 세번째  7-Segment를 켜준다.
        P0 = Font[N10] ;     // 십의 자리를 써 준다.
        for(d = 0 ; d < 10 ; d++ ) ;

        P1 = S7_4 ;        // 네번째  7-Segment를 켜준다.
        P0 = Font[N1] ;   // 일의 자리를 써 준다.
        for(d = 0 ; d < 10 ; d++ ) ;
    }
  }

/*  EX0의 인터럽트 절대 번지는 0x03.
   따라서 인터럽트 서브루틴은 아래와 같다. */

interrupt [0x03] void EX0_int (void)
{

     /*  인터럽트 함수 안에서는 단지 외부 인터럽트가 몇 번 입력되었는가만 카운
        트한다. */
       SevenFlag++ ;

}

void main(void)
{

  /*  INTO의 입력이 LOW 레벨이 될때 계속해서 인터럽트를 발생시켜 준다.
   이것 대신 비트 변수 ITO=0으로 처리해도 무방하다. */
        TCON=0x00 ;
```

```
        /*  인터럽트를 사용하기 위하여 해당 인터럽트를 인에이블(Enable)시
            켜준다. 이것 대신 바이트 변수 IE=0x81로 처리해도 무방하다.
            왜냐하면 EA는 IE의 D7비트, EXO는 IE의 D0 비트이기 때문이다.  */
        EA = 1 ;
        EX0 = 1 ;
        SevenFlag = 0 ;
/*  처음에 외부 인터럽트가 하나도 입력되지 않았을 때는 0으로 표시되다 외부
    인터럽트가 들어오면 외부 인터럽트 회수 만큼 7-Segment에 표시한다.  */
for( ; ; ) {

        Control_7Seg(SevenFlag) ;
    }
}
```

과제 21은 과제 20과 TCON 값만 0x00으로 바뀌고 나머지는 완벽하게 똑 같다. 또한, 과제 21을 구동시켜 보면 상당히 많은 숫자가 변함을 알 수 있다. 그 이유는 INT0에 입력되는 신호가 Low 레벨일 때 계속해서 인터럽트가 발생하기 때문이다.

5.6 파워 절약 모드

파워 절약 모드에는 아이들 모드(Idle Mode)와 파워 다운 모드(Power Down Mode)가 있다. 이것들은 PCON(power control register)의 IDL 비트를 1로 하면 아이들 모드로, PD 비트를 1로 하면 파워 다운 모드가 된다. PCON 레지스터는 아래와 같이 구성되어 있다.

	D7	D6	D5	D4	D3	D2	D1	D0
PCON(87H)	SMOD	-	-	-	GF1	GF2	PD	IDL

① SMOD(D7) : 더블 보레이트 비트('1'로 세트하면 타이머 1은 시리얼 통신의 보레이트를 발생시키는데 사용되고 타이머 1에서 발생시키는 보레이트를 2배

로 해준다.)

② GF1(D3) : 범용 플래그 비트

③ GF2(D2) : 범용 플래그 비트

④ PD(D1) : 파워 다운 비트(이 비트를 '1'로 하면 파워 다운 모드가 동작된다.)

⑤ IDL(D0) : 아이들 모드 비트(이 모드를 '1'로 하면 아이들 모드가 동작된다.)

만약 PD비트와 IDL 비트 2비트를 모두 '1'로 하면 파워 다운 모드가 동작된다.

그림 5-23은 아이들 모드와 파워 다운 모드의 하드웨어이다.

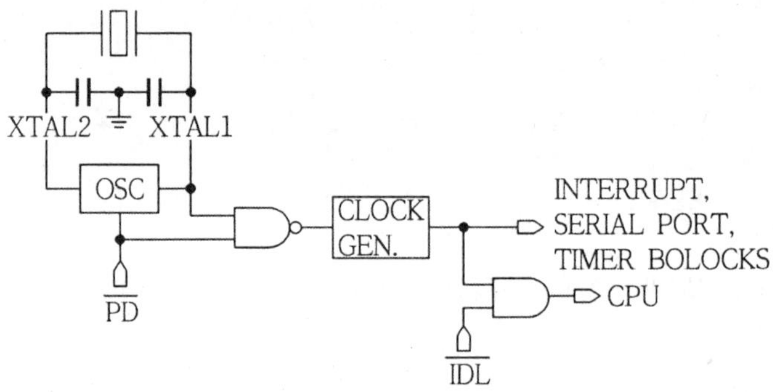

그림 5-23 아이들 모드 및 파워 다운 모드

5.6.1 아이들 모드(Idle Mode)

아이들 모드는 PCON 레지스터의 IDL 비트를 '1'로 세트함으로써 동작된다. 아이들 모드에서는 그림 5-23과 같이 CPU로 입력되는 내부 클록을 차단할 수 있으나 타이머, 시리얼 포트, 인터럽트를 발생할 수 있기 때문에 어떤 외부 입력에 대해서도 인터럽트를 발생시킬 수 있다. 아이들 모드를 끝내는 방법에는 두 가지가 있다.

첫째, 아이들 모드에서 인터럽트 발생시 하드웨어적으로 IDL 비트를 '0'으로 해주므로 인터럽트가 발생만 되면 아이들 모드를 탈출할 수 있다.

둘째, 하드웨어 리셋으로 아이들 모드에서 탈출할 수 있다. 단, 아이들 모드에서는 오실레이터가 발진 동작을 하고 있으므로 최소 2 머신 사이클(24 오실레이터 주기) 만큼만 리셋을 유지시켜 주면 된다.

플래그 비트 GF0과 GF1은 인터럽트가 아이들 모드에서 발생되었는지 아니면 보통 모드에서 발생되었는지를 지적해 주는 비트이다. 아이들 모드에서 인터럽트가 발생되면 GF0, GF1 중의 하나 또는 모두 '1'로 세트된다. 따라서 아이들 모드를 사용하지 않을 때에는 일반적인 비트 변수로 사용할 수 있다.

5.6.2 파워 다운 모드(Power Down Mode)

파워 다운 모드는 PCON 비트의 PD 비트를 '1'로 함으로써 동작한다. 파워다운 모드에서는 그림 5-23과 같이 CPU 칩 내부의 오실레이터 자체를 OFF 시키므로 모든 동작이 멈추게 된다. 그러나 외부 RAM과 외부 주변장치의 값만은 그대로 유지된다.

따라서, 출력포트의 값은 이전 값을 계속 유지하게 되나, ALE와 PSEN의 출력은 LOW가 되어 소비 전류를 보통의 10[%] 정도로 억제할 수 있지만, 이 모드에서의 탈출 방법은 리셋(Reset) 단자에 의한 하드웨어적인 리셋만 가능하다. 이 모드는 전원 등에 이상이 있을 때 정상적인 상태로 될 때까지 외부 RAM 및 주변장치의 값을 보존할 때 사용된다.

5.7 A/D, D/A 변환기

5.7.1 A/D, D/A 변환기의 개념

A/D 또는 ADC는 아날로그/디지털 변환기(Analog to Digital Convertor)이고 D/A 또는 DAC는 디지털/아날로그 변환기(Digital to Analog Convertor)를 말한다. A/D 변환기를 AC(교류)를 DC(직류)로 변환시켜 주는 장치, D/A 변환기를 DC를 AC로 변환시키는 장치라고 생각하는 사람들이 있는데 이것은 잘못된 생각이다.

아날로그 값은 연속적인 양으로서 전류, 온도, 시간, 거리 등 우리가 보통 접하는 자연계의 양이며 디지털 값은 불연속적인 값으로서 코드화(Code)된 수치이다.

연속적인 양, 예를 들어 1부터 2까지를 연속해서 손으로 써 내려가 보자. 1, 1.00…01, 1.00…02, …, 이렇게 써 나간다면 영원히 써도 불가능하다. 그러나, 이를 0.1 간격으로 쓴다면 1.0, 1.1, …, 2.0이다. 이와 같이 어떠한 양을 끊어서 나타낸 것을 불연속적인 양이라 한다. 한편, 거의 모든 컴퓨터는 디지털 컴퓨터이고 디지털 컴퓨터는 0과 1만을 구별할 수 있으므로 1.0, 1.1, …, 2.0을 컴퓨터가 알게 하기 위해서는 이 값들을 0과 1만을 이용해서 표현해야 된다. 이렇게 표현하는 것을 코드화한다고 한다. 컴퓨터는 코드로 표시된 값만을 인식할 수 있다. 이와 같이 아날로그 값을 코드 값으로 변환시켜주는 장치를 ADC라 하고, 반대 기능의 장치를 DAC라 한다.

예를 들어 −5[V]～+5[V] 까지의 입력 전압을 인가할 수 있는 8비트 A/D 변환기가 있다고 할 때 8비트는 0～0xff까지이므로 이 A/D 변환기는 −5[V]에서 +5[V] 까지의 전압을 0에서 0xff까지의 디지털 값으로 인식할 수 있다. A/D 변환기 입력 단자에 −5[V]를 가해주면 출력되는 디지털 값은 0, 입력 단자에 +5[V]를 가해주면 0xff가 디지털 값으로 출력된다. 만약, 입력단에 0[V]를 가해주면 0～0xff까지의 중간 값인 0x80이 출력된다. 따라서 입력 전압이 직류이든 교류이든 간에 A/D 변환기는 마이크로프로세서가 인식하고자 하는 순간에 입력되는 아날로그 전압값을 디지털 값으로 변환시켜 준다.

예를 들어 −10[V]～+10[V] 까지 아날로그 전압을 출력할 수 있는 8비트 D/A 변환기가 있다고 할 때 출력 전압이 −10[V]～+10[V] 까지이므로 D/A 변환기에 0xff의 디지털 데이터를 주게 되면 출력되는 전압은 +10[V], 0의 디지털 데이터를 주게 되면 출력되는 전압은 −10[V]가 된다. 만약 0x80의 디지털 데이터를 주게 되면 출력되는 전압은 0[V]가 된다.

5.7.2 A/D 변환기(MCP3202)

MCP3202는 MicroChip에서 나오는 2.7[V] Dual Channel 12비트 A/D 변환기로 SPI(Serial Peripheral Interface) 방식을 사용하는 Serial Interface IC이다. 89S51에는 AVR90S8535나 PIC16F877내에 소장하고 있는 A/D 변환기가 없기 때문에 MCP3202를 외부에 부착하여 사용하고 있는데, 그 특성은 다음과 같다.

(1) MCP3202의 특성

① 모터롤라 표준 Protocol인 SPI(Serial Peripheral Interface) 방식을 사용한다.

② 12비트의 분해능을 가지고 있다.(아날로그 신호를 12비트의 디지털 신호로 출력 시킨다.)

③ 2가지 종류의 아날로그 입력을 받을 수 있다.

- AD변환기와 Ground를 공통으로 사용하고 입력 전압만 두 채널로 받을 수 있다.
- AD 변환기와 Ground를 공통으로 사용하지 않고 Ground와 전압을 CH0와 CH1에 연결하여 받을 수 있다.

④ 아날로그 신호를 Sample 하는 기능과 Hold 하는 기능이 내장되어 있다.

⑤ 2.7[V]~5.5[V] 단일 전원을 사용한다.

⑥ 전원 전압이 5.5[V]일 때 100ksps(kilo sampling per second)의 변환 속도까지 나올 수 있다.

⑦ 전원 전압이 2.7[V]일 때 50ksps(kilo sampling per second)의 변환 속도까지 나올 수 있다.

그림 5-24, 그림 5-25 및 그림 5-26은 각각 MCP 3202의 핀 배치도, 블록도, 타이밍도를 나타낸다.

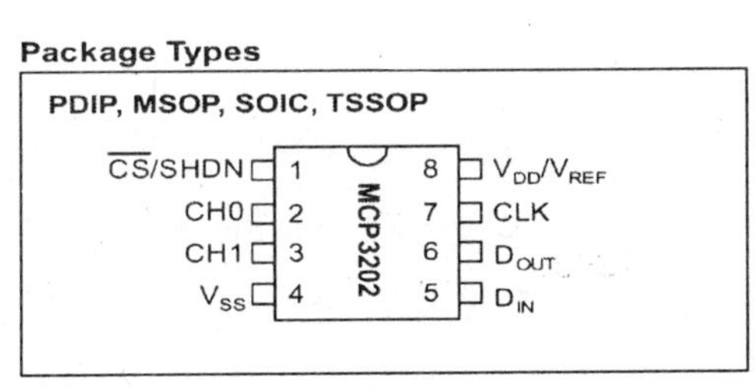

그림 5-24 MCP3202의 핀 배치도

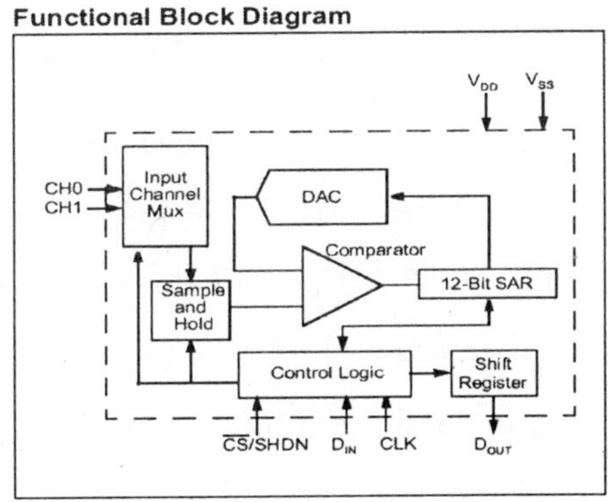

그림 5-25 MCP3202의 블럭도

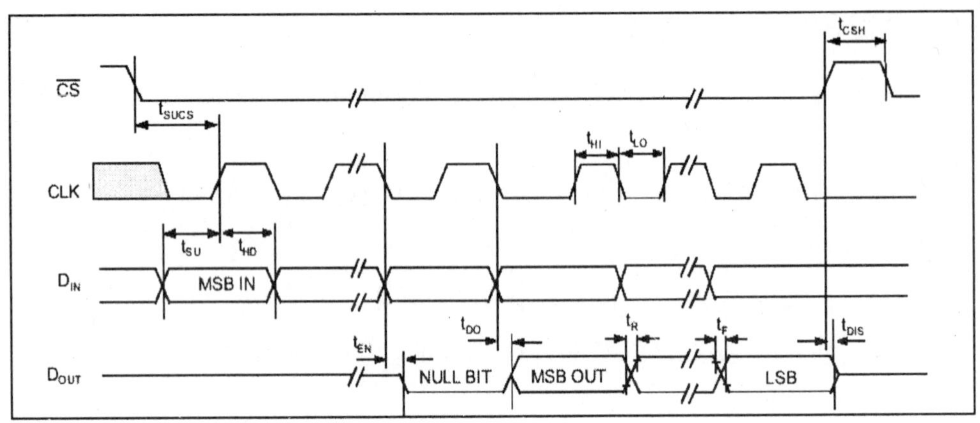

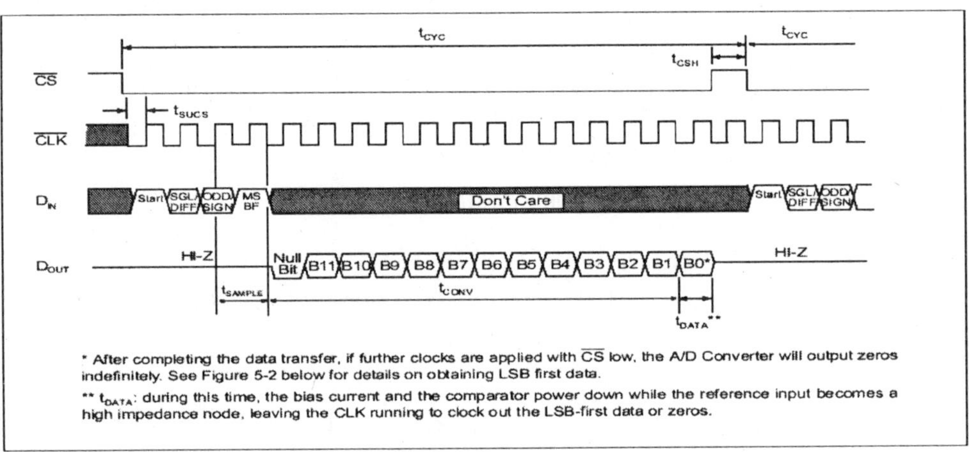

그림 5-26 MCP3202의 타이밍도

MCP3202의 각 핀의 기능은 다음과 같다.

① 아날로그 입력 CH0/CH1 ------- (입력)

각각 채널 0과 1 두개의 아날로그 입력을 받을 수 있다. 이 두 채널은 Ground를 외부 입력과 A/D 변화기 공통으로 사용하는 Single ended-mode로 사용하거나 또는, A/D 변환기와 Ground를 공통으로 사용하지 않는 single pseudo-differential로 사용할 수 있다. 이 경우 IN+와 IN−를 각 채널에 연결한다.

② $\overline{\text{Chip Select}}$/Shutdown($\overline{\text{CS}}$/SHDN) ------- (입력)

이 핀은 'low' 신호를 주면 A/D 변환기를 초기화하고 나서 A/D변환을 시작 · 종료한다. 또한, 이 신호를 'high'로 주면 전기를 적게 먹는 low Power 모드로 들어가게 되어서 전력소모를 최소화 할 수 있도록 설계되어 있다.

③ Serial Clock(CLK) -------- (입력)

A/D 변환 종료 후 직렬데이터로 A/D값을 마이크로 프로세서에서 읽어 낼 때 이 클록을 MCP3202에 입력시키면 A/D값이 직렬로 출력된다.

④ Serial Data INPUT(DIN) ----- (입력)

A/D 변환기의 Configyration을 설정할 때 사용되는 핀이다.

⑤ Serial Data Output(Dout) ----- (출력)

A/D 변환이 끝난 후에 디지털 값을 CLK의 하강에지에서 직렬로 이핀을 통하여 출력해 준다.

⑥ VDD/Vref

전원 입력 핀이다. 2.7[V]~5.5[V]까지 사용할 수 있다.

⑦ Vss

Ground 입력 핀이다.

89S51에서는 MCP 3202가 그림 5-27과 같이 설치되어 있다.

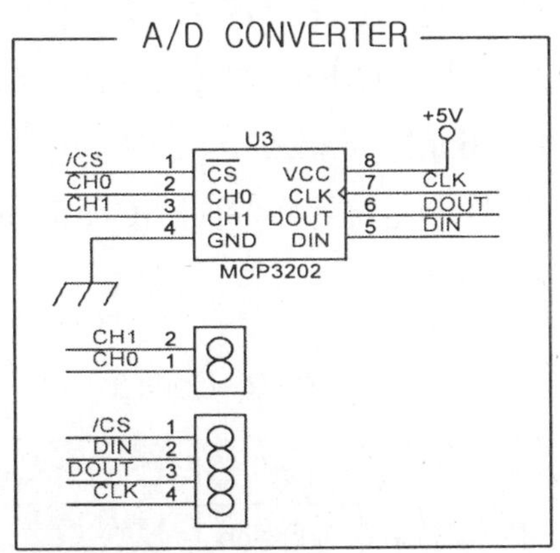

그림 5-27 89S51에서 MCP 3202

MCP 3202를 89S51에서 사용하기 위해서는 89S51의 각 포트와 연결해야 한다. 본 교재에서는 아래와 같이 연결하여 사용하였다.

MCP3202 PAD 연결 부위				
MCP3202	CS/	DIN	DOUT	CLK
89S51	P3.2	P3.3	P3.4	P3.5

(2) MCP 3202의 인터페이스

MCP 3202의 인터페이스 방법과 프로그램 기법은 다음과 같다.

A/D 변환기인 MCP3202의 CH0에 가변저항을 연결하여 0~5[V] 까지를 가변적으로 입력시키고 이 값을 Static 방식의 7-Segment로 출력되게 한다. 단, Single ended-mode를 사용한다.

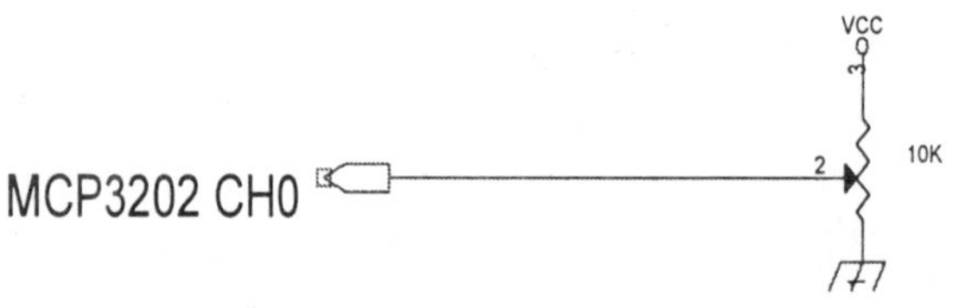

MCP 3202는 전원 전압을 5[V]를 주었을 때 100ksps의 변환시간이 걸린다. 이것은 1초에 100,000번 AD변환을 할 수 있다는 뜻이므로 한번 AD변환을 하는데 걸리는 시간은 10[μs]가 소요된다. CH0는 다음과 같이 연결한다.

MCP 3202를 사용하여 Single ended-mode로 A/D 변환해야 하기 때문에 MCP3202의 Configuration을 설정하여야 한다. Configuration은 표 5-5와 같이 설정해 주면 된다.

표 5-5 MCP3202의 Configuration Bit

	Config Bits		Channel Selection		GND
	Sgl/Diff	Odd/sign	0	1	
Single Ended Mode	1	0	+	−	
	1	1	−	+	
Pseudo-DifferentiaL Mode	0	0	IN+	IN−	
	0	1	IN−	IN+	

```
#include <io51.h>

bit C0    = 0xA0 ;
bit C1    = 0xA1 ;
bit C2    = 0xA2 ;
bit C3    = 0xA3 ;

bit L0    = 0xA4 ;
bit L1    = 0xA5 ;
bit L2    = 0xA6 ;
bit L3    = 0xA7 ;

bit CS     = 0xB2 ;
bit DIN    = 0xB3 ;
bit DOUT   = 0xB4 ;
bit CLK    = 0xB5 ;

#define S7_1   0x07
#define S7_2   0x0b
#define S7_3   0x0d
#define S7_4   0x0e

#define NoKey  0xff

 const char Font[17]  = { 0xc0, 0xf9, 0xa4, //'0', '1', '2'
                          0xb0, 0x99, 0x92, // '3', '4', '5'
                          0x82, 0xf8, 0x80, // '6', '7', '8'
                          0x90, 0x88, 0x83, // '9', 'A', 'b'
                          0xc6, 0xa1, 0x86, // 'C', 'd', 'E'
                          0x8e, 0x7f } ;    // 'F', '.'
```

```
unsigned char Display7Seg ;

void Control_7Seg(unsigned int ) ;
unsigned int MCP3202(void) ;

void Control_7Seg(unsigned int N)
{
  unsigned int  i, d, Buff ;
  unsigned char N1000, N100, N10, N1  ;

  N1000 = N / 1000 ;
  Buff  = N % 1000 ;

  N100 = Buff / 100 ;
  Buff = Buff % 100 ;

  N10 = Buff / 10 ;
  N1  =  Buff % 10 ;

   for ( i = 0 ; i < 100 ; i ++ ) {
       P1 = S7_1 ;            // 첫번째  7-Segment를 켜준다.
       P0 = Font[N1000] ;  // 천의 자리를 써 준다.
       for(d = 0 ; d < 10 ; d++ ) ;

       P1 = S7_2 ;            // 두번째  7-Segment를 켜준다.
       P0 = Font[N100] ;  // 백의 자리를 써 준다.
       for(d = 0 ; d < 10 ; d++ ) ;

       P1 = S7_3 ;            // 세번째  7-Segment를 켜준다.
       P0 = Font[N10] ;      // 십의 자리를 써 준다.
       for(d = 0 ; d < 10 ; d++ ) ;
```

```
        P1 = S7_4 ;          // 네번째  7-Segment를 켜준다.
        P0 = Font[N1] ;     // 일의 자리를 써 준다.
        for(d = 0 ; d < 10 ; d++ ) ;
    }
  }

unsigned int MCP3202(void)
{
    unsigned char Count ;
    unsigned int ADdata = 0 ;

    CS = 0 ;
    DIN = 1 ;       //START bit
    CLK = 0 ;

    CLK = 1 ;
    CLK = 0 ;

    DIN = 1 ;       //Sgl/Diff  표 5-5 참조
    CLK = 1 ;
    CLK = 0 ;

    DIN = 0 ; // CH0의 경우 '0', CH1의 경우 '1'을 설정 해준다.

    CLK = 1 ;       //Odd/sign 표 5-5 참조
    CLK = 0 ;

/*  DIN = 1  'high'를 DIN에 입력한다.
 만약 이 비트가 'high'이면 AD변환된 데이터 중 MSB가 먼저 출력된다.
 DIN = 0  'low'를 DIN에 입력하면 AD변환된 데이터 중 LSB가 먼저 출력된다.  */
    DIN = 1 ;
    CLK = 1 ;
```

```
    CLK = 0 ;

    // 한 클럭을 입력 시켜 주어야 데이터가 출력된다. 그림 5-26 참조
    CLK = 1 ;
    CLK = 0 ;

    for( Count = 0 ; Count <= 11 ; Count ++ ){
                    ADdata = ADdata << 1 ;
                    CLK = 1 ;
                    if( DOUT == 1 ) ADdata = ADdata | 0x01 ;
                    CLK = 0 ;
    }
    CS = 1 ;
    CLK = 1 ;

    return ADdata ;
}

 void main(void)
{
  unsigned int ADvalue=0 ;
  unsigned int i = 0 ;

            for( ; ; i++ ){
                  if(i > 10 ){
                        i = 0 ;
                        ADvalue = MCP3202() ;
                  }
                Control_7Seg(ADvalue) ;

            }
}
```

CH1에서 입력되는 전압을 0.0~5.0까지의 Voltage로 표시한다.

5.0[V] 입력이 CH1로 입력되었을 때 AD값은 4096이 출력된다. 이것을 가지고 식을 만들면 다음과 같다.

5.0 [V] : 4096 = X[V] : 12비트 A/D값

여기서, X[V]는 CH1에 입력되는 [V]이다. 하지만 89S51에서는 floating 포인트 연산을 하는 기능을 지원해주지 않는다. 따라서, 소수점 계산을 하고자 한다면 컴파일러에서 소프트웨어적으로 부담이 되므로 여기서는 간단하게 식을 변형하여 소수점 계산을 하도록 한다.

50[V] : 4096 = X[V] : 12비트 A/D값

따라서, X = 12비트 AD값 $\times \frac{50}{4096}$ 으로 계산하고 7-Segment에 표시할 때 십의 자리와 일의 자리 가운데 소수점을 찍어주면 된다.

```
#include <io51.h>

bit C0    = 0xA0 ;
bit C1    = 0xA1 ;
bit C2    = 0xA2 ;
bit C3    = 0xA3 ;

bit L0    = 0xA4 ;
bit L1    = 0xA5 ;
bit L2    = 0xA6 ;
bit L3    = 0xA7 ;

bit CS    = 0xB2 ;
bit DIN   = 0xB3 ;
bit DOUT  = 0xB4 ;
```

```
bit CLK    = 0xB5 ;

#define S7_1   0x07
#define S7_2   0x0b
#define S7_3   0x0d
#define S7_4   0x0e

#define NoKey  0xff

 const char Font[17]  = { 0xc0, 0xf9, 0xa4, // '0', '1', '2'
                          0xb0, 0x99, 0x92, // '3', '4', '5'
                          0x82, 0xf8, 0x80, // '6', '7', '8'
                          0x90, 0x88, 0x83, // '9', 'A', 'b'
                          0xc6, 0xa1, 0x86, // 'C', 'd', 'E'
                          0x8e, 0x7f } ;    // 'F', '.'

unsigned char Display7Seg ;

void Control_7Seg(unsigned int ) ;
unsigned int MCP3202(void) ;

void Control_7Seg(unsigned int N)
{
  unsigned int  i, d ;
  unsigned char  N10, N1  ;

  N10 = N / 10 ;
  N1 = N % 10 ;

   for ( i = 0 ; i < 100 ; i ++ ) {
       P1 = S7_1 ;           // 첫번째  7-Segment를 켜준다.
       P0 = Font[N10] ;      // 일의 자리를 써 준다.
```

```
        for(d = 0 ; d < 10 ; d++ ) ;

        P1 = S7_2 ;           // 두번째 7-Segment를 켜준다.
        P0 = Font[16] ;       // 소수점 » 써 준다.
        for(d = 0 ; d < 10 ; d++ ) ;
        P1 = S7_3 ;           // 세번째 7-Segment를 켜준다.
        P0 = Font[N1] ;       // 소수점 첫번째 자리를 써 준다.
        for(d = 0 ; d < 10 ; d++ ) ;

    }
}

unsigned int MCP3202(void)
{
    unsigned char Count ;
    unsigned int ADdata = 0 ;

    CS = 0 ;
    DIN = 1 ;       //START bit
    CLK = 0 ;
    CLK = 1 ;
    CLK = 0 ;

    DIN = 1 ;       //Sgl/Diff  표 5-5 참조
    CLK = 1 ;
    CLK = 0 ;

    //Odd/sign 표 5-5 참조
    DIN = 1 ;       // CH0의 경우 '0', CH1의 경우 '1'을 설정 해준다.
    CLK = 1 ;
    CLK = 0 ;
```

```
/*  DIN = 1  'high'를 DIN에 입력한다.
   만약 이 비트가 'high' 이면 AD변환된 데이터 중 MSB가 먼저 출력된다.
   DIN = 0  'low'를 DIN에 입력하면 AD변환된 데이터 중 LSB가 먼저
   출력된다.  */
    DIN = 1 ;
    CLK = 1 ;
    CLK = 0 ;

   // 한 클럭을 입력시켜 주어야 데이터가 출력된다. 그림 5-26 참조
    CLK = 1 ;
    CLK = 0 ;

  for(Count = 0 ; Count <= 11 ; Count ++ ){
                    ADdata = ADdata << 1 ;
                    CLK = 1 ;
                    if( DOUT == 1 ) ADdata = ADdata | 0x01 ;
                    CLK = 0 ;
    }
    CS = 1 ;
    CLK = 1 ;

    return ADdata ;

}

void main(void)
{
  unsigned long ADvalue=0 ;
  unsigned int i = 0 ;

                  for( ; ; i++ ){
                  if(i > 10 ){
```

```
                i = 0 ;
                ADvalue = MCP3202() ;
                ADvalue = (ADvalue *50)/4096 ;
            }
            Control_7Seg(ADvalue) ;
        }
}
```

과제 24 CH0, CH1을 두 개 모두 AD 변환을 하여 보기로 한다. CH0를 이용해서 나온 AD값은 00~50까지(0.0~5.0[V] 까지에서 소수점을 제외하고) 1, 2번째 7-Segment에 표시하고, CH1에서 나온 AD값은 3, 4번째 7-Segment에 표시한다.

```
#include <io51.h>

bit C0    = 0xA0 ;
bit C1    = 0xA1 ;
bit C2    = 0xA2 ;
bit C3    = 0xA3 ;

bit L0    = 0xA4 ;
bit L1    = 0xA5 ;
bit L2    = 0xA6 ;
bit L3    = 0xA7 ;

bit CS    = 0xB2 ;
bit DIN   = 0xB3 ;
bit DOUT  = 0xB4 ;
bit CLK   = 0xB5 ;
```

```
#define S7_1   0x07
#define S7_2   0x0b
#define S7_3   0x0d
#define S7_4   0x0e

#define NoKey  0xff

 const char Font[17]  = { 0xc0, 0xf9, 0xa4, //'0', '1', '2'
                          0xb0, 0x99, 0x92, // '3', '4', '5'
                          0x82, 0xf8, 0x80, // '6', '7', '8'
                          0x90, 0x88, 0x83, // '9', 'A', 'b'
                          0xc6, 0xa1, 0x86, // 'C', 'd', 'E'
                          0x8e, 0x7f } ;    // 'F', '.'

unsigned char Display7Seg ;

void Control_7Seg(unsigned char, unsigned char ) ;
unsigned int MCP3202(char) ;

void Control_7Seg(unsigned char N1, unsigned char N2)
{
  unsigned int  i, d ;
  unsigned char N1_10, N1_1, N2_10, N2_1  ;

  N1_10 = N1 / 10 ;
  N1_1 =  N1 % 10 ;
  N2_10 = N2 / 10 ;
  N2_1 =  N2 % 10 ;

   for ( i = 0 ; i < 100 ; i ++ ) {
       P1 = S7_1 ;            // 첫번째  7-Segment를 켜준다.
       P0 = Font[N1_10] ;  // 십의 자리를 써 준다.
```

```
        for(d = 0 ; d < 10 ; d++ ) ;

        P1 = S7_2 ;            // 두번째 7-Segment를 켜준다.
        P0 = Font[N1_1] ;      // 일의 자리를 써 준다.
        for(d = 0 ; d < 10 ; d++ ) ;

        P1 = S7_3 ;            // 세번째 7-Segment를 켜준다.
        P0 = Font[N2_10] ;     // 십의 자리를 써 준다.
        for(d = 0 ; d < 10 ; d++ ) ;
        P1 = S7_4 ;            // 네번째 7-Segment를 켜준다.
        P0 = Font[N2_1] ;      // 일의 자리를 써 준다.
        for(d = 0 ; d < 10 ; d++ ) ;
    }
}

unsigned int MCP3202(char ch)
{
    unsigned char Count ;
    unsigned int ADdata = 0 ;

    CS = 0 ;
    DIN = 1 ;       //START bit
    CLK = 0 ;
    CLK = 1 ;
    CLK = 0 ;
    DIN = 1 ;       //Sgl/Diff  표 5-5 참조
    CLK = 1 ;
    CLK = 0 ;

    //Odd/sign 표 5-5 참조
   if (ch== 0 ) DIN = 0 ; // CH0의 경우 '0', CH1의 경우 '1'을 설정 해준다.
    else if(ch==1) DIN = 1 ;
```

```
    CLK = 1 ;
    CLK = 0 ;

    /*  DIN = 1  'high'를 DIN에 입력한다.
      만약 이 비트가 'high' 이면 AD변환된 데이터 중 MSB가 먼저 출력된다.
      DIN = 0  'low'를 DIN에 입력하면 AD변환된 데이터 중 LSB가 먼저 출력
      된다.  */

    DIN = 1 ;
    CLK = 1 ;
    CLK = 0 ;

    // 한 클럭을 입력시켜 주어야 데이터가 출력된다. 그림 5-26 참조
    CLK = 1 ;
    CLK = 0 ;

    for( Count = 0 ; Count <= 11 ; Count ++ ){
                    ADdata = ADdata << 1 ;
                    CLK = 1 ;
                    if( DOUT == 1 ) ADdata = ADdata | 0x01 ;
                    CLK = 0 ;
    }
    CS = 1 ;
    CLK = 1 ;

    return ADdata ;

}

void main(void)
{
  unsigned long Channel0=0, Channel1 = 0 ;
```

```
unsigned int i = 0 ;

        for( ; ; i++ ){
              if(i > 10 ){
                    i = 0 ;
                    Channel0 = MCP3202(0) ;

                    Channel0 = (Channel0 *50)/4096 ;

                    Channel1 = MCP3202(1) ;
                    Channel1 = (Channel1 *50)/4096 ;

              }
              Control_7Seg(Channel0, Channel1) ;

        }
}
```

과제 25 CH0, CH1의 A/D변환값을 LCD에 표시한다. 단, LCD에 표시할 때 LCD 커서는 보이지 않는 모드로 설정한다.

① LCD에 표시하기 위해서는 앞의 실험에서 7-Segmnet쪽 PAD에 연결되었던 것을 LCD쪽 PAD로 다시 연결해야 한다.

PAD 연결 부위											
LCD	RS	RW	E	D0	D1	D2	D3	D4	D5	D6	D7
89S51	P1.0	P1.1	P1.2	P0.0	P0.1	P0.2	P0.3	P0.4	P0.5	P0.6	P0.7

```
#include <io51.h>

bit P1_0    = 0x90 ;
bit P1_1    = 0x91 ;
bit P1_2    = 0x92 ;

bit CS      = 0xB2 ;
bit DIN     = 0xB3 ;
bit DOUT    = 0xB4 ;
bit CLK     = 0xB5 ;

#define  LCD_RS    P1_0
#define  LCD_RW    P1_1
#define  LCD_E     P1_2

#define  LCD_DATA  P0

#define  ON        1
#define  OFF       2

unsigned char ItoA[4] ;

void E_Pulse(void) ;          void Func_set(void) ;         void Init_Lcd(void) ;
void delay (char) ;           void write_char(char) ;       void clrscr (void) ;
void lcd_disp ( char, char ) ;  void write_lcd(char, char, char *) ;
void display_ON_OFF(char , char , char ) ;
void write_lcdAD( char ,  char  ) ;
void InteToASCII(unsigned char ) ;
unsigned int MCP3202(char ) ;

void delay (char p)
  {
```

```
int i, j ;

   for ( j = 0 ; j < p ; j++)

         for ( i = 0 ; i < 20000 ; i++) ;

}

/* 앞장에서 알 수 있듯이 LCD로 데이터가 입력되려면 반드시 데이터를 래치시킨
   상태에서 LED Enable신호에 펄스 하나를 내주어야 된다. */

void E_Pulse(void)
{
char i ;
         /* LCD Enable 신호 'HIGH' */
         LCD_E = 1 ;
                  /* LCD Enable 펄스를 어느 시간 이상 지연해 준다. */
         for (i=0 ; i< 20 ; i++) ;
                  /* LCD Enable 신호 'LOW' */
         LCD_E = 0 ;
}

/* LCD컨트롤러 HD44780의 기능을 설정하는 함수로 데이터 라인을 8비트 인터
   페이스, 2라인 디스플레이, 5*7글자 폰트를 설정한다. */
void Func_set(void)
{
/* LCD R/W */
LCD_RW = 0 ;

/* LCD RS */
LCD_RS = 0 ;
```

```
/*  LCD DB0~DB7까지의 값이다.  */
 LCD_DATA = 0x38 ;
/*  모든 명령(데이터 입력)후 반드시 LCD Enable 펄스를 하나 내주어야 한다.  */
  E_Pulse() ;
  }

  /*  LCD를 초기화 함수이다.  */
 void Init_Lcd(void)
 {
  int i ;
  LCD_E = 0 ;
  /*  전원이 4.5V 이상으로 올라간 후에 15ms 이상을 기다려야 한다.  */
  for ( i=0 ; i<2000 ; i++) ; /*  i값 1000은 컴파일러마다 틀릴 수 있다. */
  Func_set() ;
  /*  4.1ms 이상 기다려야 한다.  */
  for ( i=0 ; i<1000 ; i++) ;  /*  i값 500은 컴파일러마다 틀릴 수 있다. */
  Func_set() ;

  /*  100us 이상 기다려야 한다.  */
  for ( i=0 ; i<200 ; i++) ;  /*  i값 100은 컴파일러마다 틀릴 수 있다. */
  Func_set() ;

  /*  디스플레이 ON/OFF 제어 : 디스플레이와 커서를 ON하고, 커서는 깜빡이게
      게 된다. 초기화 직후이기 때문에 글자는 하나도 나타나지 않는다.  */

   LCD_DATA = 0x0f ;
   E_Pulse() ;

  /*  엔트리 모드 세트 : 어드레스는 +1, D.D. /C.G.RAM 쓰기 후에 커서는 오른쪽
      으로 시프트하도록 한다. 이때, 디스플레이는 시프트하지 않는다.  */
  LCD_DATA = 0x06 ;
```

```
  E_Pulse() ;
 }

void write_char(char s)
{
 LCD_RS = 1 ;
 LCD_DATA = s ;
 E_Pulse() ;
}

void clrscr(void)
{
int i ;

   LCD_RS = 0 ;
   LCD_RW = 0 ;
   LCD_DATA = 0x01 ;
   E_Pulse() ;

         /* 최소한 1.64ms의 시간 지연을 주어야 한다. */
    for (i = 0 ; i < 600 ; i++ ) ;
}

void lcd_disp ( char x, char y )
{
  LCD_RS = 0 ;
  LCD_RW = 0 ;
  if (y==0) LCD_DATA = x +0x80 ;
 else if (y==1) LCD_DATA = x + 0xc0 ;
   E_Pulse() ;
}
```

```
void display_ON_OFF(char d, char c, char b)
{
  unsigned char display = 0x08 ;

   LCD_RS = 0 ;
   LCD_RW = 0 ;

   if(d==ON) d = 0x04 ;
   else d = 0x00 ;

   if(c==ON) c = 0x02 ;
   else c = 0x00 ;

   if(b==ON) b = 0x01 ;
   else b = 0x00 ;

   LCD_DATA = display |d  |c |b ;
   E_Pulse() ;
}

void write_lcd( char x,  char y, char  *str )
{
     lcd_disp(x, y) ;
          while(*str)
          write_char(*str++) ;
}

// 아래 InteToASCII 함수에서 출력된 ASCII를 LCD에 표시해 준다.
void write_lcdAD( char x,  char y )
{
char  i ;
```

```
    lcd_disp(x, y) ;

    for( i = 0 ; i < 4 ; i ++ ) write_char(ItoA[i]) ;
 }

// 숫자를 ASCII로 변환해 주는 함수이다.
void InteToASCII(unsigned char c)
{
 unsigned char  Buff ;

  ItoA[0] = c / 100 + 0x30 ;
  Buff = c % 100 ;

  ItoA[1] = Buff / 10 +0x30 ;
  ItoA[2] = '.' ;
  ItoA[3] = Buff % 10 +0x30 ;
 }

unsigned int MCP3202(char ch)
{
   unsigned char Count ;
   unsigned int ADdata = 0 ;

   CS = 0 ;
   DIN = 1 ;       //START bit
   CLK = 0 ;
   CLK = 1 ;
   CLK = 0 ;

   DIN = 1 ;       //Sgl/Diff  표 5-5 참조
   CLK = 1 ;
   CLK = 0 ;
```

```
// CH0의 경우 '0', CH1의 경우 '1'을 설정 해준다.
    if (ch== 0 ) DIN = 0 ;
    else if(ch==1) DIN = 1 ;
    CLK = 1 ;      //Odd/sign 표 5-5 참조
    CLK = 0 ;
    /*  DIN = 1  'high'를 DIN에 입력한다.
      만약 이 비트가 'high' 이면 AD변환된 데이터 중 MSB가 먼저 출력된다.
      DIN = 0  'low'를 DIN에 입력하면 AD변환된 데이터 중 LSB 가 먼저 출력
      된다.  */
    DIN = 1 ;
    CLK = 1 ;
    CLK = 0 ;

    // 한 클럭을 입력시켜 주어야 데이터가 출력된다. 그림 5-26 참조
    CLK = 1 ;
    CLK = 0 ;

    for( Count = 0 ; Count <= 11 ; Count ++ ){
                        ADdata = ADdata << 1 ;
                        CLK = 1 ;

                        if( DOUT == 1 ) ADdata = ADdata | 0x01 ;
                        CLK = 0 ;

    }
    CS = 1 ;
    CLK = 1 ;

    return ADdata ;
}
```

```
void main(void)
{
  unsigned long Advalue ;
  unsigned  char Adchar = 0 ;

  Init_Lcd() ;
  display_ON_OFF(ON , OFF , OFF ) ;
  clrscr() ;

  write_lcd (0, 0, "CH0 :      [V]") ;
  write_lcd (0, 1, "CH1 :      [V]") ;

  delay(5) ;

            for( ; ; ){
                      // CH0를 AD변환한다.
                          Advalue = MCP3202(0) ;
                          Advalue = (Advalue *50)/4096 ;
                          Adchar = (unsigned char) Advalue ;
                          InteToASCII(Adchar) ;
                          write_lcdAD(5,0) ;
                      // CH1을 AD 변환한다.
                          Advalue = MCP3202(1) ;
                          Advalue = (Advalue *50)/4096 ;
                          Adchar = (unsigned char) Advalue ;
                          InteToASCII(Adchar) ;
                          write_lcdAD(5,1) ;

            }
}
```

앞의 실험에서는 외부 신호의 Ground와 MCP3202의 Ground를 연결하여 공통 Ground를 갖고 외부에서 입력되는 전압신호를 A/D 변환하였다. 이번 실험에서는 외부 신호와 MCP3202의 Ground를 연결하지 않고 외부에서 입력되는 전압 신호의 Ground를 CH1에 연결하고, 외부에서 입력되는 전압을 CH0에 연결하여 CH0와 CH1의 전위차를 A/D 변환되도록 한다.

① 외부 Ground를 CH1에 연결

② 외부 전압 신호를 CH0에 연결

```
#include <io51.h>

bit P1_0     = 0x90 ;
bit P1_1     = 0x91 ;
bit P1_2     = 0x92 ;

bit CS       = 0xB2 ;
bit DIN      = 0xB3 ;
bit DOUT     = 0xB4 ;
bit CLK      = 0xB5 ;


#define  LCD_RS     P1_0
#define  LCD_RW     P1_1
#define  LCD_E      P1_2

#define  LCD_DATA  P0

#define  ON         1
#define  OFF        2

unsigned char ItoA[4] ;
```

```
void E_Pulse(void) ;        void Func_set(void) ;     void Init_Lcd(void) ;
void delay(char) ;          void write_char(char) ;   void clrscr(void) ;
void lcd_disp (char, char) ; void write_lcd(char, char, char *) ;
void display_ON_OFF(char, char, char) ;
void write_lcdAD(char, char ) ;
void InteToASCII(unsigned char) ;
unsigned int MCP3202(void) ;

 void delay (char p)
  {
  int i, j ;

    for ( j = 0 ; j < p ; j++)
          for ( i = 0 ; i < 20000 ; i++) ;

  }

  /*  앞 과제에서 알 수 있듯이 LCD로 데이터가 입력되려면 반드시 데이터를
     래치시킨 상태에서 LED Enable신호에 펄스 하나를 내주어야 된다.  */
void E_Pulse(void)
{
char i ;
         /*  LCD Enable 신호 'HIGH'  */
         LCD_E = 1 ;
                  /*  LCD Enable 펄스를 어느 시간 이상 지연해 준다.  */
         for (i=0 ; i< 20 ; i++) ;
                  /*  LCD Enable 신호 'LOW'  */
         LCD_E = 0 ;
  }

/*  LCD컨트롤러 HD44780의 기능을 설정하는 함수로 데이터 라인을 8비트 인터
   페이스, 2라인 디스플레이, 5*7글자 폰트를 설정한다.  */
```

```
void Func_set(void)
{

/*  LCD R/W  */
LCD_RW = 0 ;

/*  LCD RS  */
LCD_RS = 0 ;

/*  LCD DB0~DB7까지의 값이다. */
LCD_DATA = 0x38 ;

/*  모든 명령(데이터 입력)후 반드시 LCD Enable 펄스를 하나 내주어야 한다. */
 E_Pulse() ;
 }

 /*  LCD를 초기화 함수이다.  */
void Init_Lcd(void)
{
 int i ;
 LCD_E = 0 ;

 /*  전원이 4.5V 이상으로 올라간 후에 15ms 이상을 기다려야 한다.  */
 for ( i=0 ; i<2000 ; i++) ; /*  i값 1000은 컴파일러마다 틀릴 수 있다. */
 Func_set() ;

 /*  4.1ms 이상 기다려야 한다.  */
 for ( i=0 ; i<1000 ; i++) ;  /*  i값 500은 컴파일러마다 틀릴 수 있다. */
 Func_set() ;
 /*  100us 이상 기다려야 한다.  */
 for ( i=0 ; i<200 ; i++) ;  /*  i값 100은 컴파일러마다 틀릴 수 있다. */
 Func_set() ;
```

```
  /*  디스플레이 ON/OFF 제어 : 디스플레이와 커서를 ON하고, 커서는 깜빡이게
      게 된다. 초기화 직후이기 때문에 글자는 하나도 나타나지 않는다.  */

   LCD_DATA = 0x0f ;
   E_Pulse() ;
  /*  엔트리 모드 세트 : 어드레스는 +1, D.D. /C.G.RAM 쓰기 후에 커서는 오른쪽으
      로 시프트하도록 한다. 이때 디스플레이는 시프트하지 않는다.  */
  LCD_DATA = 0x06 ;
  E_Pulse() ;
  }

void write_char(char s)
{
 LCD_RS = 1 ;
 LCD_DATA = s ;
 E_Pulse() ;
}

void clrscr(void)
{
int i ;

   LCD_RS = 0 ;
   LCD_RW = 0 ;
   LCD_DATA = 0x01 ;
   E_Pulse() ;

        /*  최소한 1.64ms의 시간 지연을 주어야 한다. */
    for (i = 0 ; i < 600 ; i++ ) ;

 }
```

```
void lcd_disp ( char x, char y )
{
  LCD_RS = 0 ;
  LCD_RW = 0 ;

 if (y==0) LCD_DATA = x +0x80 ;
 else if (y==1) LCD_DATA = x + 0xc0 ;
   E_Pulse() ;
}

 void display_ON_OFF(char d, char c, char b)
  {
  unsigned char display = 0x08 ;

    LCD_RS = 0 ;
    LCD_RW = 0 ;

    if(d==ON) d = 0x04 ;
    else d = 0x00 ;

    if(c==ON) c = 0x02 ;
    else c = 0x00 ;

    if(b==ON) b = 0x01 ;
    else b = 0x00 ;

    LCD_DATA = display |d  |c |b ;

    E_Pulse() ;
 }
```

```
void write_lcd( char x,  char y, char  *str )
{
     lcd_disp(x, y) ;
          while(*str)
          write_char(*str++) ;
}

void write_lcdAD( char x,  char y )
{
char  i ;

     lcd_disp(x, y) ;
     for( i = 0 ; i < 4 ; i ++ ) write_char(ItoA[i]) ;

 }

void InteToASCII(unsigned char c)
{
  unsigned char  Buff ;

  ItoA[0] = c / 100 + 0x30 ;
  Buff = c % 100 ;

  ItoA[1] = Buff / 10 +0x30 ;
  ItoA[2] = '.' ;
  ItoA[3] = Buff % 10 +0x30 ;

 }

 unsigned int MCP3202(void)
{
    unsigned char Count ;
```

```
unsigned int ADdata = 0 ;

CS = 0 ;
DIN = 1 ;       //START bit
CLK = 0 ;
CLK = 1 ;
CLK = 0 ;

DIN = 0 ;       //Sgl/Diff  표 5-5 참조 ( ① IN+, IN- 설정 )
CLK = 1 ;
CLK = 0 ;

DIN = 0 ;       // CH0 = IN+, CH1 = IN-  ( ② IN+, IN- 설정 )
CLK = 1 ;       //Odd/sign 표 5-5 참조
CLK = 0 ;

/*  DIN = 1  'high'를 DIN에 입력한다.
  만약 이 비트가 'high'이면 AD변환된 데이터 중 MSB가 먼저 출력된다.
  DIN = 0  'low'를 DIN에 입력하면 AD변환된 데이터 중 LSB 가 먼저 출력
  된다.  */
DIN = 1 ;
CLK = 1 ;
CLK = 0 ;

// 한 클럭을 입력 시켜 주어야 데이터가 출력된다. 그림 5-26 참조
CLK = 1 ;
CLK = 0 ;

for( Count = 0 ; Count <= 11 ; Count ++ ){
                ADdata = ADdata << 1 ;
                CLK = 1 ;
```

```
                    if( DOUT == 1 ) ADdata = ADdata | 0x01 ;
                    CLK = 0 ;
    }
    CS = 1 ;
    CLK = 1 ;

    return ADdata ;
}

void main(void)
{
  unsigned long Advalue ;
  unsigned  char Adchar = 0 ;

  Init_Lcd() ;
  display_ON_OFF(ON , OFF , OFF ) ;
  clrscr() ;

 write_lcd (0, 0, "CH0=IN+,CH1=IN-") ;
 write_lcd (0, 1, "          [V]") ;

   delay(5) ;

   for( ; ; ){
               Advalue = MCP3202() ;
               Advalue = (Advalue *50)/4096 ;
               Adchar = (unsigned char) Advalue ;
               InteToASCII(Adchar) ;
               write_lcdAD(8,1) ;
        }
}
```

5.7.3 D/A 변환기(DAC 0800)

A/D 또는 ADC는 아날로그/디지털 변환기(Analog to Digital Convertor)이고 D/A 또는 DAC는 디지털/아날로그 변환기(Digital to Analog Convertor)를 말하며, DAC 0800은 8비트 high-speed current-output D/A 변환기로 변환시간은 100ns 정도 소요된다. DAC 0800은 가장 일반적인 D/A 변환기이므로 간단한 제어기기에 많이 사용되고 있으며 그 특성과 각 핀의 기능은 다음과 같다.

① TTL, CMOS, PMOS와 바로 인터페이스 될 수 있다.
② 전원 파워의 범위는 ±4.5V에서 ±18V까지이다.
③ 변환 시간은 100ns이다.
④ 소비 전력은 +5V 레벨에서 33mW 정도이다.

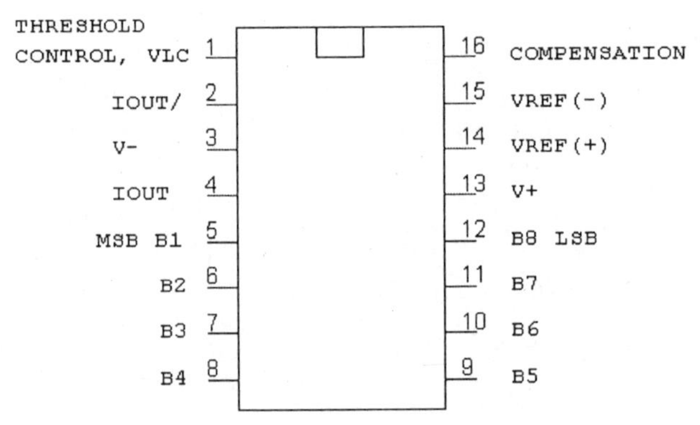

그림 5-28 DAC 0800의 핀 배치도

- VLC : THRESHOLD CONTROL 핀으로 일반적으로 GND와 연결하여 사용한다.
- 데이터 입력단자(B1~B8) : 출력될 아날로그 전압에 비례한 데이터 정보 입력단자이다. 일반적으로 이들 단자에는 래치가 되어있는 데이터들을 연결해 주면 된다.
- VREF+, VREF− : D/A 출력으로 사용될 기준전압을 제어하는 단자들이다. 예를 들어 D/A 출력의 범위가 0~5[V]라면 VREF+에는 +5[V] VREF−에는 GND를 연결해 준다.

· +VS, −VS : DAC 0800의 전원단자이다. 전원 입력의 범위는 ±4.5V에서 ±18V까지 가능하다.
· COMP : VREF+와 VREF−를 비교해주는 단자이다. 이 부분은 Typical Application 회로에서 제시한 대로 연결해 주면 된다.
· IOUT/, IOUT : DAC 0800의 전류 출력 핀이다.

그림 5-29 회로는 8비트 DA 변환기인 DAC 0800을 이용하여 구성된 회로이며 8비트 데이터 입력값에 따라 전류로 출력됨으로 이를 전압으로 변환하기 위해 OP AMP 741을 사용한다.

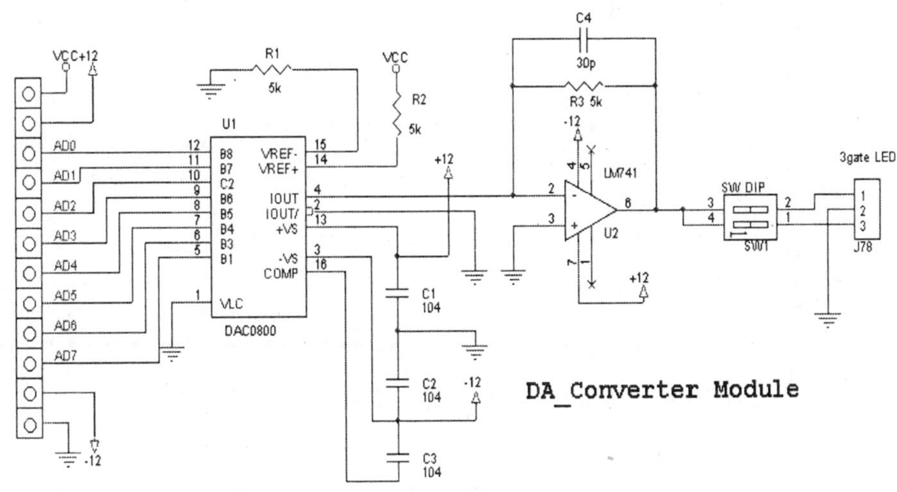

그림 5-29 DAC 0800를 이용한 회로

또, 그림 5-30과 같이 DCB(89S51)의 P2포트와 그림 5-29의 회로를 연결하여 P2포트를 통해 인가되는 데이터에 따라 LED의 밝기가 변화되도록 프로그램을 작성한다.

PAD 연결 부위												
DAC 0800를 이용한 회로도	AD0	AD1	AD2	AD3	AD4	AD5	AD6	AD7	+12V	−12V	VCC	GND
89S51	P2.0	P2.1	P2.2	P2.3	P2.4	P2.5	P2.6	P2.7	+12V	−12V	+5V	GND

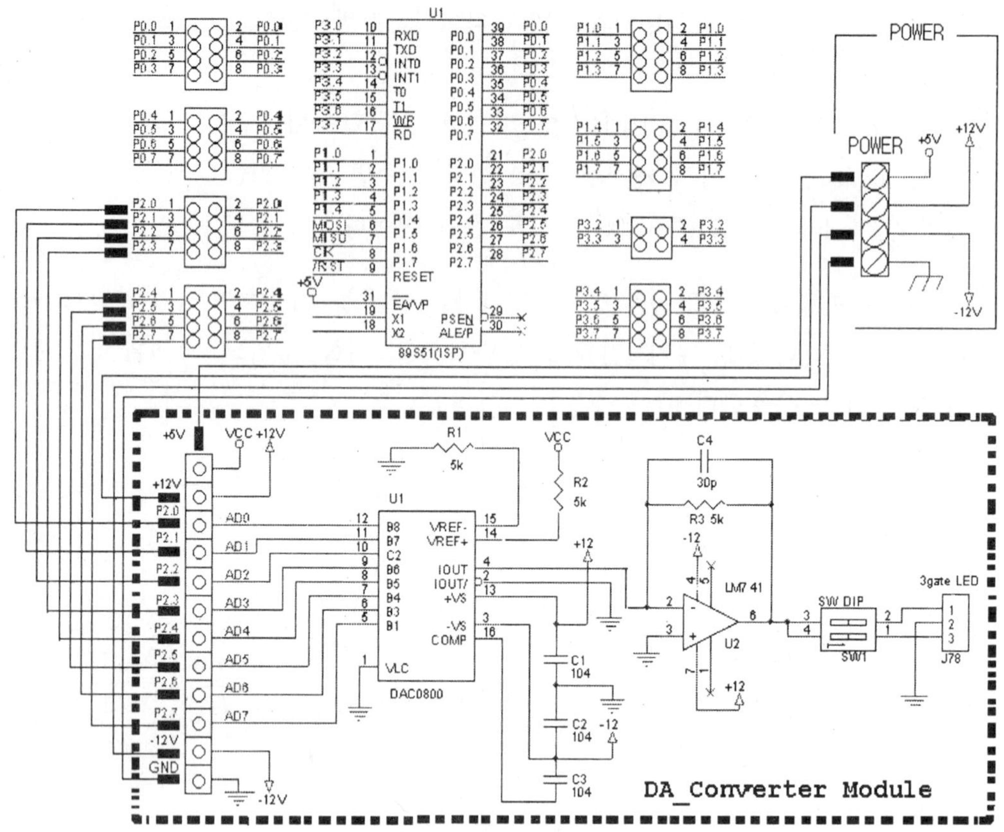

그림 5-30 89S51과 DAC 08089S51과 회로의 결선도

DAC 0800을 이용하여 P2포트에 인가되는 데이터값에 의해 LED에 삼각파의 파형 형태로 빛이 발생되도록 하고 또한 이때 DAC 0800에 인가된 데이터 값을 7-Segment에 나타내도록 하는 프로그램을 작성한다.

- 삼각파 : LED가 서서히 밝아졌다 서서히 어두어진다.

그림 5-30의 결선과 함께 DA 변환기 동작을 표시하기 위해 사용되는 7-Segment를 구동시키기 위한 결선이 필요하다. 따라서, 그림 5-30과 같이 결선과 7-Segment 구동을 위한 결선을 하고 프로그래밍을 한다.

7-Segment PAD 연결 부위												
7-Segment	Q0	Q1	Q2	Q3	a	b	c	d	e	f	g	p
89S51	P1.0	P1.1	P1.2	P1.3	P0.0	P0.1	P0.2	P0.3	P0.4	P0.5	P0.6	P0.7

```
#include <io51.h>
#define S7_1   0x07
#define S7_2   0x0b
#define S7_3   0x0d
#define S7_4   0x0e
const char Font[17]  = { 0xc0, 0xf9, 0xa4, //'0', '1', '2'
                         0xb0, 0x99, 0x92, // '3', '4', '5'
                         0x82, 0xf8, 0x80, // '6', '7', '8'
                         0x90, 0x88, 0x83, // '9', 'A', 'b'
                         0xc6, 0xa1, 0x86, // 'C', 'd', 'E'
                         0x8e, 0x7f } ;     // 'F', '.'

void Control_7Seg(unsigned int );
void Control_7Seg(unsigned int N)
{
  unsigned int  i, d , Buff;
  unsigned char N1000, N100, N10, N1  ;

  N1000 = N / 1000;
  Buff =  N % 1000 ;

  N100 = Buff / 100 ;
  Buff = Buff % 100;
  N10 = Buff / 10 ;
  N1 =  Buff % 10 ;

   for ( i = 0 ; i < 100 ; i ++ ) {

       P1 = S7_1 ;           // 첫번째  7-Segmnet를 켜준다.
       P0 = Font[N1000] ;  // 천의 자리를 써 준다.
       for(d = 0 ; d < 10; d++ ) ;
       P1 = S7_2 ;           // 두번째  7-Segmnet를 켜준다.
```

```
        P0 = Font[N100] ;   // 백의 자리를 써 준다.
        for(d = 0 ; d < 10; d++ ) ;
        P1 = S7_3;          // 세번째  7-Segmnet를 켜준다.
        P0 = Font[N10];     // 십의 자리를 써 준다.
        for(d = 0 ; d < 10; d++ ) ;
        P1 = S7_4 ;         // 네번째  7-Segmnet를 켜준다.
        P0 = Font[N1] ;     // 일의 자리를 써 준다.
        for(d = 0 ; d < 10; d++ ) ;
    }
  }
void main(void)
  {
        unsigned int i, j;
          for(;;)
            {
                /* 약 10초에 걸쳐 LED의 밝기를 점점 밝게 해준다 .*/
                 for(i = 0 ;  i < 255 ; i++ )
                    {
                        P2 = i ;
                        Control_7Seg(i);
                        for(j=0; j<1000; j++);
                    }
                /* 약 10초에 걸쳐 LED의 밝기를 점점 흐리게 해준다.*/
                  for( i = 255 ; i > 0 ; i-- )
                    {
                        P2 = i ;
                        Control_7Seg(i);
                        for(j=0; j<1000; j++);
                    }
            }
  }
```

5.8 직렬통신(Serial)

5.8.1 시리얼 통신

MCS-51 계열 마이크로프로세서의 시리얼 포트는 동시에 송수신할 수 있는 전이중(Full Duplex) 시리얼 포트를 내장하고 있다. 이 시리얼 포트의 송수신은 io51.h에 선언되어 있는 SFR(Special Function Register) SBUF를 통하여 이루어진다. 데이터를 송신할 때는 보내려는 데이터를 SBUF에 써넣고 수신하고자 할 때에는 받은 데이터를 SBUF에서 읽어들이면 된다. 따라서 MCS-51 계열의 마이크로프로세서는 송수신 모두 SBUF 레지스터를 거쳐서 이루어진다.

시리얼 포트에는 4개의 동작 모드가 있어서 사용자가 소프트웨어로 동작 모드를 설정할 수 있다.

① 모드 0(Mode 0) : I/O 확장용의 동기식 통신 모드, 8 데이터 비트 통신이며 보레이트는 입력 오실레이터의 1/12로 고정됨(그림 5-31 참조).

② 모드 1(Mode 1) : 10비트 프레임(Frame)이며 보레이트를 가변시킬 수 있다(그림 5-32 참조). 스타트 비트(1)+8데이터 비트(LSB first)+스톱 비트(1)

③ 모드 2(Mode 2) : 11비트 프레임(Frame)이며 보레이트가 고정되어 있는 비동기식 통신 모드임(그림 5-33 참조). 스타트 비트(1)+8데이터 비트(LSB first)+9번째 데이터 비트(프로그램 될 수 있는 비트)+스톱 비트(1)

④ 모드 3(Mode 3) : 11비트 프레임(Frame)이며 보레이트를 가변 가능한 비동기식 통신 모드임(그림 5-34 참조). 스타트 비트(1)+8데이터 비트(LSB first)+9번째 데이터 비트(프로그램 될 수 있는 비트)+스톱 비트(1)

모드 2와 모드 3은 멀티프로세서 통신을 위하여 제공되는 모드이다. 모드 2, 3의 11비트 프레임의 9번째 비트를 이용해서 시리얼 통신을 이용한 멀티프로세서 시스템을 구성할 수 있다.

시리얼 포트는 SFR(Special Function Register) 내의 SBUF(Serial Port Buffer Register), SCON(Serial Port Control Register), PCON(Power Control Register)의 3개의 레지스터를 소프트웨어적으로 제어한다.

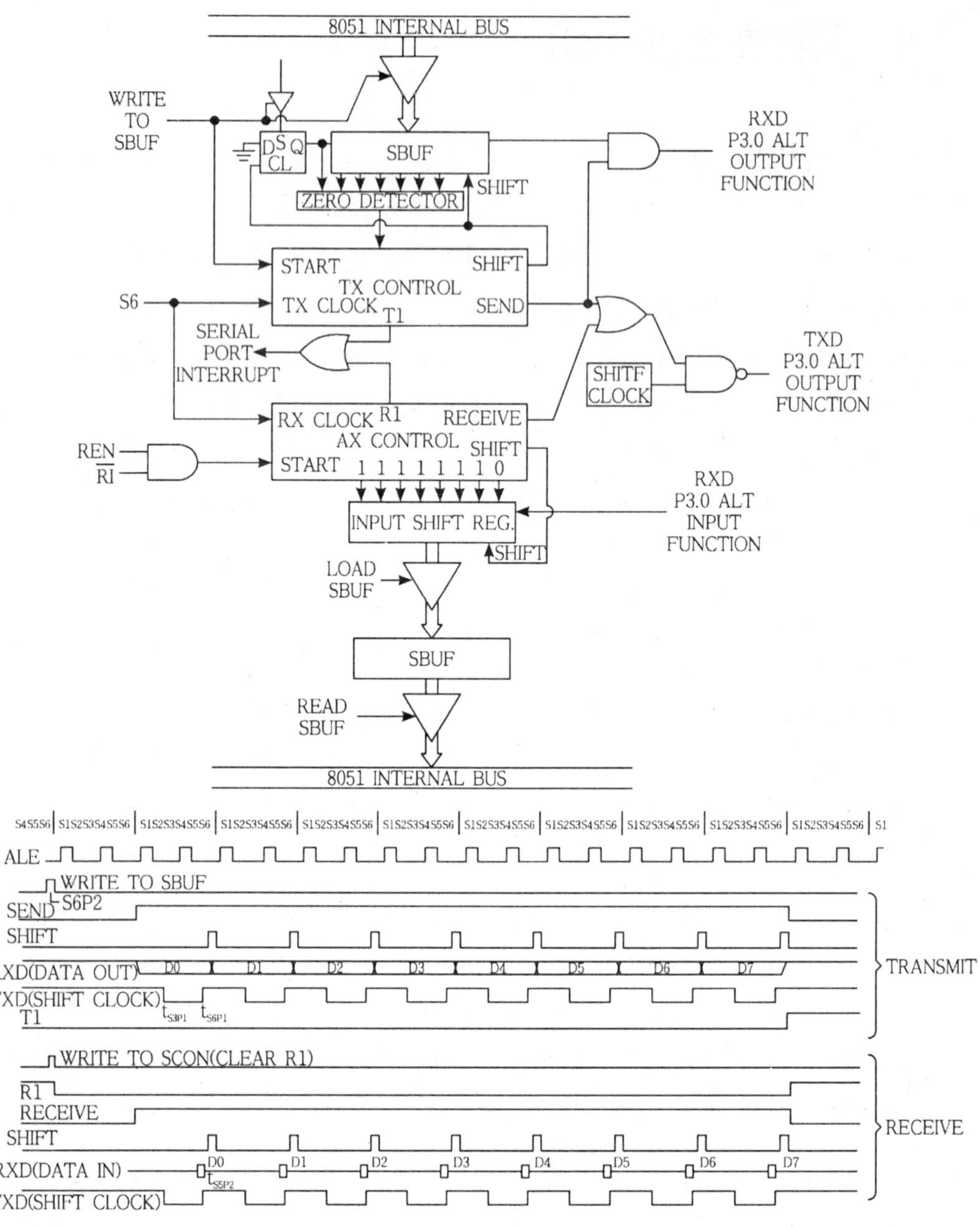

그림 5-31 직렬 통신 모드 0

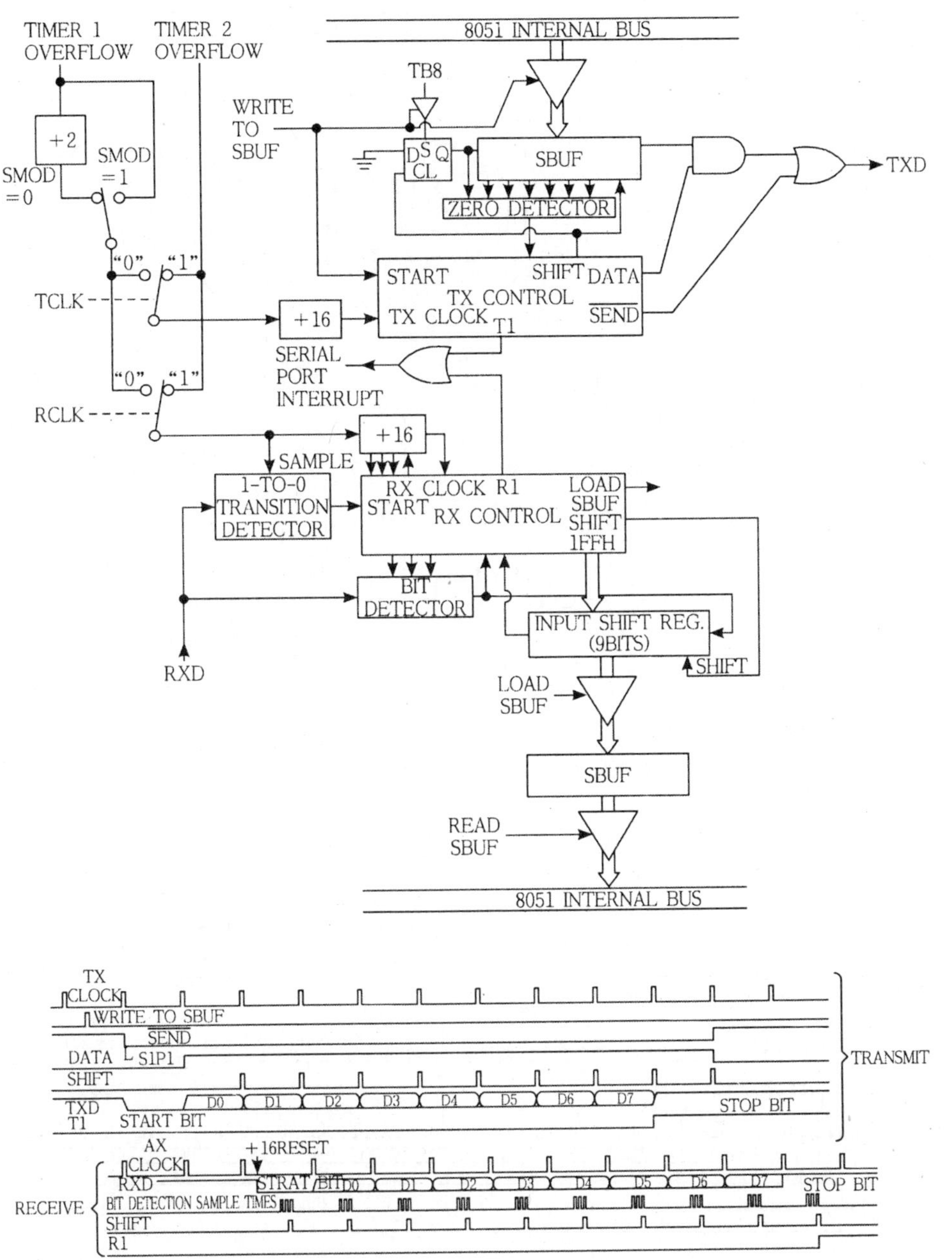

그림 5-32 직렬 통신 모드 1(TCLK, RCLK, Timer 2는 8052/8032에서만 지원됨)

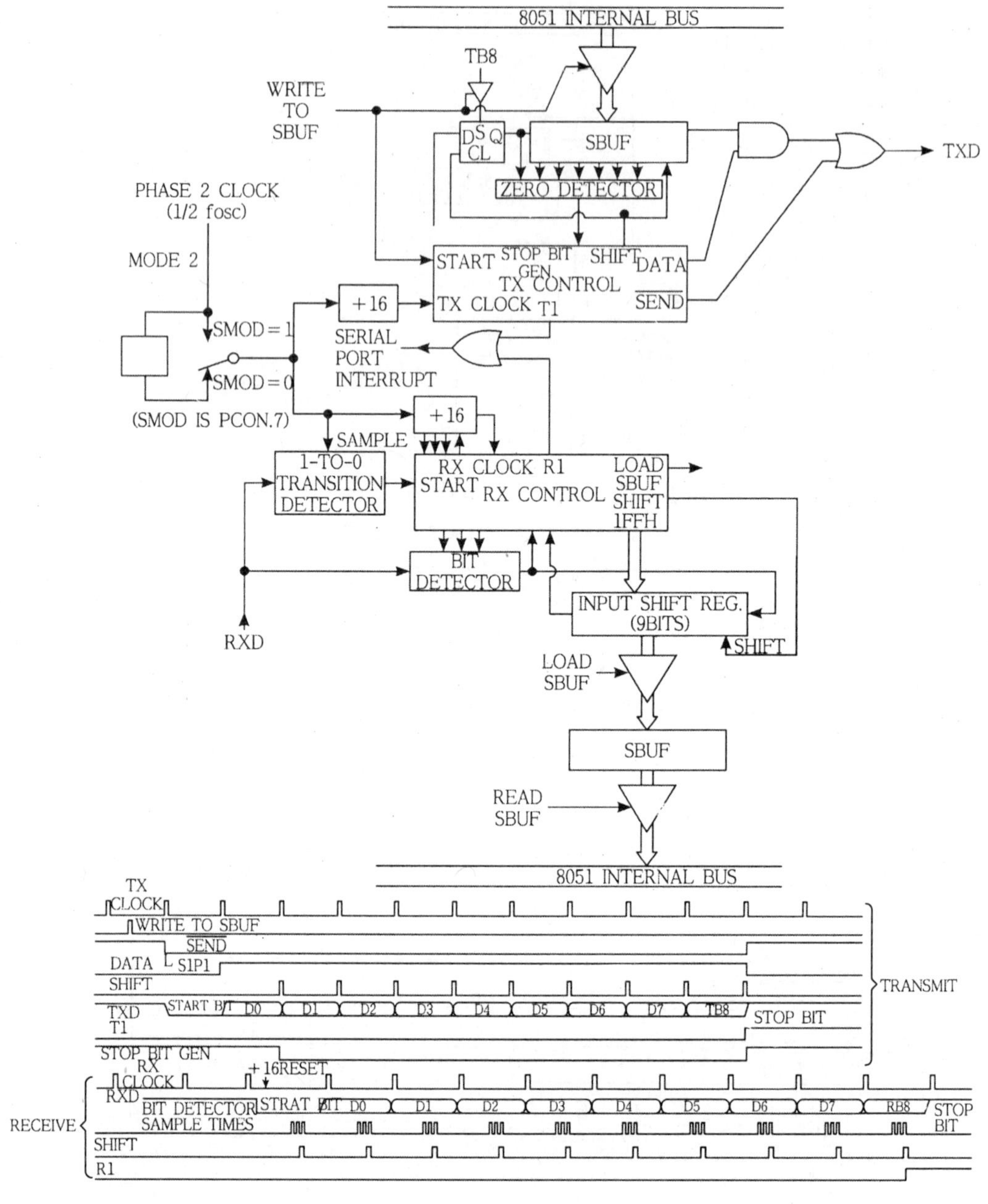

그림 5-33 직렬 통신 모드 2

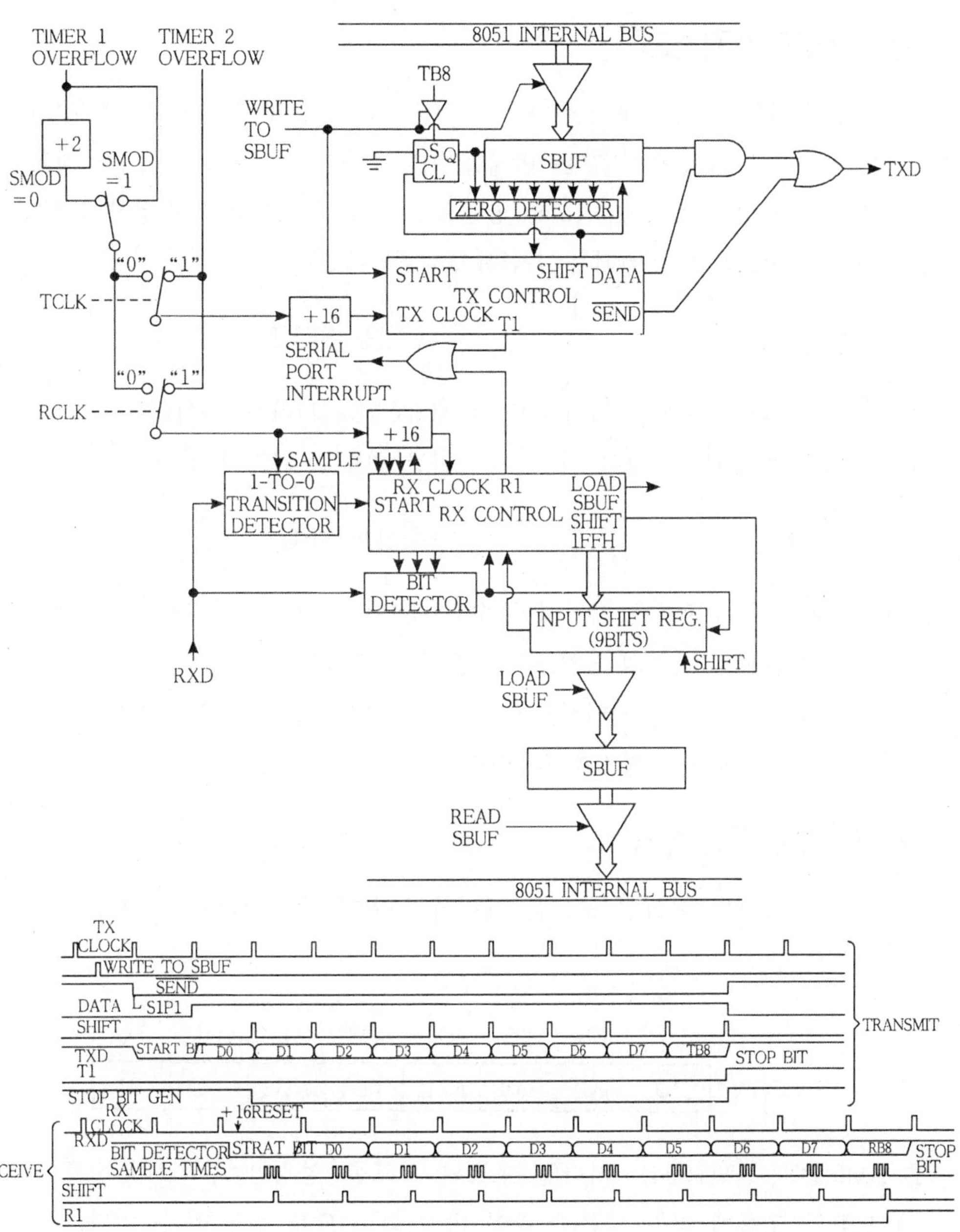

그림 5-34 직렬 통신 모드 3(TCLK, RCLK, Timer 2는 8052/8032에서만 지원됨)

(1) SBUF 레지스터

SBUF는 송신할 데이터와 수신한 데이터를 일시적으로 저장하는 레지스터이다. SBUF는 송신용과 수신용이 같은 번지를 지니고 있으나 서로 다른 두 개의 레지스터이다. 즉, WR(Write), RD(Read)명령으로 송수신 SBUF를 지정하게 된다.

'A'(HEX : 0x41)라는 데이터를 송신하고자 할 때는

SBUF = 'A' ; (송신용 SBUF 지정)

로 하면 송신부의 SBUF가 지정되어 'A'(HEX : 0x41)라는 데이터는 송신 포트를 통하여 송신되게 된다. 수신된 데이터를 r이란 변수로 읽고자 할 때는

r = SBUF ; (수신용 SBUF 지정)

로 하면 수신부의 SBUF가 지정되어 수신 포트로 입력된 데이터를 r이란 변수로 읽게 되는 것이다. 수신부의 SBUF는 2중 구조로 되어 있어서 다음 프레임의 수신시작 전에 CPU가 수신 인터럽트에 응답하지 않아서 데이터를 읽어내지 못해도 오버런(over run) 에러를 방지할 수 있다.

(2) SCON 레지스터

SCON 레지스터는 시리얼 포트를 제어하기 위한 레지스터로 각 비트의 기능은 다음과 같다.

	D7	D6	D5	D4	D3	D2	D1	D0
SCON	SM0	SM1	SM2	REN	TB8	RB8	T1	R1

① SM0(D7), SM1(D6) : 시리얼 포트의 모드를 설정할 수 있는 비트이다. 이 비트들의 조합에 따라 다음과 같이 네 개의 모드를 설정할 수 있다.

SM0	SM1	모드
0	0	0
0	1	1
1	0	2
1	1	3

② SM2(D5) : 모드 2, 3의 멀티프로세서 통신에서는 SM2가 '1'로 설정되고 수신 데이터의 9번째 비트가 '1'이면 데이터를 수신할 수 있다. SM2가 '1'로 설정되고 수신 데이터의 9번째 비트가 '0'이면 데이터를 무시한다. 모드 1에서는 SM2가 '1'이고 약속된 스톱 비트가 수신되지 않으면 수신 인터럽트(RI)가 발생되지 않는다. 모드 0에서는 'SM2가 0'으로 설정되어야 한다.

③ REN(D4) : 시리얼 포트의 수신을 가능하게 하는 비트이다. '1'로 설정하면 수신을 가능하게 하고 '0'으로 설정하면 수신을 할 수 없다.

④ TB8(D3) : 모드 2, 3에서 '1'로 설정하였을 때는 9번째 데이터 비트가 '1'인 어드레스 정보를 송신하고 '0'으로 설정하였을 때는 9번째 데이터 비트가 '0'인 어드레스 정보를 전송한다.

⑤ RB8(D2) : 모드 2, 3에서 '1'로 설정하였을 때는 9번째 데이터 비트가 '1'인 어드레스 정보를 수신하고 '0'으로 설정하였을 때는 9번째 데이터 비트가 '0'인 어드레스 정보를 수신한다. 모드 1에서는 SM2가 '0'일 때는 RB8은 스톱 비트의 수신을 나타낸다. 모드 0에서는 사용되지 않는다.

⑥ TI(D1) : 송신 완료 인터럽트 플래그이다. 이 비트는 데이터 송신 후 반드시 소프트웨어적으로 '0'을 만들어 주어야 한다.

⑦ RI(D0) : 수신 완료 인터럽트 플래그이다. 이 비트는 데이터 수신 후 반드시 소프트웨어적으로 '0'을 만들어 주어야 한다.

(3) PCON 레지스터

PCON 레지스터는 보레이트를 조정할 수 있는 레지스터이며 각 비트 기능은 다음과 같다.

	D7	D6	D5	D4	D3	D2	D1	D0
PCON	SMOD	-	-	-	-	-	-	-

① SMOD(D7) : 2배 보레이트 플래그. SMOD를 '1'로 하면 보레이트가 2배로 된다.

5.8.2 보레이트(Baud Rates)

각 모드에 따른 보레이트는 다음과 같다.

① 모드 0 : 보레이트는 고정되어 있어서 가변시킬 수 없다.
 · 모드 0 보레이트=(1/12)×오실레이터 주파수

② 모드 2 : SFR(Special Function Register) PCON의 SMOD 비트의 값에 따라 두 가지로 설정될 수 있다.
 · SMOD가 '0' : 모드 2의 보레이트=(1/64)×오실레이터 주파수
 · SMOD가 '1' : 모드 2의 보레이트=(1/32)×오실레이터 주파수

③ 모드 1, 3 : 89S51에서 모드 1, 모드 3의 보레이트는 시리얼 포트와 연결되어 있는 타이머 1의 오버플로를 이용해 보레이트를 발생시킨다. 모드 1, 3에서의 보레이트 발생은 PCON 레지스터의 SMOD와 타이머 1의 오버플로 설정값에 따라 결정된다.
 · SMOD가 '0' : 모드 1, 3의 보레이트=(1/32)×타이머 1 오버플로 비(Rate)
 · 이 때 타이머 1은 오토리로드 모드로 설정되어야 한다. 이와 같은 경우 위의 식은 아래와 같이 다시 쓸 수 있다.

 모드 1, 3의 보레이트=(1/32)×오실레이터 주파수/[12×(256-TH1의 설정값)]

 · SMOD 가 '1' : 모드 1, 3의 보레이트=(1/16)×타이머 1 오버플로 비(rate)
 · 이 때 타이머 1은 오토 리로드 모드로 설정되어야 한다. 이런 경우 위의 식은 아래와 같이 다시 쓸 수 있다.

 모드 1, 3의 보레이트=(1/16)×오실레이터 주파수/[12×(256−TH1의 설정값)]

RS-232C는 병렬 전송보다 전송 속도가 느리고 비평형 회로에 의한 전송 회로로서 대잡음 성능이 낮은 결점을 가지고 있다. 이 회로의 규격은 EIA(미국전자공업회 : Electronic Industries Association)가 DTE(Data Terminal Equipment)와 DCE(Data Circuit Terminating Equipment)와의 인터페이스 조건으로 1969년에 정하여 시리얼 인터페이스의 표준 규격으로 모뎀, 퍼스컴 주변기기의 입출력 인터페이스로 널리 사용되고 있다.

RS-232C의 3가지 주요 특성은 다음과 같다.

① 전송 거리가 짧다 : 15[m] 이하
② 전송 속도가 늦다 : 20[kbit/s] 이하
③ 내 잡음성이 좋지 않다.

위와 같은 단점에도 불구하고 배선수가 적고 접속이 용이하다는 점등으로 표준 인터페이스의 하나로서 널리 사용되고 있다.

89S51에서 출력되는 시리얼 데이터는 TTL(5V) 레벨로 되어 있다. 이것을 EIA 레벨로 변환시키려면 75188(혹은 MC1488), 75189(MC1489), MAX232(AD232) 등의 IC가 필요하다. KMC-51에서는 현재 RS-232C용 IC로 가장 많이 사용되는 MAX232를 사용하였다.

여기서, 사용되는 MAX232의 내부 구조 및 핀 배열은 그림 5-35와 같으며, 통신 연결 관계와 사용 방법은 각각 그림 5-36과 그림 5-37에 제시된 회로도와 같다.

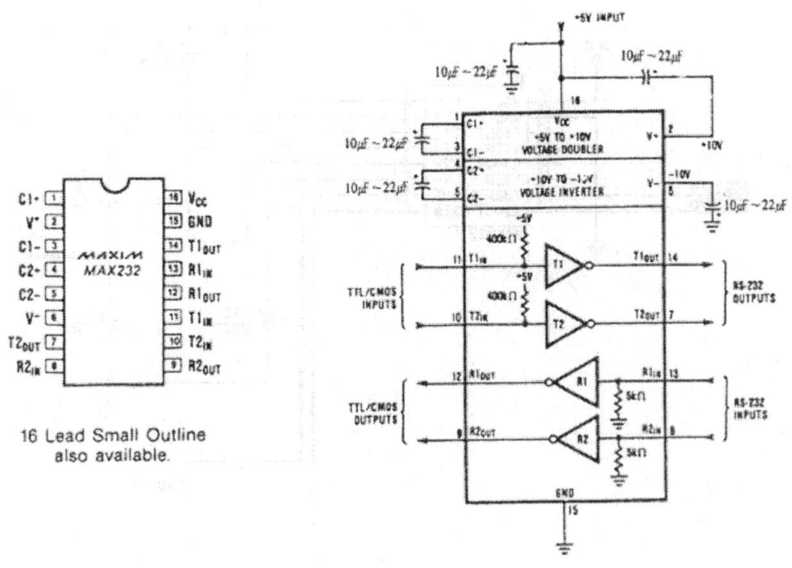

그림 5-35 MAX232 내부 구조 및 핀 배열

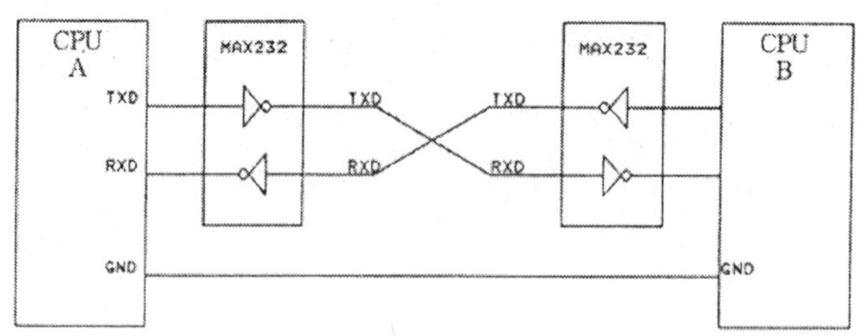

그림 5-36 MAX232를 이용한 통신 연결 관계

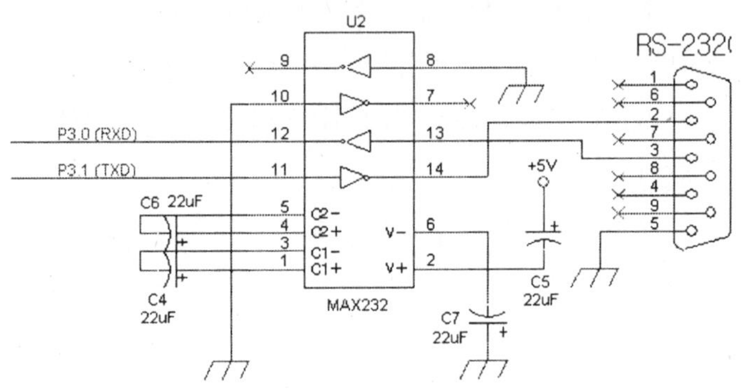

그림 5-37 MAX232 사용 방법

5.9 LED 제어

89S51는 4개의 입출력 포트(P0, P1, P2, P3)가 있으며 이중 여기에서는 P0, P1, P2를 그림 5-38의 LED 출력회로와 연결하여 각 포트를 통한 LED 제어 프로그램을 작성하고 실험함으로써 I/O 포트 제어 방법을 쉽게 이해하도록 한다.

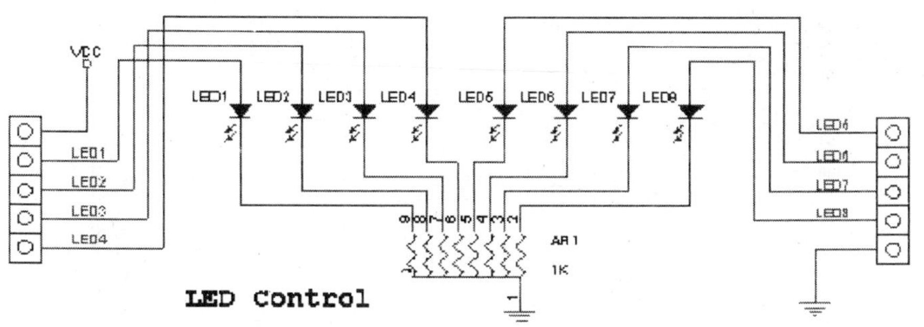

그림 5-38 LED 출력회로

5.9.1 P0 포트에 의한 LED 출력제어

먼저 89S51의 포트(P0, P1, P2)중에서 P0포트를 선택하여 그림 5-39와 같이 LED 출력회로와 연결시키고 LED가 구동되도록 제어 프로그램을 작성하여 본다. 이때, P0포트를 선택하여 LED 출력회로를 동작시키기 위해서 유저들이 주의하여야 할 점은 P0포트는 오픈 드레인 출력방식의 양방향 입출력단자로 I/O 포트로 사용할 때는 반드시 풀업 저항을 연결해 주어야 한다.

그러므로, P0포트를 이용하여 LED를 동작시키기 전에 먼저 그림 5-39와 같이 풀업 저항(4.7K)을 연결하여야 한다.

PAD 연결 부위										
LED출력회로	LED1	LED2	LED3	LED4	LED5	LED6	LED7	LED8	VCC	GND
89S51	P0.0	P0.1	P0.2	P0.3	P0.4	P0.5	P0.6	P0.7	+5V	GND

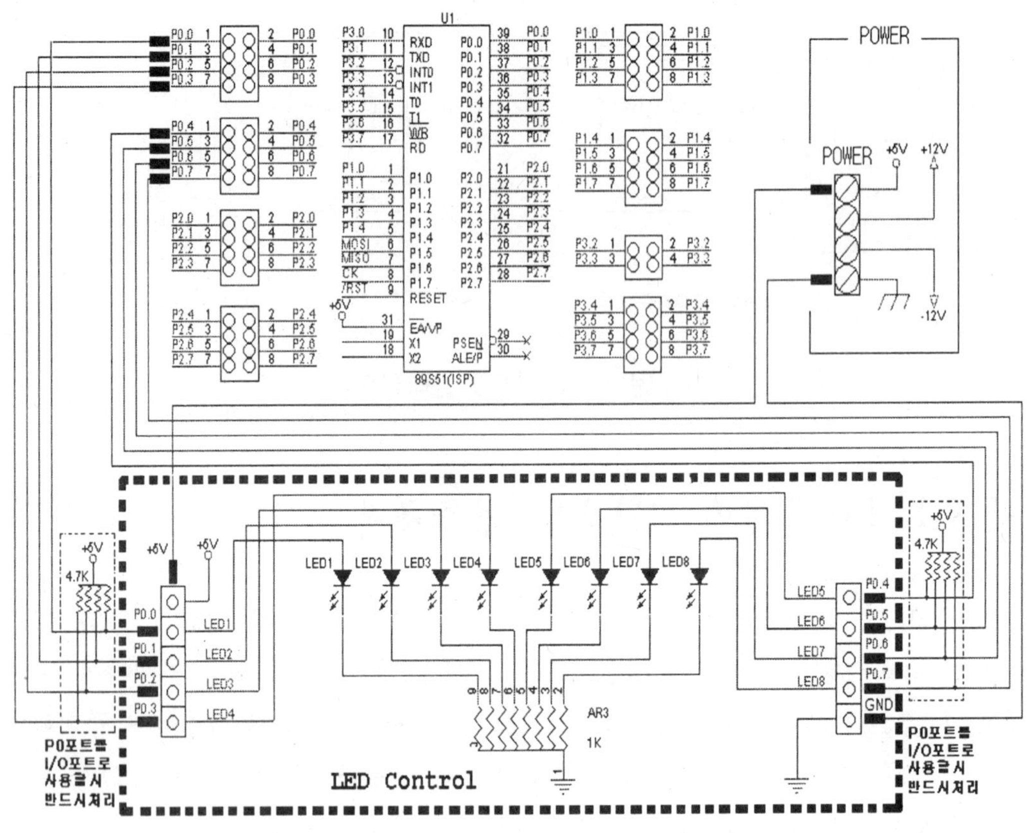

그림 5-39 89S51의 P0포트와 LED 출력회로의 결선도

과제 28 LED가 P0포트 입력으로 약 0.5초 간격으로 다음과 같이 무한히 구동하는 프로그램을 작성한다. ○ → ON(켜짐), ● → OFF(꺼짐)

LED1	LED2	LED3	LED4	LED5	LED6	LED7	LED8
○	○	○	○	●	●	●	●

(0.5초)

LED1	LED2	LED3	LED4	LED5	LED6	LED7	LED8
●	●	●	●	○	○	○	○

(0.5초)

⋮

```
#include <io51.h>

void main(void)
{
    int i ;

   for( ; ; ){
/* P0 포트의 하위 니블에 high가 출력되게 하고, 0.5초 후 P0포트의 상위 니블에
   0.5초 간격으로 high가 출력되도록 하는 프로그램이다.(P0은 io51.h에서 sfr로 선언
   되어 있으므로 1바이트를 입출력할 수 있는 레지스터이다.)  */

      P0 = 0x0f ;                /* P0 포트의 하위 니블(4비트)를 high */
      for(i=0 ; i<30000 ; i++) ; /* 약 0.5초간의 시간지연 */

      P0 = 0xf0 ;                /* P0 포트의 상위 니블(4비트)를 high */
      for(i=0 ; i<30000 ; i++) ; /* 약 0.5초간의 시간지연 */

   }
}
```

과제 29 LED가 P0포트 입력으로 약 1초 간격으로 다음과 같이 무한히 구동하는 프로그램을 작성한다. ○ → ON(켜짐), ● → OFF(꺼짐)

	LED1	LED2	LED3	LED4	LED5	LED6	LED7	LED8
①	○	●	○	●	○	●	○	●

(1초)

	LED1	LED2	LED3	LED4	LED5	LED6	LED7	LED8
②	●	○	●	○	●	○	●	○

(1초)

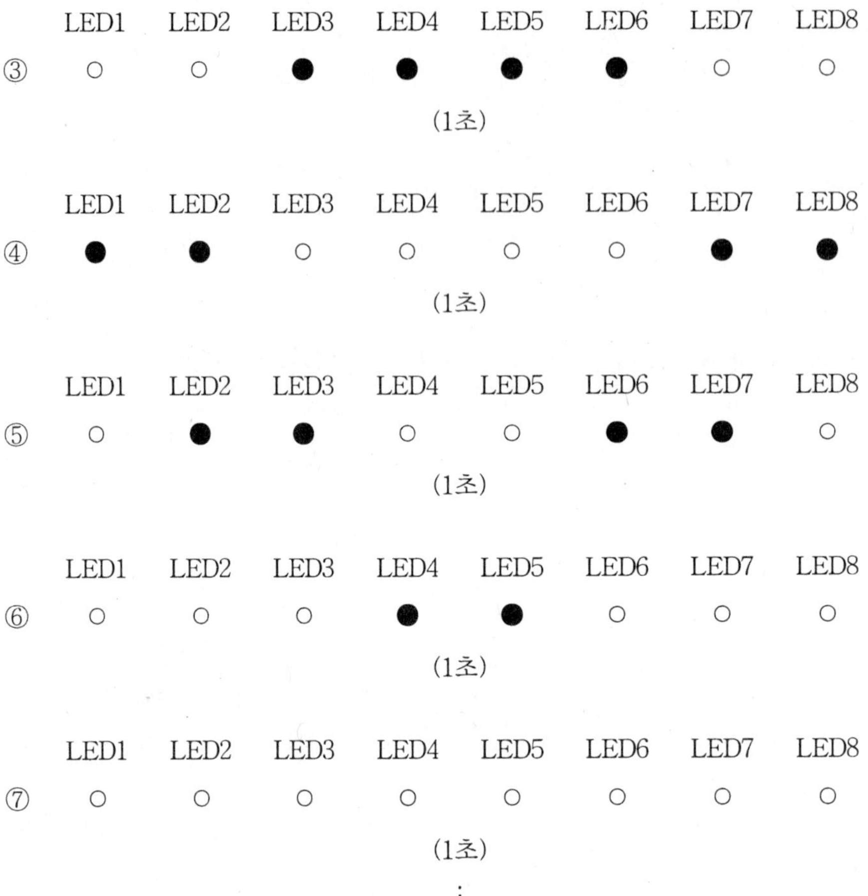


```
#include <io51.h>

void main(void)
{
   unsigned int i ;
  /*  P0 포트에 의해 주어진 LED의 출력상태를 1초 간격으로 구동하기 위해서는
   디레이를 60000으로 주어야 함으로 변수의 자료형은 int가 아닌 unsigned int로
   선언하여야 한다.(P0은 io51.h에서 sfr로 선언되어 있으므로 1바이트를 입출력할
   수 있는 레지스터이다.)  */

  for( ; ; ){
```

```
        P0=0xaa ;              /*  ①의 LED 출력이 되기 위한 P0포트값  */
        for(i=0 ; i<60000 ; i++) ; /*  약 1초간의 시간지연  */

        P0=0x55 ;              /*  ②의 LED 출력이 되기 위한 P0포트값  */
        for(i=0 ; i<60000 ; i++) ; /*  약 1초간의 시간지연  */

        P0=0x3c ;              /*  ①의 LED 출력이 되기 위한 P0포트값  */
        for(i=0 ; i<60000 ; i++) ; /*  약 1초간의 시간지연  */

        P0=0xc3 ;              /*  ②의 LED 출력이 되기 위한 P0포트값  */
        for(i=0 ; i<60000 ; i++) ; /*  약 1초간의 시간지연  */

        P0=0x99 ;              /*  ①의 LED 출력이 되기 위한 P0포트값  */
        for(i=0 ; i<60000 ; i++) ; /*  약 1초간의 시간지연  */

        P0=0x7e ;              /*  ②의 LED 출력이 되기 위한 P0포트값  */
        for(i=0 ; i<60000 ; i++) ; /*  약 1초간의 시간지연  */

        P0=0xff ;              /*  ①의 LED 출력이 되기 위한 P0포트값  */
        for(i=0 ; i<60000 ; i++) ; /*  약 1초간의 시간지연  */

    }
}
```

5.9.2 P1 포트에 의한 LED 출력제어

89S51의 포트(P0, P1, P2) 중에서 P1포트를 선택하여 그림 5-40과 같이 LED 출력회로와 연결시키고 LED가 구동되도록 제어 프로그램을 작성하여 본다.

P1포트는 P0포트와 달리 내부 풀업이 되어 있으므로 I/O 포트로 사용할 때는 풀업저항을 달아주지 않고 사용하여도 된다.

PAD 연결 부위										
LED출력회로	LED1	LED2	LED3	LED4	LED5	LED6	LED7	LED8	VCC	GND
89S51	P1.0	P1.1	P1.2	P1.3	P1.4	P1.5	P1.6	P1.7	+5V	GND

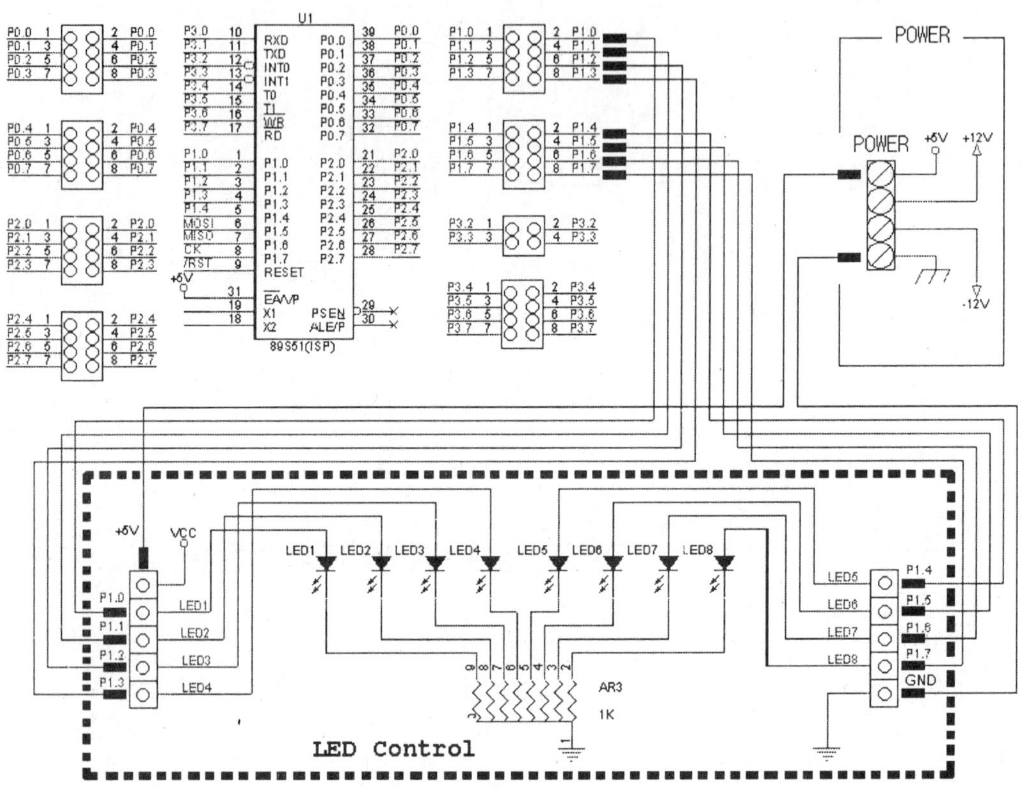

그림 5-40 89S51의 P1포트와 LED 출력회로의 결선도

과제 30 LED가 P1포트 입력으로 약 0.5초 간격으로 다음과 같이 무한히 구동하는 프로그램을 작성한다. ○ → ON(켜짐), ● → OFF(꺼짐)

LED1	LED2	LED3	LED4	LED5	LED6	LED7	LED8
●	●	●	●	○	○	○	○

(0.5초)

LED1	LED2	LED3	LED4	LED5	LED6	LED7	LED8
○	○	○	○	●	●	●	●

(0.5초)

⋮

```
#include <io51.h>

void main(void)
{
  int i ;
  for( ; ; ){
/*  P1 포트의 상위 니블에 high가 출력되게 하고, 0.5초 후 P1 포트의 하위 니블에
0.5초 간격으로 high가 출력되도록 하는 프로그램이다.(P1은 io51.h에서 sfr로 선언되
어 있으므로 1바이트를 입출력할 수 있는 레지스터이다.)  */

      P1=0xf0 ;                    /*  P1 포트의 상위 니블(4비트)를 high  */
      for(i=0 ; i<30000 ; i++) ; /*  약 0.5초간의 시간지연  */

      P1=0x0f ;                    /*  P1 포트의 하위 니블(4비트)를 high  */
      for(i=0 ; i<30000 ; i++) ; /*  약 0.5초간의 시간지연  */

  }
}
```

과제 31 P1.0~P1.7에 연결된 LED가 약 0.5초 간격으로 LED1~LED8 순으로 ON되면서 시프트(이동) 하도록 하고, LED8까지 도착하면 다시 LED1으로 되돌아가서 계속 반복하는 프로그램을 작성한다.

○ → ON(켜짐), ● → OFF(꺼짐)

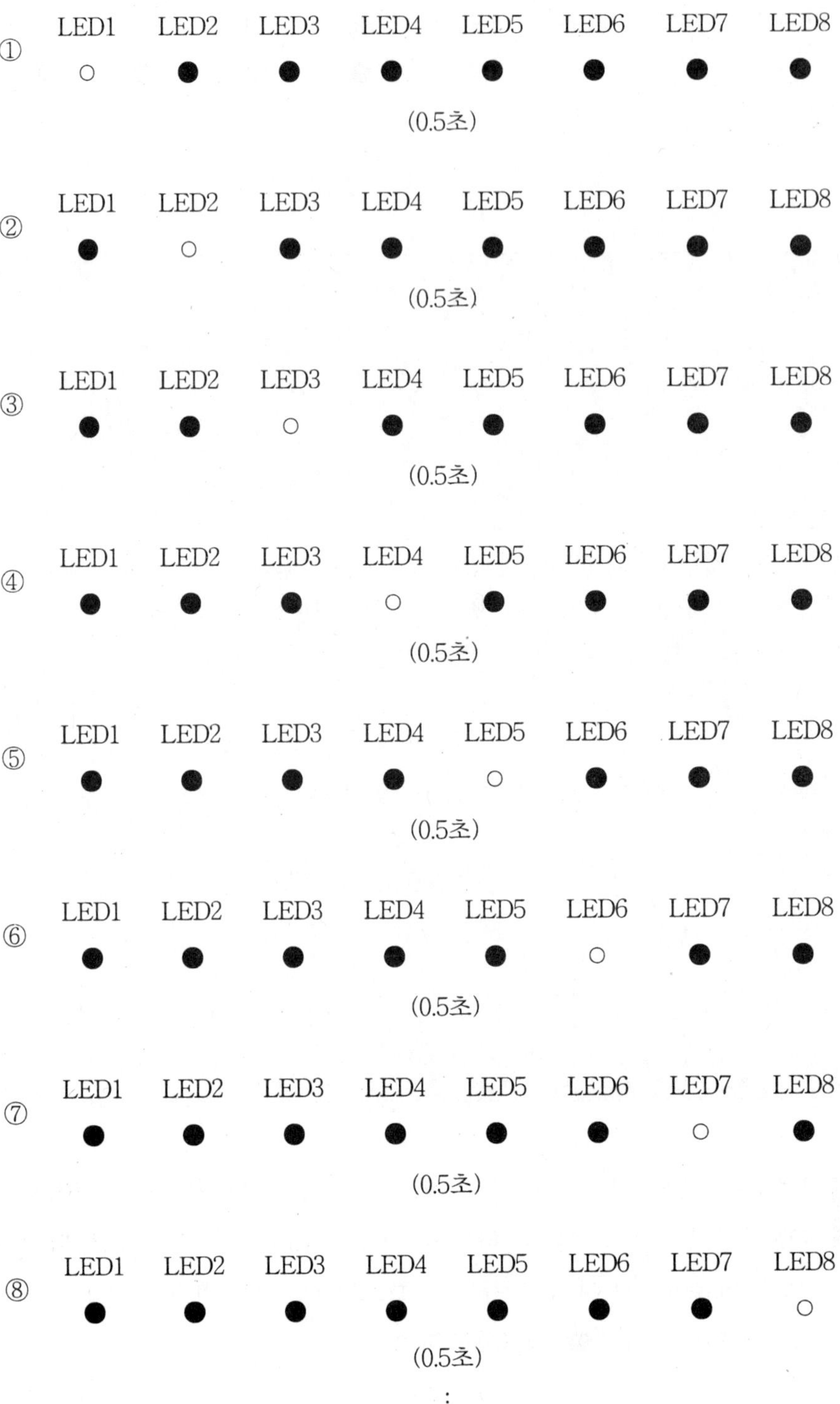
①
LED1 LED2 LED3 LED4 LED5 LED6 LED7 LED8
(0.5초)
②
LED1 LED2 LED3 LED4 LED5 LED6 LED7 LED8
(0.5초)
③
LED1 LED2 LED3 LED4 LED5 LED6 LED7 LED8
(0.5초)
④
LED1 LED2 LED3 LED4 LED5 LED6 LED7 LED8
(0.5초)
⑤
LED1 LED2 LED3 LED4 LED5 LED6 LED7 LED8
(0.5초)
⑥
LED1 LED2 LED3 LED4 LED5 LED6 LED7 LED8
(0.5초)
⑦
LED1 LED2 LED3 LED4 LED5 LED6 LED7 LED8
(0.5초)
⑧
LED1 LED2 LED3 LED4 LED5 LED6 LED7 LED8
(0.5초)
⋮

```
#include <io51.h>

void delay (char) ;

 // 시간 지연을 주는 함수이다.
void delay (char p)
 {
    int i, j ;
    for ( j = 0 ; j < p ; j++)
        for ( i = 0 ; i < 30000 ; i++) ;
 }

void main(void)
 {
    char  A= 1 ;
    char i ;
  for( ; ; ){
/*  P1 포트의 상위 니블에 high가 출력되게 하고, 0.5초 후 P1 포트의 하위 니블에
0.5초 간격으로 high가 출력되도록 하는 프로그램이다.(P1은 io51.h에서 sfr로 선언되
어 있으므로 1바이트를 입출력할 수 있는 레지스터이다.)  */
            for( i=0 ; i<8 ; i++)
            {
             P1 = A ;      /*  P1 포트의 상위 니블(4비트)를 high  */
             delay(1) ;    /*  약 0.5초간의 시간지연  */
             A=A<<1 ;
             if(i==0) A=1 ;
             }
        }
 }
```

5.9.3 P2 포트에 의한 LED 출력제어

89S51의 포트(P0, P1, P2)중에서 P2포트를 선택하여 그림 5-41과 같이 LED 출력회로와 연결시키고 LED가 구동되도록 제어 프로그램을 작성하여 본다.

P2포트도 P1포트와 같이 내부 풀업이 되어 있으므로 I/O 포트로 사용할 때는 풀업저항을 달아주지 않고 사용하여도 된다.

PAD 연결 부위										
LED출력회로	LED1	LED2	LED3	LED4	LED5	LED6	LED7	LED8	VCC	GND
89S51	P2.0	P2.1	P2.2	P2.3	P2.4	P2.5	P2.6	P2.7	+5V	GND

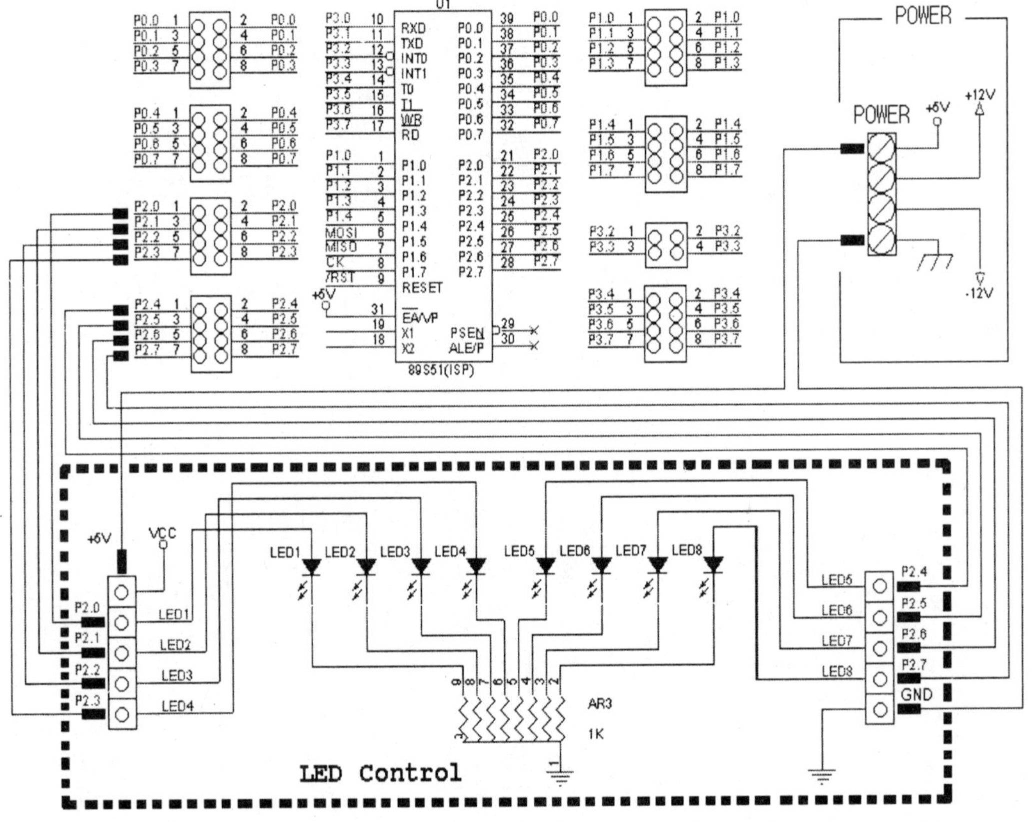

그림 5-41 89S51의 P2포트와 LED 출력회로의 결선도

P2.0~P2.7에 연결된 LED가 약 1초 간격으로 LED8~LED1 순으로 OFF되면서 시프트(이동) 하도록 하고, LED1까지 도착하면 다시 LED8로 되돌아가서 계속 반복하는 프로그램을 작성한다.

○ → ON(켜짐), ● → OFF(꺼짐)

①

LED1	LED2	LED3	LED4	LED5	LED6	LED7	LED8
○	○	○	○	○	○	○	●

(1초)

②

LED1	LED2	LED3	LED4	LED5	LED6	LED7	LED8
○	○	○	○	○	○	●	○

(1초)

③

LED1	LED2	LED3	LED4	LED5	LED6	LED7	LED8
○	○	○	○	○	●	○	○

(1초)

④

LED1	LED2	LED3	LED4	LED5	LED6	LED7	LED8
○	○	○	○	●	○	○	○

(1초)

⑤

LED1	LED2	LED3	LED4	LED5	LED6	LED7	LED8
○	○	○	●	○	○	○	○

(1초)

⑥

LED1	LED2	LED3	LED4	LED5	LED6	LED7	LED8
○	○	●	○	○	○	○	○

(1초)

⑦

LED1	LED2	LED3	LED4	LED5	LED6	LED7	LED8
○	●	○	○	○	○	○	○

(1초)

⑧	LED1	LED2	LED3	LED4	LED5	LED6	LED7	LED8
	●	○	○	○	○	○	○	○

(1초)

⋮

```
#include <io51.h>

void delay (char) ;

 // 시간 지연을 주는 함수이다.
void delay (char p)
 {
    int i, j ;
    for ( j = 0 ; j < p ; j++)
         for ( i = 0 ; i < 30000 ; i++) ;
 }

void main(void)
 {
          unsigned char A=0x80 ;

           while(1) {
                        P2 = ~A ;
                        delay(2) ;
                        if(A==0x01) A=0x80 ;
                        else
                        A=A>>1 ;


           }
 }
```

P2.0~P2.7에 연결된 LED가 약 0.5초 간격으로 LED1~LED8 순으로 ON되면서 시프트(이동) 하도록 하고, LED8까지 도착하면 역순으로 LED8~LED1 순으로 ON되면서 시프트 되면서 반복하는 프로그램을 작성한다. ○ → ON, ● → OFF

```
#include <io51.h>

void delay (char) ;

 // 시간 지연을 주는 함수이다.
void delay (char p)
 {
    int i, j ;
    for ( j = 0 ; j < p ; j++)
         for ( i = 0 ; i < 30000 ; i++) ;
 }

void main(void)
 {
           unsigned char i, A ;

            while(1) {

                      A= 0x01 ;

                      for( i =1 ; i<8 ; i++)
                        {
                           P2 = A ;
                           delay(1) ;
                           A=A<<1 ;
                        }
```

```
        for( i =1 ; i<8 ; i++)
        {
            P2 = A ;
            delay(1) ;
            A=A>>1 ;
        }
    }
}
```

5.10 광센서

5.10.1 광센서의 개요

광센서란 자외광에서 적외광까지의 광 파장 영역의 광선을 감지하고 이것을 전기 신호로써 출력하는 전자 디바이스의 총칭을 말하며 광파이버를 이용한 센서도 보편화되고 있는 추세로 그 이용범위가 날로 확대되고 있으며, 컴퓨터의 입력장치에 사용되는 테이프 리더, 카드리더, 카메라의 노광계, 스트로브의 발광량 제어 등 광센서가 중요한 역할을 하고 있다. 또한, 역의 자동 검찰기, 자동도어에 있어서 사람의 감지, 화재를 알리는 연기 감지기 등에도 광센서가 사용되고 있다. 다음 표 5-6은 이와 같이 산업현장 또는, 가정에서 광범위하게 사용하고 있는 주요한 광센서의 종류를 광센서의 원리에 따라 분류하여 나타낸 것이다.

표 5-6 광센서의 종류

분 류	센서의 종류	특 징
광기전력 효과형 (적외선 방출형)	· 포토 다이오드 · 포토 트랜지스터	소형, 저비용
	· 광 사이리스터	대출력 대전류 제어
광전자 방출형	· 광전 증배관 · 광전관	초고감도, 응답속도 높음 주로 펄스계측용으로 사용
자외선 방출형	· Si 자외선 포토다이오드 · UV 트론	소형, 전원 불필요
복합형	· 포토 커플러 · 포토 인터럽트	전기적 절연, 아날로그 광로에 의한 검출
광전도 효과형	· 광 도전 셀 (Cds)	소형, 고감도, 저비용

따라서, 본 교재에서는 이러한 주요한 광센서의 종류 중 광기전력 효과를 이용한 포토 LED와 포토트랜지스터를 이용하여 적외선 ON/OFF 감지, 적외선 광량 측정 등으로 응용한 회로를 구성하여, 이것을 동작시켜 보고, 복합형 센서 중 포토 인터럽트와 광도전(조도)센서 이용한 회로를 구성하여 제어하는 프로그램을 작성해 본다.

5.10.2 적외선 센서

적외선은 파장이 가시광보다 길고 전파보다는 짧은 전자파의 일종으로서 이것은 자연계에 존재하는 모든 사물로부터 방사되고 있으며, 이들 물체들의 온도에 따라 파장이 달라진다. 따라서, 광기전력 효과를 통해 일정한 주파수의 적외선을 발광하고 또는, 수광하는 포토 LED와 포토 트랜지스터를 '적외선 센서'라 명하고, 이에 대해 먼저 간략히 살펴본다. 일반적으로 적외선 센서는 극성이 존재하므로 이들 센서를 이용한 회로를 구성 할시 극성에 주의하여 설계하여야 한다.

그림 5-42는 발광 센서와 수광 센서의 외형도 및 회로기호를 나타낸 것으로 그림 (a)의 발광 센서는 LED와 비슷한 성격을 갖고 있는 소자로서 부품의 외형상 두 개의 핀 중 긴 쪽이 (+)쪽에 해당하고 짧은 쪽이 (−)에 해당된다.

그리고, 그림 (b)의 수광 센서는 빛을 받아들이는 부분이 베이스 단자에 해당하여 베이스부를 통해 받아들인 적외선의 양에 따라 변하는 저항값에 의해 적외선을 감지하는 구조를 갖고 있다. 따라서, 부품의 외형을 보면 두 개의 핀 중 긴 쪽이 Emitter(−)쪽에 해당하고 짧은 쪽이 Collector(+)쪽에 해당된다.

이상과 같은 발광 센서와 수광 센서를 이용하여 회로를 구성하는 방법에는 크게 두 가지 형태로 분류할 수 있는데 이를 살펴보면 다음과 같다.

첫째, 자동문 또는 라인 트레이서와 같은 단순 ON-OFF 측정의 목적으로 적외선 센서를 이용하여 회로를 구성하는 ON-OFF 감지 방법.

둘째, 마이크로 마우스의 벽감지 유무 또는, 거리의 측정 등의 목적으로 적외선 센서를 이용하여 회로를 구성하는 광량 측정 방법.

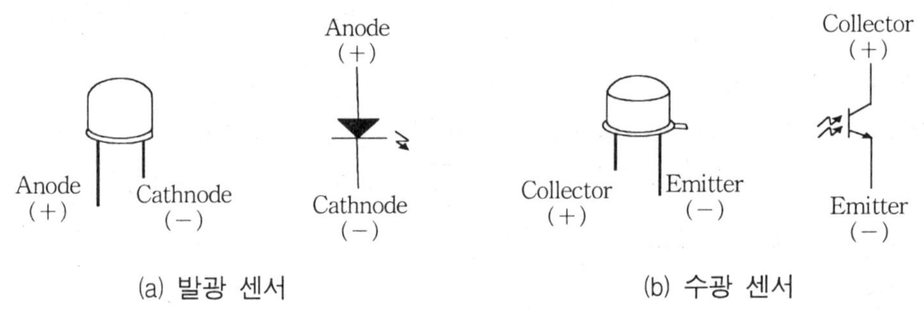

그림 5-42 수광 센서와 발광 센서의 외형도와 회로기호

따라서, 이와 같은 2가지 방법 중 여기서는 적외선 센서를 이용한 ON-OFF 감지 회로를 이용한 제어 프로그램을 작성한다.

(1) 적외선 센서를 이용한 ON-OFF 감지 제어

그림 5-43과 같이 4개의 발광, 수광 센서로 구성된 ON-OFF 감지 회로를 설계하여 구성하고, 이를 통해 적외선 ON-OFF 입력신호를 감지하도록 한다.

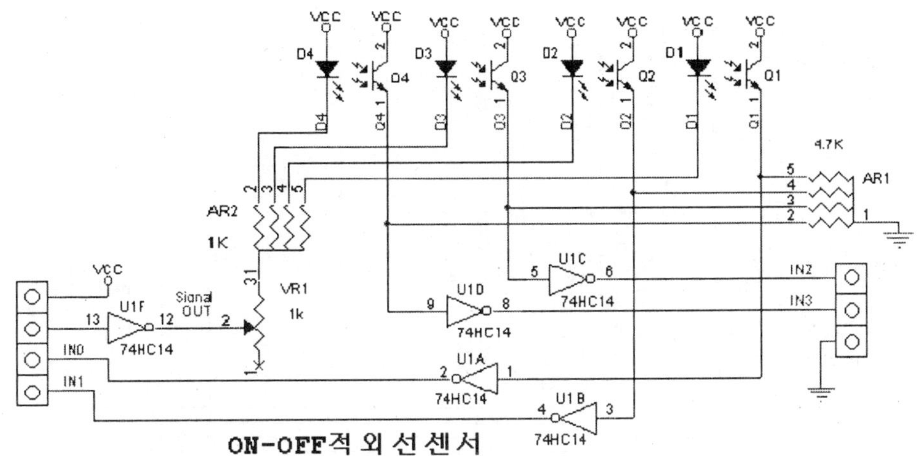

그림 5-43 적외선 센서를 이용한 ON/OFF 감지 회로

다음은 그림 5-44와 같이 그림 5-43의 적외선 센서를 이용한 ON-OFF 감지 회로에 89S51의 P3포트의 P3.2비트와 연결하여 적외선을 발광시키는 펄스신호가 출력되도록 하고, P2포트의 P2.0~P2.3 비트와 연결하여 적외선 ON-OFF 입력신호를 감지하도록 결선을 하고, 이를 디스플레이하는 제어 프로그램을 작성한다.

PAD 연결 부위							
적외선 ON/OFF 감지 회로	Signal Output	IN0	IN1	IN2	IN3	VCC	GND
89S51	P3.2	P2.0	P2.1	P2.2	P2.3	+5V	GND

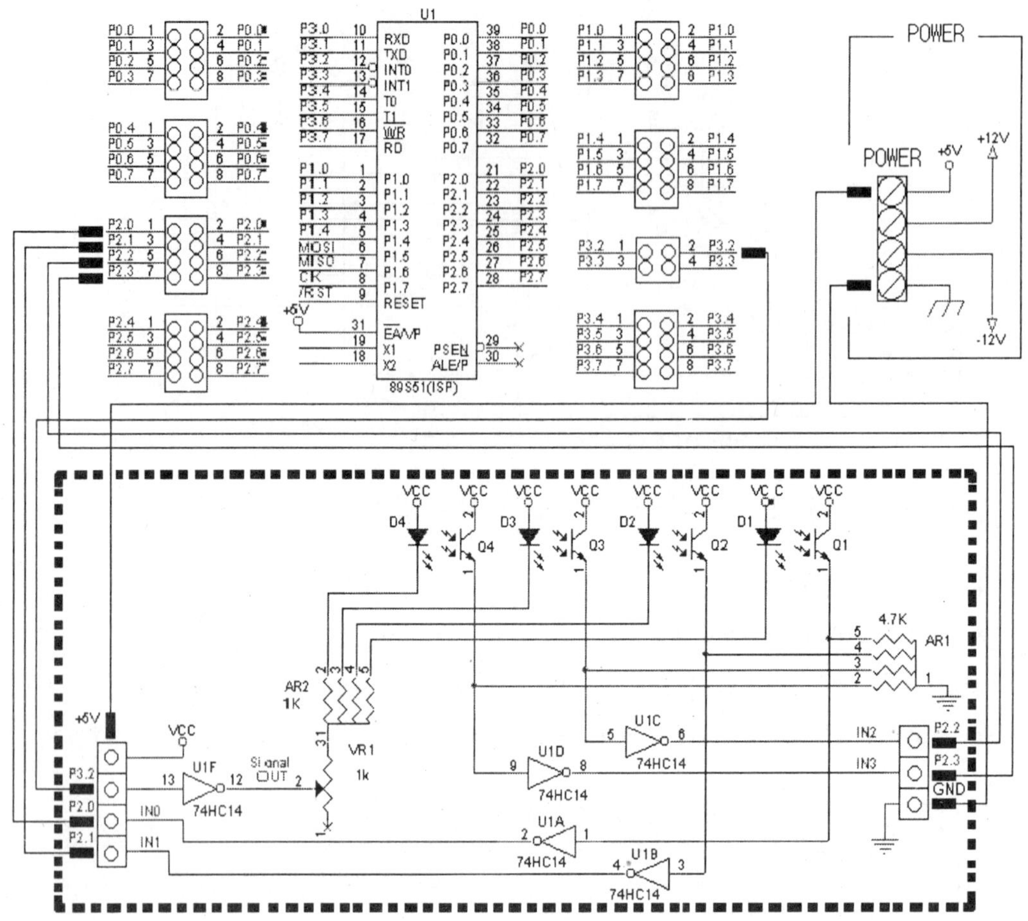

그림 5-44 89S51과 적외선 ON/OFF 감지 회로의 결선도

과제 34 아래 그림과 같이 발광센서의 D1~D4에 적외선을 발광시키고 발생된 적외선이 물체에 반사되어 Q1~Q4의 수광 센서 중 Q1에 수광되어 물체를 감지하면 7-세그먼트에 '1'이 출력되고, Q2에 감지되면 '2'를 출력하고, Q3에 감지되면 '3'이 출력되고 Q4에 감지되면 '4'가 출력되도록 프로그램을 작성한다.

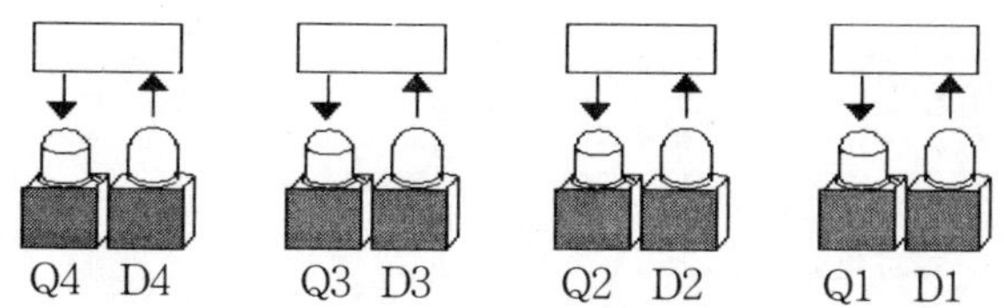

그림 5-44의 결선과 함께 적외선 ON/OFF 동작을 표시하기 위해 사용되는 7-Segment를 구동시키기 위한 결선이 필요하다. 따라서, 그림 5-44의 결선과 7-Segment 구동을 위한 결선을 하고 나서 프로그래밍을 하여야 한다.

7-Segment PAD 연결 부위												
7-Segment	Q0	Q1	Q2	Q3	a	b	c	d	e	f	g	p
89S51	P1.0	P1.1	P1.2	P1.3	P0.0	P0.1	P0.2	P0.3	P0.4	P0.5	P0.6	P0.7

```
#include <io51.h>

#define S7_1   0x07
#define S7_2   0x0b
#define S7_3   0x0d
#define S7_4   0x0e

const char Font[17]  = {   0xc0, 0xf9, 0xa4, //'0', '1', '2'
                           0xb0, 0x99, 0x92, // '3', '4', '5'
                           0x82, 0xf8, 0x80, // '6', '7', '8'
                           0x90, 0x88, 0x83, // '9', 'A', 'b'
                           0xc6, 0xa1, 0x86, // 'C', 'd', 'E'
                           0x8e, 0x7f } ;     // 'F', '.'

void Control_7Seg(int) ;

/*  0~9999 까지 이므로 1바이트 자리 변수인 char를 사용하면 안된다.
   따라서 int로  N을 선언해야 한다.  */
```

```
void Control_7Seg(int N)
  {
      unsigned int  i, d, Buff ;
      unsigned char N1000, N100, N10, N1  ;

     N1000 = N / 1000 ;
     Buff =  N % 1000 ;
     N100 = Buff / 100 ;
     Buff = Buff % 100 ;
     N10 = Buff / 10 ;
     N1 =  Buff % 10 ;

  for ( i = 0 ; i < 100 ; i ++ ) {

       P1 = S7_1 ;            // 첫번째  7-Segment를 켜준다.
       P0 = Font[N1000] ;  // 천의 자리를 써 준다.
       for(d = 0 ; d < 10 ; d++ ) ;

       P1 = S7_2 ;           // 두번째  7-Segment를 켜준다.
       P0 = Font[N100] ;  // 백의 자리를 써 준다.
       for(d = 0 ; d < 10 ; d++ ) ;

       P1 = S7_3 ;            // 세번째  7-Segment를 켜준다.
       P0 = Font[N10] ;     // 십의 자리를 써 준다.
       for(d = 0 ; d < 10 ; d++ ) ;

       P1 = S7_4 ;          // 네번째  7-Segment를 켜준다.
       P0 = Font[N1] ;   // 일의 자리를 써 준다.
       for(d = 0 ; d < 10 ; d++ ) ;

     }
  }
```

```
void main(void)
  {
      unsigned int SenData, num ;
      P2 = 0xff ;

      for( ; ; ) {

              SenData = 0 ;
              P3 = 0x04 ;
              num = P2 & 0x0f ;

             if( num == 0x0e)  SenData = 1 ;  // Q1에 반사 적외선 감지
             if( num == 0x0d)  SenData = 2 ;  // Q2에 반사 적외선 감지
             if( num == 0x0b)  SenData = 3 ;  // Q3에 반사 적외선 감지
             if( num == 0x07)  SenData = 4 ;  // Q4에 반사 적외선 감지

             Control_7Seg(SenData) ; /*  적외선 감지 상태를 출력 */
             P3 = 0x00 ;
      }
  }
```

(2) 적외선을 이용한 광량 측정

앞에서 2가지 적외선 센서 구동 방식 중 디지털 입력을 감지하는 것에 해당하는 적외선 센서를 이용한 ON/OFF 감지 방법에 대하여 알아보았다.

앞의 (1)에서 제시한 방식 중 2번째 방식으로 그림 5-45와 같이 적외선을 이용한 광량 측정 회로를 설계하여 구성하고, 수광된 적외선의 양에 따라 변하는 전압을 AD 변환기를 통해 변환시켜 적외선 광량 정도를 측정하도록 한다.

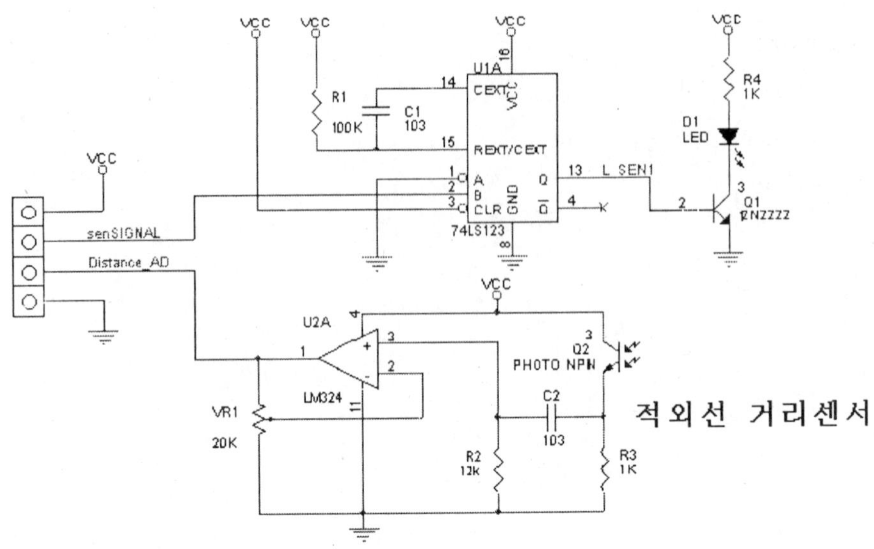

그림 5-45 적외선을 이용한 광량측정 회로

그림 5-45의 적외선 센서를 이용한 광량 측정회로는 두 부분으로 나누어 구성된다.

첫째, Dual 단안정 멀티바이브레이터인 74HC123의 출력 Q에서 발생된 펄스(본절에서는 0.001초 펄스 주기로 정하였다)를 포토 LED를 발광시키는 '펄스구동형 적외선 발광부'

둘째, LM324 OP 앰프를 이용하여 반사체와 수광센서사이의 거리 변화에 따라 변하는 반사 적외선 양에 해당되는 전압을 High Pass Filter, 그리고 비반전 증폭기로 구성하여 반사된 적외선 량을 검출하는 '광량측정용 적외선 수광부'

다음은 그림 5-45와 같은 적외선을 이용한 광량 측정회로에 그림 5-46과 같이 89S51의 P2포트의 P2.7비트와 연결하여 이 비트를 통해 펄스 구동형으로 적외선이 발광하도록 하고, 반사된 적외선 량에 해당하는 아날로그 전압을 측정하도록 MCP3202 직렬 AD 변환기 CH0에 결선한다. 그리고, 이를 디스플레이하는 제어 프로그램을 작성한다.

PAD 연결 부위			
적외선을 이용한 광량 감지 회로	senSignal	VCC	GND
89S51	P2.7	+5V	GND

MCP3202 PAD 연결 부위				
MCP3202	CS/	DIN	DOUT	CLK
89S51	P3.2	P3.3	P3.4	P3.5

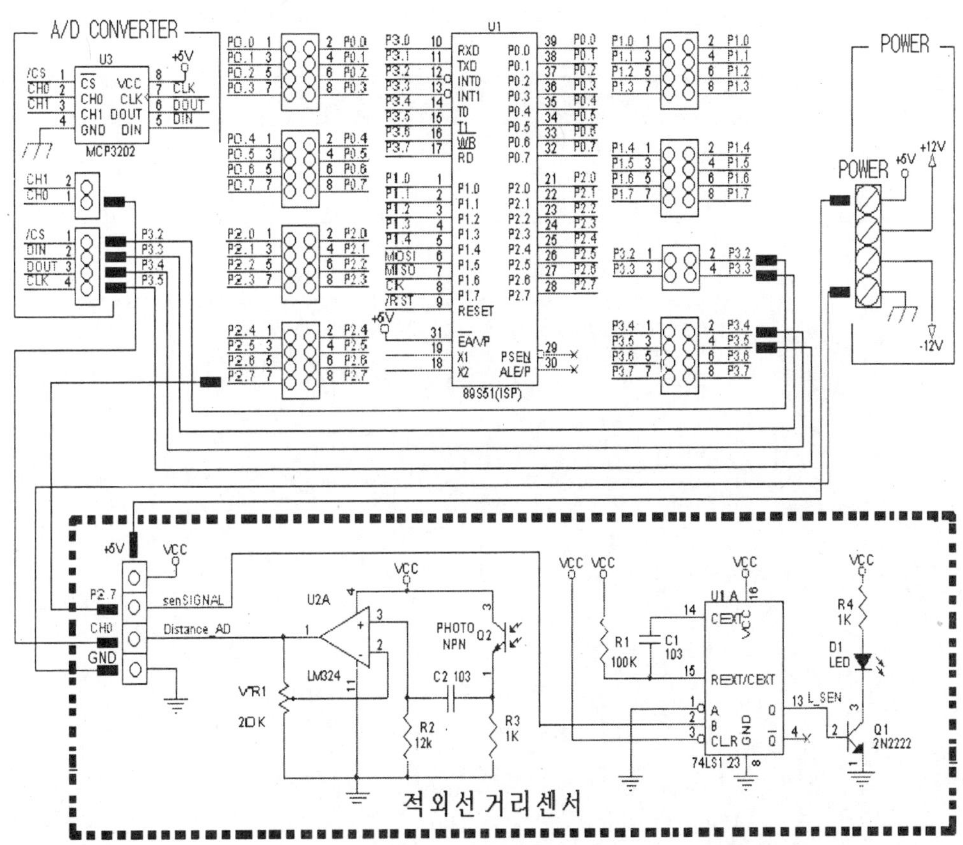

그림 5-46 89S51과 적외선을 이용한 광량측정 회로의 결선도

과제 35 아래 그림과 같이 적외선을 이용한 광량측정 회로에 의해 반사물체와의 거리를 변경시키면서 A/D 변환을 수행하고, AD 변환 값은 7-Segment에 숫자 값으로 나타내는 프로그램을 작성한다.

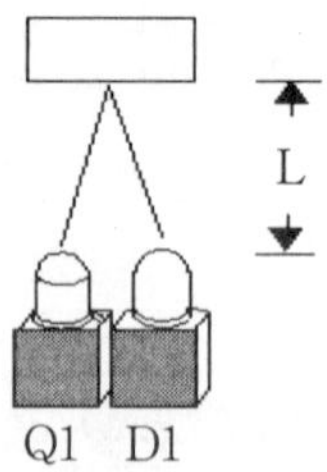

과제 35에서도 그림 5-46의 결선과 함께 적외선 광량을 표시하기 위해 사용되는 7-Segment를 구동시키기 위한 결선이 필요하다. 따라서, 실험을 위하여 그림 5-46과 7-Segment 구동을 위한 결선을 하고나서 프로그래밍을 한다.

7-Segment PAD 연결 부위												
7-Segment	Q0	Q1	Q2	Q3	a	b	c	d	e	f	g	p
89S51	P1.0	P1.1	P1.2	P1.3	P0.0	P0.1	P0.2	P0.3	P0.4	P0.5	P0.6	P0.7

```
#include <io51.h>

bit CS     = 0xB2 ;
bit DIN    = 0xB3 ;
bit DOUT   = 0xB4 ;
bit CLK    = 0xB5 ;

#define S7_1   0x07
#define S7_2   0x0b
#define S7_3   0x0d
#define S7_4   0x0e

const char Font[17]  = {  0xc0, 0xf9, 0xa4, // '0', '1', '2'
                          0xb0, 0x99, 0x92, // '3', '4', '5'
                          0x82, 0xf8, 0x80, // '6', '7', '8'
                          0x90, 0x88, 0x83, // '9', 'A', 'b'
```

```
                    0xc6, 0xa1, 0x86, // 'C', 'd', 'E'
                    0x8e, 0x7f } ;    // 'F', '.'

void Control_7Seg(unsigned int ) ;
unsigned int MCP3202(void) ;
void Control_7Seg(unsigned int N)
{
  unsigned int  i, d, Buff ;
  unsigned char N1000, N100, N10, N1  ;

  N1000 = N / 1000 ;
  Buff =  N % 1000 ;

  N100 = Buff / 100 ;
  Buff = Buff % 100 ;

  N10 = Buff / 10 ;
  N1 =  Buff % 10 ;

   for ( i = 0 ; i < 100 ; i ++ ) {
       P1 = S7_1 ;          // 첫번째  7-Segment를 켜준다.
       P0 = Font[N1000] ;  // 천의 자리를 써 준다.
       for(d = 0 ; d < 10 ; d++ ) ;

       P1 = S7_2 ;          // 두번째  7-Segment를 켜준다.
       P0 = Font[N100] ;   // 백의 자리를 써 준다.
       for(d = 0 ; d < 10 ; d++ ) ;

       P1 = S7_3 ;          // 세번째  7-Segment를 켜준다.
       P0 = Font[N10] ;     // 십의 자리를 써 준다.
       for(d = 0 ; d < 10 ; d++ ) ;
```

```
        P1 = S7_4 ;          // 네번째  7-Segment를 켜준다.
        P0 = Font[N1] ;    // 일의 자리를 써 준다.
        for(d = 0 ; d < 10 ; d++ ) ;
    }
  }

unsigned int MCP3202(void)
{
    unsigned char Count ;
    unsigned int ADdata = 0 ;

    CS = 0 ;
    DIN = 1 ;         //START bit
    CLK = 0 ;
    CLK = 1 ;
    CLK = 0 ;

    DIN = 1 ;         //Sgl/Diff
    CLK = 1 ;
    CLK = 0 ;

    DIN = 0 ; // CH0의 경우 '0', CH1의 경우 '1'을 설정 해준다.
    CLK = 1 ;       //Odd/sign
    CLK = 0 ;
  /*  DIN = 1  'high'를 DIN에 입력한다. 만약 이 비트가 'high' 이면 AD변환
      된 데이터 중 MSB가 먼저 출력된다. DIN = 0 'low'를 DIN에 입력하면 AD
      변환된 데이터 중 LSB가 먼저 출력된다.  */
    DIN = 1 ;
    CLK = 1 ;
    CLK = 0 ;
  // 한 클럭을 입력 시켜 주어야 데이터가 출력된다. 그림 5-26 참조
    CLK = 1 ;
```

```
    CLK = 0 ;
    for( Count = 0 ; Count <= 11 ; Count ++ ){
                        ADdata = ADdata << 1 ;
                        CLK = 1 ;
                        if( DOUT == 1 ) ADdata = ADdata | 0x01 ;
                        CLK = 0 ;
    }
    CS = 1 ;
    CLK = 1 ;
    return ADdata ;
}

void main(void)
  {   unsigned long ADvalue=0 ;
      unsigned int i = 0 ;
      for( ; ;i++ ){
      P2 =0x00 ;  /*  74HC123을 구동하기위해 초기 P2.7핀에 'L' 신호 입력  */
      P2 =0x80 ; /*  74HC123을 구동하기위해 P2.7핀을 'H'신호로 바꾸어 입력  */
                    if(i > 10 ){
                            i = 0 ;
                            ADvalue = MCP3202() ;
                    }
                  Control_7Seg(ADvalue) ;
          }
  }
```

5.10.3 포토 커플러(Photo coupler)

포터 커플러란 전기적으로는 절연되어 있지만 광학적으로 결합되어 있는 발광부와 수광부를 갖추고 있는 광센서를 말하며, 표 5-6의 광센서 분류에서 복합형 광센서에 해당된다. 복합형 광센서인 포토커플러는 발광부에 사용하는 LED와 수광부에 사용하는 포토 다이오드의 고성능화, 저가격화에 의해 모든 산업분야에서 광범위하게 이용되고 있다. 일반적으로 포토 커플러에는 광로가 패키지 내에 있는 (노출되어 있지 않은 상태) 포토아이솔레이터와 광로가 노출되어 있는 포토 인터럽트로 구분할 수 있다.

다음은 이러한 2가지 구분 중 광로가 노출된 포토 인터럽트에 대해 간략히 살펴보고, 포토 인터럽트 이용한 제어 회로를 구성하여 이를 제어하는 프로그램을 작성한다.

(1) 포토 인터럽트(Photo interrupt) 센서

포토 인터럽트는 그림 5-47의 외형도와 같이 발광부와 수광부가 서로 마주보고 있는 구조로 배치되어 있어서 만약, 이 사이에 물체가 들어가면 빛이 차단되고 수광부의 광전류가 차단되는 표준적인 구조로 되어 있다.

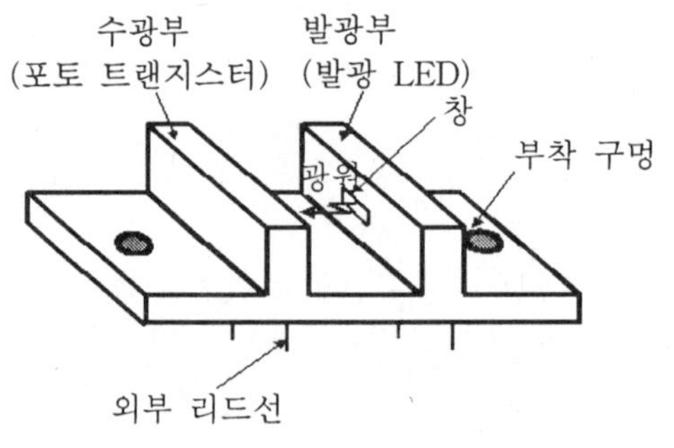

그림 5-47 포토 인터럽트

그림 5-47과 같은 포토 인터럽트 센서에서는 일반적으로 광원으로 적외선광을 많이 사용하지만 때에 따라 가시광 다이오드를 사용하기도 한다. 즉 이러한 가시광 광원을 사용하는 경우는 빛이 눈에 보이기 때문에 센서의 동작을 쉽게 확인할 수 있다.

그리고, 일반적인 적외선 광원의 포토 인터럽트는 빛이 ON/OFF하는 것에 의해 비 접촉으로 물체의 유무를 검출할 수 있는 점이 큰 특징으로 내부에 내장된 발광소자와 수광 소자에 따라서 다음과 같다.

① 발광 다이오드와 포토 다이오드

② 발광 다이오드와 포토 트랜지스터

③ 발광 다이오드와 포토 달링턴 접속 트랜지스터

④ 네온관과 Cds

⑤ 백열램프와 Cds

이들은 각각 사용 목적에 따라 선택할 수 있는데 ④와 ⑤의 경우는 속도가 늦기 때문에 별로 사용되어지지 않으며 ②, ③의 경우가 고속의 신호를 주고받는데 가장 일반적으로 사용된다.

그림 5-48과 같이 포토 인터럽트(SG-23ff)로 구성된 입력 신호감지 회로를 설계하여 구성하고, 이를 통해 ON-OFF 입력신호를 감지하도록 한다.

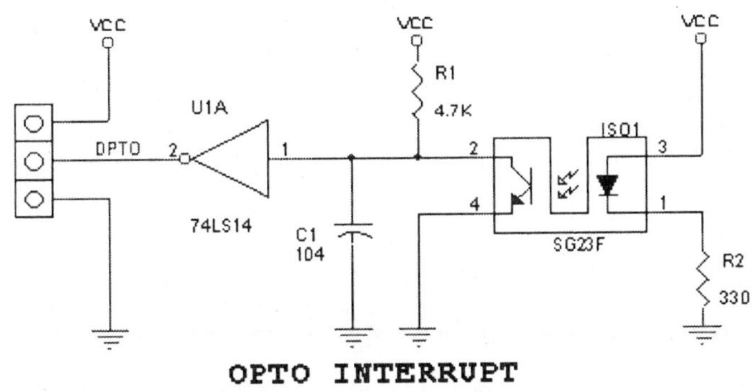

그림 5-48 포토 인터럽트의 입력 신호 감지회로

따라서, 다음은 89S51의 P2.0비트를 선택하여 그림 5-48과 같이 포토 인터럽트(SG-23ff)의 입력 신호 감지회로와 결선을 하고, 이를 제어하는 프로그램을 작성한다.

PAD 연결 부위			
포토 인터럽트(SG-23ff)의 입력 신호 감지 회로	OPTO	VCC	GND
89S51	P2.0	+5V	GND

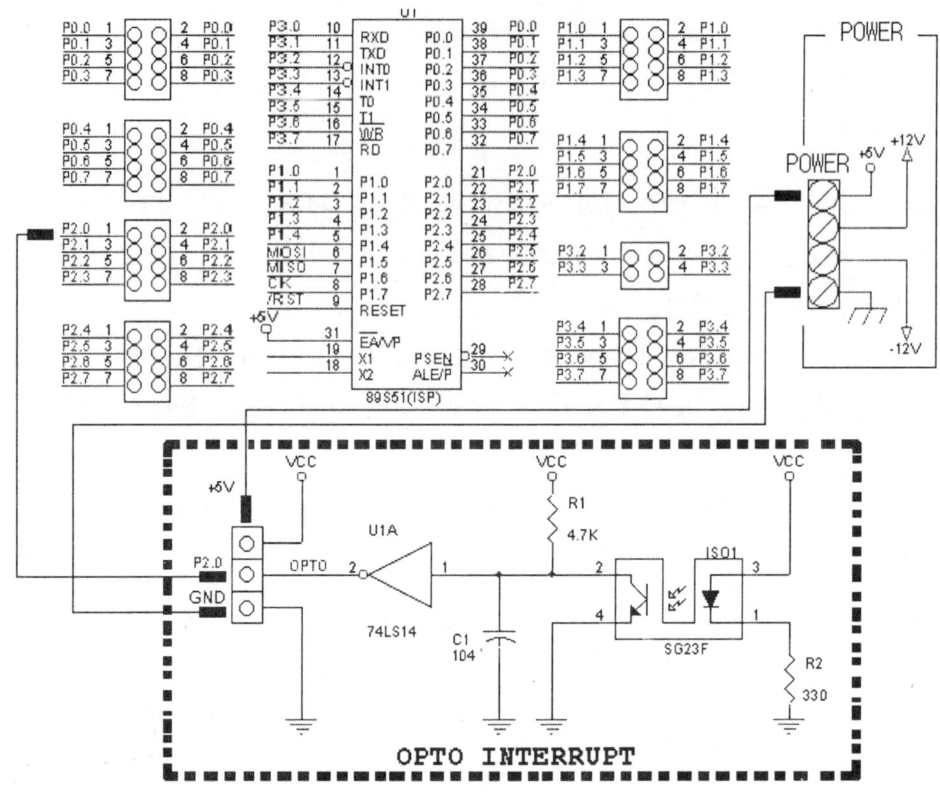

그림 5-49 89S51과 포토 인터럽트(SG-23ff)의 입력 신호 감지회로와의 결선도

포토 인터럽트 센서를 이용하여 물체의 감지 여부를 7-Segment에 출력으로 나타내는 프로그램을 작성하는 실험으로 물체가 감지되면 7-Segment에 '1'이 출력되고, 물체가 없으면 '0'이 출력되도록 한다.

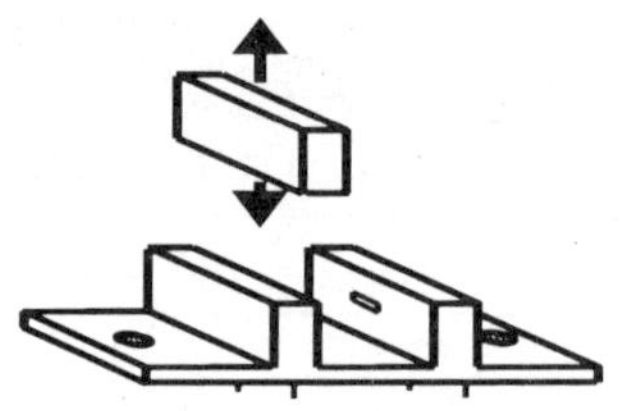

그림 5-49의 결선과 함께 포토 인터럽트 동작을 표시하기 위해 사용되는 7-Segment를 구동시키기 위한 결선이 필요하다. 따라서, 실험을 위해 그림 5-49와 7-Segment 구동을 위한 결선을 하고 나서 프로그래밍을 한다.

7-Segment PAD 연결 부위												
7-Segment	Q0	Q1	Q2	Q3	a	b	c	d	e	f	g	p
89S51	P1.0	P1.1	P1.2	P1.3	P0.0	P0.1	P0.2	P0.3	P0.4	P0.5	P0.6	P0.7

```
#include <io51.h>

#define S7_1    0x07
#define S7_2    0x0b
#define S7_3    0x0d
#define S7_4    0x0e

int num =0 ; /*  P2.0로 부터의 입력을 나타내기 위한 변수  */

const char Font[17]  = {  0xc0, 0xf9, 0xa4, // '0', '1', '2'
                          0xb0, 0x99, 0x92, // '3', '4', '5'
                          0x82, 0xf8, 0x80, // '6', '7', '8'
                          0x90, 0x88, 0x83, // '9', 'A', 'b'
                          0xc6, 0xa1, 0x86, // 'C', 'd', 'E'
                          0x8e, 0x7f } ;    // 'F', '.'

void Control_7Seg(int) ;

/*  0~9999 까지 이므로 1바이트 자리 변수인 char를 사용하면 안된다.
    따라서 int로  N을 선언해야 한다.  */
void Control_7Seg(int N)
{
  unsigned int  i, d, Buff ;
  unsigned char N1000, N100, N10, N1  ;

  N1000 = N / 1000 ;
```

```
  Buff =  N % 1000 ;

  N100 = Buff / 100 ;
  Buff = Buff % 100 ;

  N10 = Buff / 10 ;
  N1 =  Buff % 10 ;

    for ( i = 0 ; i < 100 ; i ++ ) {
      P1 = S7_1 ;           // 첫번째  7-Segment를 켜준다.
      P0 = Font[N1000] ;  // 천의 자리를 써 준다.
      for(d = 0 ; d < 10 ; d++ ) ;

      P1 = S7_2 ;           // 두번째  7-Segment를 켜준다.
      P0 = Font[N100] ;   // 백의 자리를 써 준다.
      for(d = 0 ; d < 10 ; d++ ) ;

      P1 = S7_3 ;           // 세번째  7-Segment를 켜준다.
      P0 = Font[N10] ;     // 십의 자리를 써 준다.
      for(d = 0 ; d < 10 ; d++ ) ;

      P1 = S7_4 ;         // 네번째  7-Segment를 켜준다.
      P0 = Font[N1] ;    // 일의 자리를 써 준다.
      for(d = 0 ; d < 10 ; d++ ) ;
    }
 }

void main(void)
 {
  unsigned char OPTO_sen ; // 포토 인터럽트 상태 입력용 변수
  unsigned int j ;
```

```
while(1) {

    OPTO_sen = 0x01 & P2 ; /*  P2.0 으로 입력되는 포토 인터럽트상태를
                                'H'값으로 마스킹한다.  */

    Control_7Seg(num) ; /*  포토 인터럽트로 물체가 감지되면 num값 출력  */

    if( OPTO_sen==0x01) num = 0 ; /*  P2.0에 'H'가 입력되면 '0'을 출력  */
    else num =1 ;                 /*  P2.0에 'L'가 입력되면 '1'을 출력  */

    for(j = 0 ; j < 500 ; j++ ) ;
    }
}
```

5.10.4 광도전 센서

광도전 센서는 N형 반도체에 속하는 소자로서 빛이 닿으면 조도에 따라 전기저항이 달라지는 일종의 가변 저항 소자로서 조도에 따라 저항의 차이가 발생하는 원리를 이용하기 때문에 일반적으로 '조도센서'라고도 한다. 그리고, 광도전 센서는 조도에 따라 저항차이를 발생시키는 저항체의 소재에 따라 Cds(황하 카드뮴), Cdse(셀렌화 카드뮴) 또는 이들을 적당한 비율로 혼합하여 구워 고정시킨 것들이 있다.

이와 같은 조도 센서 중에서 Cds(황하 카드뮴)에 대해 다루고자 하며, 그림 5-50은 Cds 광도전 센서의 구조와 외형도를 나타낸 것으로 Cds센서는 그림 상에서 알 수 있듯이 Cds(황화 카드뮴)를 밀폐용기에 넣고, 수광창은 투명한 플라스틱으로 되어 있고, 외부로는 2개의 리드선이 나와 있으나 따로 극성은 없는 구조로 되어 있다.

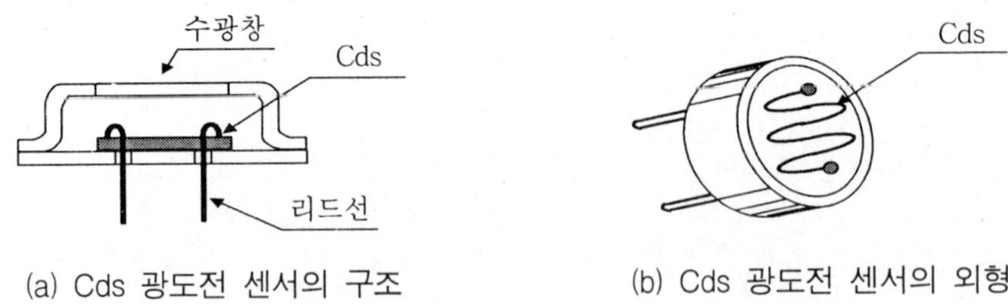

(a) Cds 광도전 센서의 구조 (b) Cds 광도전 센서의 외형

그림 5-50 Cds 광도전 센서의 구조와 외형

그리고, Cds 광도전 센서의 치수에는 작은 것이 지름 50[mm]인 것에서 부터 큰 것이 지름 250[mm]인 것이 있으며, 치수에 따라 조도의 측정 범위에 차이가 있다.

따라서, 그림 5-51의 회로는 조도 변화에 따른 조도량 정도를 전압을 바꾸어 주기 위해 구성한 Cds 광도전 센서를 이용한 조도측정 회로이다.

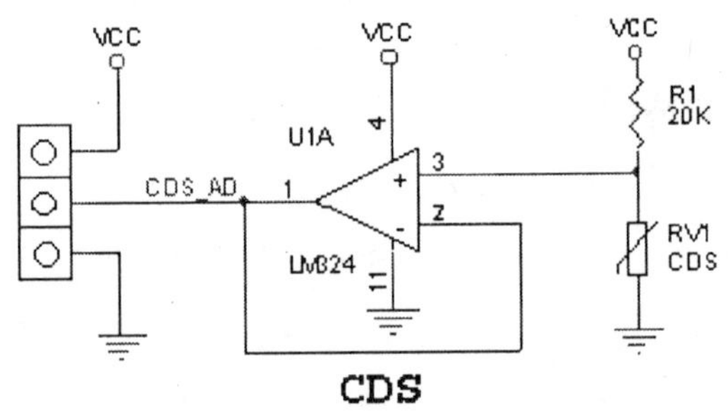

그림 5-51 Cds를 이용한 조도측정 회로

그림 5-51과 같이 조도 변화에 따른 전압변화를 측정하기 위한 회로를 그림 5-52와 같이 MCP3202 직렬 AD 변환기 CH1에 결선하여, 인가된 아날로그 전압을 측정하고 이를 디스플레이하는 제어 프로그램을 작성하도록 한다.

MCP3202 PAD 연결 부위				
MCP3202	CS/	DIN	DOUT	CLK
89S51	P3.2	P3.3	P3.4	P3.5

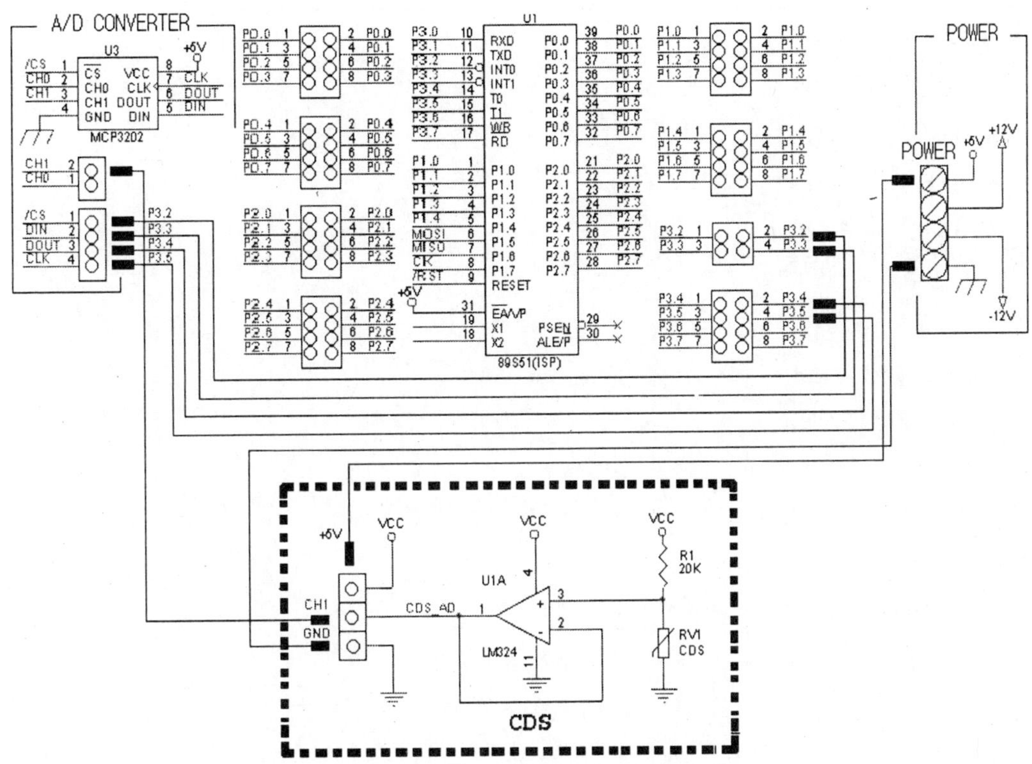

그림 5-52 89S51과 Cds 광도전 센서를 이용한 조도측정 회로의 결선도

과제 37 Cds 광도전 센서로 조도를 측정하여 조도 변화 정도에 따라 변하는 전압량을 MCP3202 직렬 AD 변환기 CH1을 통해 인가받아 이를 7-Segment에 전압 값 형태로 나타내는 프로그램을 작성한다.

그림 5-52의 결선과 함께 조도 변화를 표시하기 위해 사용되는 7-Segment를 구동시키기 위한 결선이 필요하다. 따라서, 실험을 위하여 그림 5-52의 결선과 7-Segment 구동을 위한 결선을 하고 나서 프로그래밍을 한다.

7-Segment PAD 연결 부위												
7-Segment	Q0	Q1	Q2	Q3	a	b	c	d	e	f	g	p
89S51	P1.0	P1.1	P1.2	P1.3	P0.0	P0.1	P0.2	P0.3	P0.4	P0.5	P0.6	P0.7

```
#include <io51.h>

bit CS      = 0xB2 ;
bit DIN     = 0xB3 ;
bit DOUT    = 0xB4 ;
bit CLK     = 0xB5 ;

#define S7_1   0x07
#define S7_2   0x0b
#define S7_3   0x0d
#define S7_4   0x0e

const char Font[17]  = { 0xc0, 0xf9, 0xa4, //'0', '1', '2'
                         0xb0, 0x99, 0x92, // '3', '4', '5'
                         0x82, 0xf8, 0x80, // '6', '7', '8'
                         0x90, 0x88, 0x83, // '9', 'A', 'b'
                         0xc6, 0xa1, 0x86, // 'C', 'd', 'E'
                         0x8e, 0x7f } ;    // 'F', '.'

void Control_7Seg(unsigned int ) ;
unsigned int MCP3202(void) ;

void Control_7Seg(unsigned int N)
{
  unsigned int  i, d ;
  unsigned char  N10, N1  ;

  N10 = N / 10 ;
  N1 =  N % 10 ;
   for ( i = 0 ; i < 100 ; i ++ ) {
       P1 = S7_1 ;           // 첫번째  7-Segment를 켜준다.
       P0 = Font[N10] ;      // 일의 자리를 써 준다.
```

```
        for(d = 0 ; d < 10 ; d++ ) ;

        P1 = S7_2 ;            // 두번째 7-Segment를 켜준다.
        P0 = Font[16] ;        // 소수점을 써 준다.
        for(d = 0 ; d < 10 ; d++ ) ;

        P1 = S7_3 ;            // 세번째 7-Segment를 켜준다.
        P0 = Font[N1] ;        // 소수점 첫번째 자리를 써 준다.
        for(d = 0 ; d < 10 ; d++ ) ;
      }
  }

unsigned int MCP3202(void)
{
    unsigned char Count ;
    unsigned int ADdata = 0 ;
    CS = 0 ;
    DIN = 1 ;        //START bit
    CLK = 0 ;
    CLK = 1 ;
    CLK = 0 ;

    DIN = 1 ;        //Sgl/Diff  표 5-5 참조
    CLK = 1 ;
    CLK = 0 ;

    //Odd/sign 표 5-5 참조
    DIN = 1 ;        // CH0의 경우 '0', CH1의 경우 '1'을 설정 해준다.
    CLK = 1 ;
    CLK = 0 ;

  /*  DIN = 1  'high'를 DIN에 입력한다.
```

```
  만약 이 비트가 'high'이면 AD변환된 데이터 중 MSB가 먼저 출력된다.
  DIN = 0  'low'를 DIN에 입력하면 AD변환된 데이터 중 LSB가 먼저 출력된
  다. */

   DIN = 1 ;
   CLK = 1 ;
   CLK = 0 ;

  // 한 클럭을 입력 시켜 주어야 데이터가 출력된다. 그림 5-26 참조
   CLK = 1 ;
   CLK = 0 ;

  for( Count = 0 ; Count <= 11 ; Count ++ ){
                      ADdata = ADdata << 1 ;
                      CLK = 1 ;
                      if( DOUT == 1 ) ADdata = ADdata | 0x01 ;
                      CLK = 0 ;
      }
        CS = 1 ;
        CLK = 1 ;

        return ADdata ;
   }

void main(void)
  {
      unsigned long ADvalue=0 ;
      unsigned int i = 0 ;

              for( ; ; i++ ){
                    if(i > 10 ){
```

```
                    i = 0 ;
                    ADvalue = MCP3202() ;
                    ADvalue = (ADvalue *50)/4096 ;
                }
                Control_7Seg(ADvalue) ;

        }
}
```

연 습 문 제

1. 마이크로프로세서 내부에서 시스템의 순간순간의 상태를 나타내는 것은 다음 중 어느 것인가?

㉮ SP(Stack Pointer) ㉯ PSW(Program Status word)
㉰ INT(Interrupt) ㉱ MAR(Memory Address Register)

2. 스택(Stack)을 설명한 것이 아닌 것은 다음 중 어느 것인가?

㉮ LIFO(Last In First Out) ㉯ DMA 동작시 버퍼로 사용된다.
㉰ PUSH와 POP명령을 사용한다. ㉱ 스택포인터(Stack Pointer)를 갖는다.

3. 인터럽트 우선순위 처리방식이 아닌 것은 다음 중 어느 것인가?

㉮ 프로그램형 ㉯ 데이지 체인형
㉰ 우선순위 제어형 ㉱ CPU 선택형

4. Race 현상을 방지하기 위하여 사용되는 Flip-Flop은 다음 중 어느 것인가?

㉮ D 플립플롭 ㉯ JK 플립플롭
㉰ 마스터-슬레이브 플립플롭 ㉱ 프리셋 및 클리어가 있는 플립플롭

5. C 언어에서 논리연산자 AND에 해당하는 기호는 다음 중 어느 것인가?

㉮ & ㉯ && ㉰ | ㉱ ||

6. 어셈블리 명령에서 오퍼랜드를 지정한 수만큼 오른쪽으로 산술 시프트 하는 명령은 다음 중 어느 것인가?

㉮ SAR ㉯ SAL ㉰ SHR ㉱ SHL

7. C 언어에서 제공하는 데이터 형이 아닌 것은 다음 중 어느 것인가?

㉮ char ㉯ float ㉰ int ㉱ real

8. 어셈블리에서 자료가 기억될 공간을 확보하기 위해 정의하는 명령은 다음 중 어느 것인가?

㉮ RS ㉯ DC ㉰ RX ㉱ DS

9. C 언어에서 키보드로부터 한 문자를 읽어 들여 실행중인 프로그램에 전달해주는 함수는 다음 중 어느 것인가?

㉮ getchar() ㉯ putchar() ㉰ puts() ㉱ gets()

연습문제 해답

제 1 편

제 1 장

1. $F = 4\pi I = 4 \times 3.14 \times 120 = 1,507.2$[lm]

2. $E = \dfrac{I}{r^2} \cos\theta = \dfrac{150}{5^2} \cos 60° = 3$[lx]

3. $E_h = \dfrac{I}{r^2} \cos\theta,\ E_v = \dfrac{I}{r^2} \sin\theta$

   ∴ $E_h = E_v$ 가 되기 위해서는 $\cos\theta = \sin\theta$

   ∴ $\theta = 45°,\quad h = d$

4. 조도는 거리의 제곱에 반비례하므로 최초의 조도를 E, 50[cm] 가까이 할 때의 조도를 E' 라면

   $\dfrac{E'}{E} = \left(\dfrac{2}{1.5}\right)^2$

   ∴ $E' = E \times \left(\dfrac{2}{1.5}\right)^2 = 18 \times \left(\dfrac{2}{1.5}\right)^2 = 32$[lx]

5. $R = \pi B$

   ∴ $B = \dfrac{R}{\pi}$

   $= \dfrac{2000}{3.14}$ [cd/m²]

   $= \dfrac{2000}{3.14} \times 10^{-4} = 0.064$[cd/cm²]

6. 반사율 + 투과율 + 흡수율 = 1($\rho + \tau + \alpha = 1$)

   흡수율 $\alpha = 1 - \rho - \tau = 1 - 0.6 - 0.3 = 0.1$

   ∴ 흡수광속 $F_\alpha = \alpha \cdot F$[lm] $= 0.1 \times 2,500 = 250$[lm]

7. 양 광원의 광도를 I_A, I_B라 하면 $I_A = 20$[cd]에서 90[cm]인 곳에서 평형되었으므로

   $\dfrac{I_A}{90^2} = \dfrac{I_B}{(200-90)^2} = \dfrac{I_B}{110^2}$

$\therefore\ I_B = \left(\frac{110}{90}\right)^2 \times 20 = 1.22^2 \times 20 = 29.8[cd] \fallingdotseq 30[cd]$

8. 루소선도에서 광원의 광속 F[lm]와 면적 S 사이에는

$$F = \frac{2\pi}{R} S$$

하반구광속이므로

$$S = \frac{R}{2}(100+50) = \frac{R \times 150}{2}$$

$$\therefore\ F = 2\pi \times \frac{S}{R} = 2\pi \times \frac{1}{R} \times \frac{R \times 150}{2} = 471[lm]$$

9. 흑체에서 최대 스펙트럼 방사발산도를 발생하는 파장 λ_m은 비인의 변위법칙에 의하여,

$\lambda_m = \frac{b}{T}$[nm], 여기서 $b = 2,896,000[nm \cdot K]$

$$\therefore\ \lambda_m = \frac{2,896,000\,[nm \cdot K]}{3,300\,[K]} = 877.6[nm]$$

10. 입체각 투사의 법칙에서 반구형광원은 동일 휘도, 동일 입체각인 평원판광원으로 치환할 수 있다. 이 경우 P점의 조도는

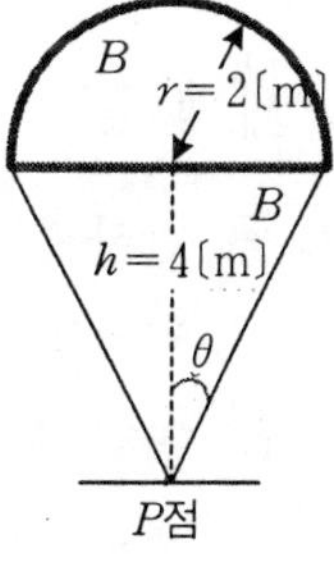

$$E = \pi B \sin^2\theta = \pi B \frac{r^2}{h^2 + r^2}$$

$$= 3.14 \times 80 \times \frac{2^2}{4^2 + 2^2}$$

$$= 50.24[lm/m^2]$$

$$= 50.24[lx]$$

11. 도로조명에서 1전등 당 면적은

$BS = 16 \times 24[m^2]$, $FU = EBSD$

$$\therefore\ E = \frac{FU}{BSD} = \frac{3450 \times 0.25}{16 \times 24 \times 1.3} \fallingdotseq 1.7[lx]$$

12. 도로조명에서 1수은 전구 당 면적은

$BS = 20 \times 24[m^2]$, $FU = EBSD$

$$\therefore\ E = \frac{FU}{BSD} = \frac{23,000 \times 0.25}{20 \times 24 \times 1.3} \fallingdotseq 9.2$$

제 2 편

제 1 장

1. ㉰ 2. ㉱ 3. ㉯ 4. ㉰ 5. ㉱ 6. ㉮ 7. ㉰

제 2 장

1. ㉱ 2. ㉰ 3. ㉱ 4. ㉰ 5. ㉰ 6. ㉯ 7. ㉰ 8. ㉱
9. ㉱ 10. ㉰

제 3 장

1. ㉱ 2. ㉯ 3. ㉱ 4. ㉯ 5. ㉰ 6. ㉯ 7. ㉮ 8. ㉱

제 4 장

1. ㉮ 반사판, 글로브(globe), 확산 시트 등의 광 설계기술
   ㉯ 직간접 조명을 위한 조명설계 기술
   ㉰ 광학적 특성 분석 및 개선 기술
   ㉱ 색도 및 눈부심 등의 조명 공학적 특성 연구
   ㉲ 조명렌즈/반사판 개발(LED 조명 등기구 개발)
2. LED 내에서는 에피 성장을 위한 캐리어 웨이퍼(carrier wafer), 플립칩 및 공융(eutectic) 접합부, 서브마운트의 구조와 접합 방법 및 재료이며, 패키지에서는 LED 칩과 패키지의 접합부, 패키지의 재료와 구조, 패키지와 PCB의 접합부 및 PCB의 재료와 구조이다.

제 5 장

1. ㉯ 2. ㉯ 3. ㉱ 4. ㉰ 5. ㉯ 6. ㉮ 7. ㉱ 8. ㉱ 9. ㉮

찾아보기

참 고 문 헌

- LED 조명기술 / 도서출판 태영문화사 / 강형식외 1인 / 2008
- Strategies in Light / Strategies Unlimited / 2007
- 조명제어실험 / 도서출판 태영문화사 / 황승호외 1인 / 2007
- LED 제조설비 제어기술 / 도서출판 상학당 / 박갑종외 2인 / 2007
- 조명공학 / 도서출판 태영문화사 / 채봉외 1인 / 2006
- 최신 LED 활용실기 / 도서출판 갈채 / 박문수외 1인 / 2006
- 고효율조명기기 응용사례 분석 / 도서출판 아진 /정복만 / 2006
- E. Fred Schubert / "LIGHT-EMITTING DIODES" / 2003
- 8051설계 및 프로그램 / 복두 / 정기철외 3인 / 2003
- 기초전기전자공학 / 청문각 / 김종수외 6인 / 2003
- 전자회로 / 도서출판 진영사 / 김태용외 6인 / 2000
- 디지털 논리회로 설계 / 동일출판사 / 박기주외 4명 / 1999
- 전력전자공학 / 형설출판사 / 한경희외 2인 / 1999
- 자동화를 위한 센서 / 연학사 / 김상진 / 1998
- 센서의 원리와 사용법 Ⅰ, Ⅱ / 도서출판 세화 / 1991

LED 조명공학

2016. 8. 5 인쇄
2016. 8. 10 발행

판 권
소 유

저 자 : 강형식 · 강희원 공저
발행자 : 이진권
발행처 : 도서출판 **태영문화사**

주 소 : 서울특별시 강서구 초원로 38
전 화 : 2661-8751
F A X : 2661-8798
등 록 : 1998년 11월 12일 제 2-2682호

정가 24,000원